风景园林设计与理论译丛

风景园林与环境可持续

Landscape Architecture and Environmental Sustainability:
Creating Positive Change through Design

[英] 约书亚·泽努尔　著
李　雄　孙漪南　胡盛劼　周佳怡　译

中国建筑工业出版社

著作权合同登记图字：01-2017-4550 号

图书在版编目（CIP）数据

风景园林与环境可持续 /（英）约书亚·泽努尔著；李雄等译．—北京：中国建筑工业出版社，2020.8

（风景园林设计与理论译丛）

书名原文：Landscape Architecture and Environmental Sustainability: Creating Positive Change through Design

ISBN 978-7-112-25300-5

Ⅰ.①风… Ⅱ.①约… ②李… Ⅲ.①园林设计 Ⅳ.①TU986.2

中国版本图书馆CIP数据核字（2020）第120090号

责任编辑：张鹏伟　程素荣
责任校对：姜小莲

风景园林设计与理论译丛

风景园林与环境可持续

[英] 约书亚·泽努尔　著
李　雄　孙漪南　胡盛劼　周佳怡　译

*

中国建筑工业出版社出版、发行（北京海淀三里河路9号）
各地新华书店、建筑书店经销
北京点击世代文化传媒有限公司制版
北京富诚彩色印刷有限公司印刷

*

开本：889 毫米 ×1194 毫米　1/16　印张：19½　字数：760 千字
2021 年 1 月第一版　2021 年 1 月第一次印刷
定价：205.00 元
ISBN 978-7-112-25300-5
（35347）

目 录

6 前 言

第一章 引言

11 环境简史
21 保护、环境以及可持续运动
27 21世纪的环境保护
35 对风景园林行业的重要意义
37 拓展阅读

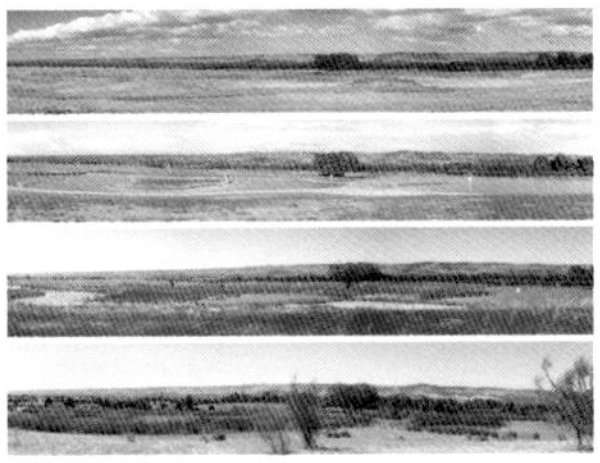

第二章 景观和生态学

40 景观生态学和生态修复
51 基于生态和环境考虑的规划
60 土地管理和多功能景观
63 问题研讨
63 拓展阅读
64 访谈：尼娜－玛丽·莉斯特（Nina-Marie Lister）

第三章 清洁型景观

68 后工业转型和适应性再利用
80 修复
100 环境水循环管理
117 问题研讨
117 拓展阅读
118 访谈：托尼·王（Tony Wong）

第四章 环境基础设施

122 灰色基础设施的遗存
125 景观扮演的角色
130 弹性应对气候变化
134 交通运输
156 能源景观

163 问题研讨

163 拓展阅读

164 访谈：德克·西蒙（Dirk Sijmons）

第五章 风景园林与食物

168 食物生产系统

177 食品规划、政策和设计

184 自留地，社区花园和公共食物景观

192 问题研讨

192 拓展阅读

194 访谈：蒂姆·沃特曼（Tim Waterman）

第六章 景观激进主义、艺术和美

198 激进的景观艺术

208 景观的美学及可持续发展

210 问题研讨

210 拓展阅读

212 访谈：伊丽莎白·迈耶（Elizabeth Meyer）

第七章 社会可持续性：场地以外的影响因素

216 伦理道德

220 社会可持续性

226 经济与作为经济促进剂的景观

230 设计是服务产业

231 治理

234 教育

239 健康与景观

244 公众咨询、社区参与和维护

246 问题研讨

246 拓展阅读

248 访谈：理查德·韦勒（Richard Weller）

第八章 少即是多：轻触式设计

252 景观敏感性

257 限制条件

261 环境管理与维护
266 交流与联系
271 问题研讨
271 拓展阅读
272 访谈：道格拉斯·里德（Douglas Reed）和加里·希尔德布兰德（Gary Hilderbrand），里德·希尔德布兰德设计事务所

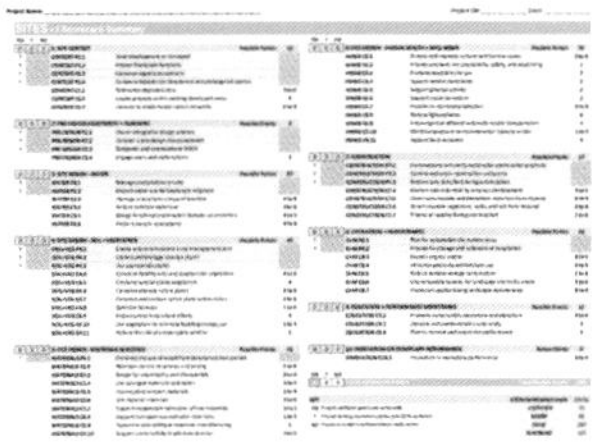

第九章 景观与绩效

276 绩效与评估
281 内涵能源和材料生命周期
283 负责的材料
288 竣工后评价
289 问题研讨
289 拓展阅读
290 访谈：史蒂夫·温德哈格（Steve Windhager）

第十章 情景、挑战和复耕土地（景观）

294 新途径
306 访谈：俞孔坚

308 专业术语汇编

前 言

本书旨在通过实际项目与实践，向中高等学历学生及兴趣广泛的读者们展示风景园林在可持续的各个维度中所展示出的潜力。本书将通过援引具有启发意义的文字、200 多个项目和作品的相关图片、问题研讨、与专业人士的访谈和深入阅读资料来激发读者阅读过程中的讨论，使读者进行更深入的研究并为其提供设计解决思路。

“客观物体只有一个，但是反映它的图像却有很多。形成敏锐的洞察力需要综合观察大量图像，而不是聚焦于单一图像之上。”

——鲁道夫·斯坦纳，《歌德世界观》，1897 年 [Rudolf Steiner, Goethe’s World View（1897）]。

为了能够反映具有多维度、跨学科、综合性自然景观的可持续，本书被设计成为一本涵盖了更广、更宽泛的国际性典型话题的读物。如此尺度宽泛和但又系统性的思考,对于更有效率地理解可持续和风景园林的理论和实践都是至关重要的。因此，本书更倾向展示广度而牺牲了对深度的挖掘，但也鼓励读者通过阅读了解推荐的扩展阅读材料、引用的作品和项目案例来获得额外的知识和信息。扩展阅读材料有意将经典读物和前沿信息相结合，例如许多当代可持续发展趋势和已经被奉为经典的理论。

章节话题由包含丰富的文字和图片的讨论框架组成。每一个章节展示了一项可持续景观丰富内涵的关键专题领域：生态、污染、基础设施、食物、艺术与审美、社会可持续性、轻触式设计和绩效。这些章节话题被拆解为一系列子命题，并使用主要实际项目、图片和访谈论证说明，通过这种方式来反映章节所关注的核心内容。

第一章从对历史环境事件的简要回顾开始。第二章分析了生态景观话题，聚焦于多面的、先进的和新兴的规划和风景园林领域。第三章证明了景观拥有能够在工业主义造成的持续的有毒有害遗留中开展补救、缓和和治愈陆地和水环境的能力。第四章探索了通过扩大学科范围来提高交通和能源基础设施网络可持续性的可行性。第五章展示了多种尺度下的食物与景观，旨在传达可持续在风景园林实践中的重要意义。第六章探索了景观中激进的环境可能性和审美与沉浸式体验自然与美之间的可持续性关系。第七章着眼于宽泛的社会可持续议题以及包括伦理、策略、教育、健康及政策决议在内可能扩展的领域。第八章展示了自然和文化，使备受关注的、高度协调的、“轻触式”和敏感的作品融入逐步全球化和同质化的世界。而这种实践变得前所未有的重要。第九章探索了如何通过评价与评估绩效的方法获取并量化景观作为一个生产因子而不仅仅是消耗性的因子所产生的效益。这使得风景园林区别于其他设计方法。最后一章探索、提问并定义风景园林未来可能的发展。

本书聚焦于已建成的项目和作品所产生的理论和实践，一些未实现的或新兴的理论会较少提到。项目的文本和图片用于发掘通常隐藏在完整的风景园林照片中的细节。如果资料允许，建成前或延迟摄影照片以及草图和图表也被用于阐明环境进程、设计策略和环境组成，并辅助读者感知有时不可见的风景园林师的“引导之手”。术语汇编定义了文中出现的术语和概念（这些术语因存在地域、行话习惯和趋势的不同而存在差异）。受内容长度所限，本书访谈可能未编辑全部访谈内容，如果想了解完整的访谈内容可以登录网站 www.bloomsbury.com/zeunert-landscape-architecture 获取。

书中推荐的扩展资源同样可以网上获取。我们将尽最大努力确保所有项目细节和权属在成稿时都已经更新。

约书亚 · 泽努尔（Joshua Zenuert）

2016 年 2 月

图 1.1a

被掩埋的机器，达拉斯，南达科他州，1936

第一章　引　言

对我们来讲，抓住影响可持续性的潜在因素，对于构思有效的设计手段至关重要。本章将会简要地介绍一些对生态环境有着不利影响且根深蒂固的举措和行为（侧重于工业化），以及对于这些问题现象的回应。

图 1.1a

图 1.1b

北部大平原防护林带（加拿大多伦多到美国得克萨斯州阿比林），（North Great Plains Shelterbelt Toronto, Canada to Abilene, Texas）,1934

在 20 世纪初期，诸如清除原生植被的农业实践活动导致了时常在美国大平原上肆虐的沙尘暴。而这个严酷的、半干旱的环境后来被人们称为《风沙侵蚀区》。富兰克林· 罗斯福（Franklin Roosevelt）总统和美国林务局（US Forest Service）随后设立了从加拿大多伦多（Toronto, Canada）延绵到得克萨斯州布拉索斯河（The Brazos River,Texas），长达 100 英里（160 公里）的“防护林带”。尽管这个大陆尺度的项目有着接踵而来的挑战以及其自身的复杂性（例如高额的成本和管辖权的复杂性），平民保育团仍在享有薪资的农民的帮助下，于 1934 年开始了 2.2 亿棵树木的种植。这些防护林带降低了干旱风带来的消极影响，保护了农田和牲畜；减少了储存在土壤中的水分和雪的蒸发；通过固定土壤减弱了土壤流失的程度；最终，它消除了沙尘暴。直至今日，这个项目或许还能够代表美国政府为解决环境问题所作出的最大的，最竭尽全力的努力。图 1.1b 展示了部分防护林带。

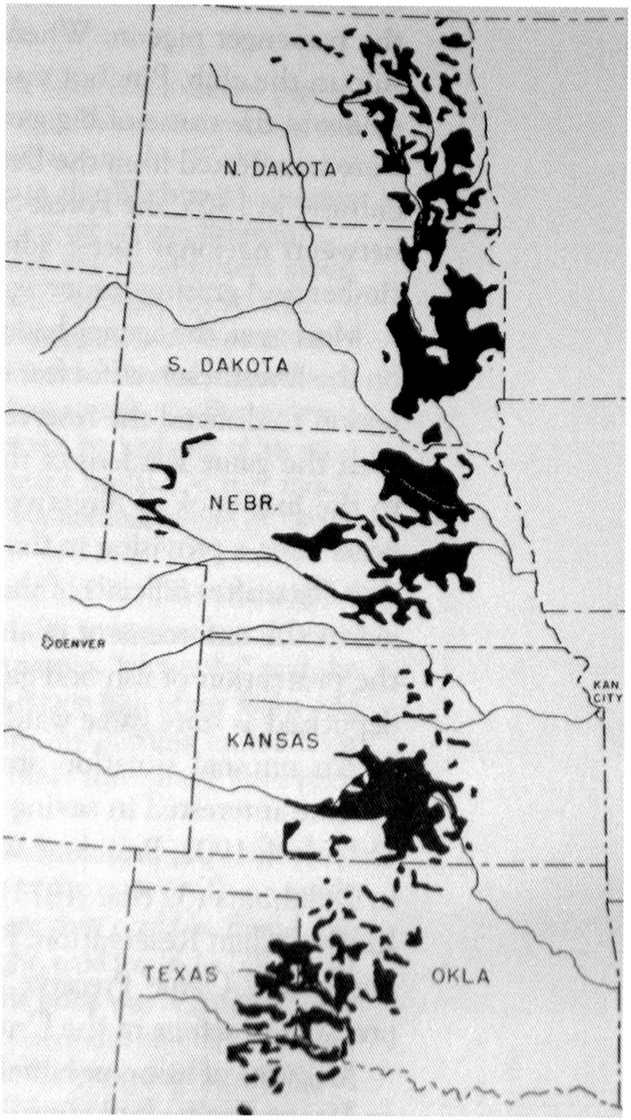

图 1.1b

“人类世是用来形容我们现在所生活的世界及时代的准确且权威的术语。通过这一概念，我们可以更好地观察人类行为在自然进程中所产生的影响。现在全世界的公园、学校以及其他人类建造的环境里，有着比原始丛林更多的树木。人们能够在 500 年里烧掉在过去 5 亿年间大自然孕育的生物量，并且因为温室气体的排放改变气候环境。仅仅是一个沥青砂提炼项目所需要换的土，就相当于全世界河流所承载的沉淀物的量……人类世界的发展同时伴随着难以估量的物种面临着灭绝的威胁。”

德克 · 西蒙斯，《在人类世中醒来》（DIRK SIJMONS, WAKING UP IN THE ANTHROPOCENE）（2014）

“在没有任何新的平衡可为我们的后代提供栖居的生态位的情况下，亿万年地质时期中形成的稳定会不会在短短几代人手中就被毁掉呢？”

大卫 · 里德，《可持续发展》（DAVID REID, SUSTAINABLE DEVELOPMENT）（1995）

图 1.2

环境简史

图 1.2

地质时期

自从保罗·克鲁岑（Paul Crutzen）和尤金·施特莫（Eugene Stoermer）在 2000 年创造了“人类世”这一术语来反映人类在地球系统上产生的持续影响后，这一术语替代了当时地质年代“全新纪”的这个对新纪元的“官方”认识，并获得了越来越猛烈的势头。

文明以前

在人类定居下来并产生文明之前，尽管游牧民族已经慢慢地开始适应并改造着周边环境（如学会使用火，以及找到了可以用来食用的植物及动物），但很大程度上他们仍受到季节变换的制约和影响。当时全球的人口数低，对环境所造成的影响也较小，同时移动人口还有利于生态恢复。

280 万年前，非洲出现智人。

约 200 万年前，直立人开始出现，并在 100 万年前将人口扩展到澳洲及亚洲。

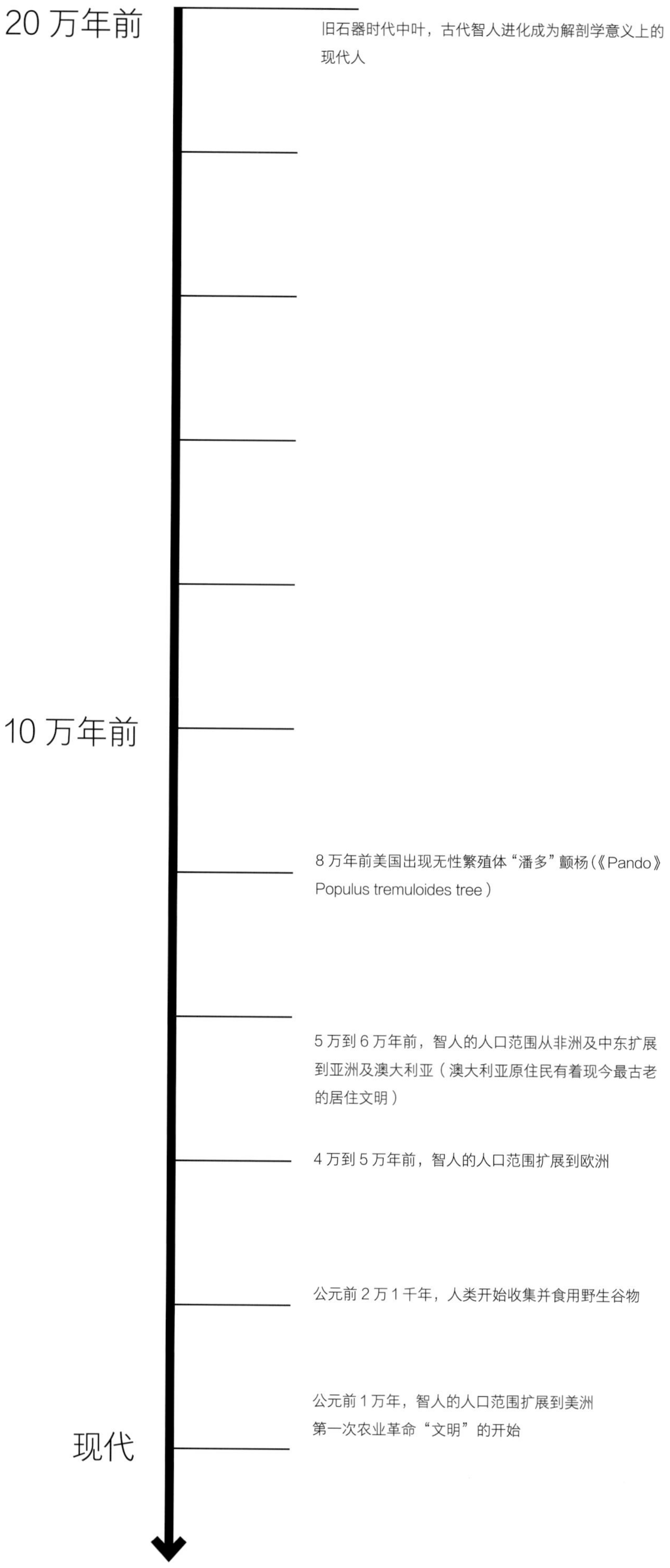
20 万年前
旧石器时代中叶，古代智人进化成为解剖学意义上的现代人
10 万年前
8 万年前美国出现无性繁殖体“潘多”颤杨(《Pando》Populus tremuloides tree)
5 万到 6 万年前，智人的人口范围从非洲及中东扩展到亚洲及澳大利亚（澳大利亚原住民有着现今最古老的居住文明）
4 万到 5 万年前，智人的人口范围扩展到欧洲
公元前 2 万 1 千年，人类开始收集并食用野生谷物
公元前 1 万年，智人的人口范围扩展到美洲
第一次农业革命“文明”的开始
现代

图 1.3

狩猎和采集（20 万年前至今）

人口

公元前 1 万年 ~ 250 万

第一次农业革命（新石器时代）
澳大利亚土著居民将粮仓绘于岩画上，约公元前 1 万年

文明的开端
宗教场所，哥贝克力石阵（Göbekli Tepe），土耳其，约公元前 9130 年
恰塔霍裕克（Catalhoyuk），土耳其，约公元前 2600 年

公元前 8000 年 ~ 500 万

冰河世纪的终结，公元前 8000 年
早期城市聚居地，恰塔霍裕克（Catalhoyuk），土耳其，约公元前 7500 年
北海盆地（North Sea basin）的洪水，约公元前 7500 年
彭头山和裴李岗史前文化，中国，约公元前 7500-7000 年
小北史前文明（Norte Chico civilization），秘鲁，约公元前 7000 年

全新世气候暖期，约公元前 6000 年

公元前 5000 年 ~ 1000 万

车轮的发明，美索不达米亚（Mesopotamia），公元前 3500 年
文字的发明，美索不达米亚，公元前 3200 年
大盆地狐尾松（Great Basin Bristlecone Pine）（现已知的最古老的无性繁殖体），公元前 3051 年
史前巨石柱开始，英国，约史前 3000 年
斯卡拉布雷（Skara Brae）人类定居点，苏格兰奥克尼群岛（Orkney Islands,Scotland），约公元前 3000 年
开始建造金字塔，吉扎（Giza），约公元前 2600 年
冲洗式马桶，印度河流域哈拉帕（Indus Valley cities Harappa）& 摩亨佐达罗（Mohenjo-daro），约公元前 2500 年
通灵塔（The Ziggurat），乌尔古城，苏美尔，美索不达米亚，约公元前 2250 年
阿拉哈西斯史诗记载了人口过量的警示，公元前 1900 年
波斯波利斯古城（Persepolis），发现于波斯，约公元前 540 年
斯里兰卡（Sri Lanka）- 世界上第一个有自然保护区的国家，公元前 200 年

公元元年 ~ 2 亿

孔雀帝国（Mauryan Empire）的没落，公元前 185 年
汉王朝的没落，公元 189-220 年
罗马帝国的没落，公元 177、284、376 和 476 年
笈多帝国（Gupta Empire）的没落，公元 550 年
由火山喷发导致的尘幕事件，公元 536-551 年

公元 1000 年 ~ 2 亿 750 万

阿兹特克查那巴斯农业文化（Aztec Chinampas Agriculture），公元 1150-1350 年
小冰期（Little Ice Age）来临，公元 1300 年
黑死病（Bubonic<black>Plague）削减欧洲人口，1347-1350 年

现代 70 亿以上

哥伦比亚（Columbian）生物变化，公元 1492 年
安德烈・勒诺特尔（Andre Le Notre），公元 1613-1700 年
空气污染的宣传册，约翰・伊芙琳（John Evelyn），伦敦，公元 1661 年
条播机，杰思罗・塔尔（Jethro Tull），公元 1701 年

图 1.4
文明（公元前 1 万年至今）

图 1.5

复活节岛（Easter Island）

复活节岛曾是诸多动植物物种的家园，其中包括 21 种树木物种。直到 1722 年欧洲人到达这里后，这座岛屿上的波利尼西亚人口从其巅峰 15000 人锐减到仅仅 2000-3000 人。这一切都要归因于环境管理的无序以及对树木进行大量砍伐。贾雷德·戴蒙德（Jared Diamond）将这一过程定义为“生态灭绝”，并称其为“是一个社会因为过度掠夺其资源而毁灭自身的最清楚不过的例子”。

图 1.5

定居文明

公元前 1 万年前后的农业发展促进了永久定居点的建立。那些定居群体（如小村庄，村落，小镇，城市）造成了逐渐退化的影响，加重了某些特定区域内的环境压力，还在很大程度上减弱了自然的生态修复能力。例如在中东的“肥沃新月地带”（fertile crescent），砍伐树木，清理植被，放牧及农业都严重地改变了当地的环境，导致了大量的边际土地的增加。然而正是这些数量较少、相对隔离的人口，在数千年间遏制了由他们产生的生态影响向邻近地区蔓延——将这些问题限制在当地而没有使之成为全球的问题。

文明崩塌

文明崩塌贯穿于整个人类历史之中。除社会冲突之外，文明崩塌还可能因为对于逐渐退化的环境，缩减的自然资源或者环境改变的认知、反应和适应不足而导致。主要的因素包括人口，气候，水，农业和能源。假定我们依赖于自然系统的资源以及生态系统服务，那么了解环境健康、恢复力、承载能力以及社会结构，就是实行可持续管理以及制定未来措施的重要的一环。

“你知道的越多，需要的就越少。”
澳大利亚土著居民谚语

“在这浩瀚的宇宙中没有任何东西会消亡，而是所有的东西都在不断地变化，改变着自身的形态。我认为没有东西可以长时间的保持一样的容貌。曾经坚实的大地会变成海洋，而这坚实的大地又是从汪洋大海中孕育而生的。”

奥维德（OVID），《蜕变》（METAMORPHOSES）（公元 8 年）

公元 1750 年

人口

马拉“条播机”，杰思罗·塔尔（Jethro Tull），1701 年
兰斯洛特“万能的”布朗（Lancelot《Capability》Brown），1716-1783 年
胡弗莱·雷普顿（Humphry Repton），1752-1818 年
农业“圈地运动”（Enclosure）在英国广泛发展，18 世纪开始

英国的第一条运河，1757 年
工业革命，约 1760 年

珍妮机（Spinning jenny mechine），詹姆斯·哈格里夫斯（James Hargreaves），1764 年

蒸汽机的改进，詹姆斯·瓦特（James Watt），1770 年
走锭细纱机（Spinning Mule）的发展，1775 年
美国运动，1775-1783 年

蒸汽动力厂，1779 年
英国农业的牲畜选择育种，18 世纪 80 年代
约翰·克劳迪厄斯·劳登（John Claudius Loudon），1783-1843 年

公元 1800

> 10 亿

法国大革命，1789-1799 年
煤气家用照明，威廉·默多克（William Murdock），1792 年

蒸汽机得到验证，罗伯特·特里维西克（Robert Trevithick），1801 年
拉尔夫·瓦尔多·爱默生（Ralph Waldo Emerson），1803-1882 年

成功的汽船，罗伯特·富尔顿（Robert Fulton），1807 年
卢德骚乱（Luddite Riots）：工人袭击工厂里的机器，1811-1815 年

安德鲁·杰克逊·唐宁（Andrew Jackson Downing），1815-1852 年
亨利·戴维·梭罗（Henry David Thoreau），1817-1862 年

弗雷德里克·劳·奥姆斯特德（Frederick Law Olmsted），1822-1903 年
卡尔弗特·沃克斯（Calvert Vaux），1824-1895 年
第一条水下隧道，伦敦，马克·布鲁内尔（Marc Brunel），1826-1842 年
《意大利杰出画家笔下的景观建筑》（书名），1828 年

《论造园学的理论与实践》（书名），1841 年
伯肯海德公园（Birkenhead Park），英国第一个公共资助的市民公园，1847 年
1848《共产党宣言》卡尔·马克思（Karl Marx）和弗里德里希·恩格斯（Friedrich Engels）（书），1848
埃比尼泽·霍华德（Ebenezer Howard），1850-1928 年
过磷酸钙肥料（Superphosphate fertilizer）开始使用
中央公园，纽约，1857-

公元 1850

沃克斯 & 奥姆斯特德（Vaux & Olmsted）在中央公园竞赛中胜出，1858 年
《物种起源》（书名），查尔斯·达尔文，1859 年
第一个机械（蒸汽）采油井，泰特斯维尔（Titusville），宾夕法尼亚州，1859 年
詹斯·詹森（Jens Jensen），1860-1951 年
托马斯·海顿·莫森（Thomas Hayton Mawson），1861-1933 年
奥姆斯特德和沃克斯正式提出以“风景园林学”作为专业名称，1863 年
美国内战，1861-1865 年
苏伊士运河竣工，1869 年
黄石国家公园（世界及美国的首例），1872 年
比阿特丽克斯·琼斯·法兰德（Beatrix Jones Farrand），1872-1959 年
第一个有机生命体的专利，1873 年
《进步与贫穷》（Progress and Poverty）（书名），亨利·乔治（Henry George），1879 年
皇家国家公园（澳大利亚的首例），1879 年
美国地质调查局（US Geological Survey）成立，1879 年
班夫国家公园（加拿大首例），1885 年
新西兰汤加里罗国家公园（New Zealand Tongariro National Park）（新西兰首例），1887 年
《另一半人怎样生活》（书名），雅各布·里斯（Jacob Riis），1880 年
塞拉俱乐部（Sierra Club）成立，1892 年
美国风景园林师协会（ASLA）成立，1899 年
大规模破坏性采矿（露天式采矿），1899 年
托马斯教堂，1902-1978 年
《明日的田园城市》（Garden Cities of Tomorrow）（书名），埃比尼泽·霍华德（Ebenezer Howard），1902 年
瑞典国家公园（欧洲首例），1909 年

公元 1900

加州拉克维尤油田漏油事件（Lakeview Gusher Oil Spill），美国，1910 年
亨利·福特（Henry Ford）的装配线，1913 年
德国风景园林师协会成立，1913 年
合成氨态氮肥料开始使用
第一次世界大战，1914-1918 年
《进化中的城市》（Cities in Evolution）（书名），帕特里克·盖迪斯（Patrick Geddes），1915 年
美国城市规划学会（American City Planning Institute）成立，1917 年
石棉矿污染，利比（Libby），蒙大纳（Montana），1919-
伊安·麦克哈格，1920-2001 年
国际联盟成立，1920 年
园林教育学者委员会（Council of Educators in Landscape Architecture）成立，1920 年
荷兰景观（BNT）成立，1922 年
鲁道夫·斯坦纳（Rudolph Steiner）生物动力农业，约 1925 年

20 亿

维龙加国家公园（Virunga National Park），刚果（非洲首例），1925 年
日本造园学会成立，1925 年
英国景观协会成立，1929 年
植物专利条例（Plant Patent Act），美国，1930 年
日本的第一个国家公园，1931 年
加拿大风景园林师协会成立，1934 年
美国风景园林师协会（American Society of Landscape Architects）成立，1934 年
“肮脏的三十年代”黑色风暴事件（“Dirty Thirties” Dust Storms），美国，1930 年代
科罗拉多河（the Colorado River）上的胡佛大坝建成，1936 年
第二次世界大战，1939-1945 年
现代有机农业的危机，1940 年
爱运河有毒垃圾填埋场，纽约，1942 年
绿色（农业）革命，约 1943 年
农业化学杀虫剂广泛使用，20 世纪 40 年代

公元 1950

25 亿

国际风景园林师联合会（IFLA）成立，1948 年

图 1.6
工业革命（1750—1950）

图 1.7

“你会建造一艘通过在甲板下面烧一把火，就能迎着海风远航的船吗？我没有时间理会这种无稽之谈。”

拿破仑一世（NAPOLEON 1），对罗伯特·富尔顿（ROBERT FULTON）的蒸汽船如此评价（约 1800 年）

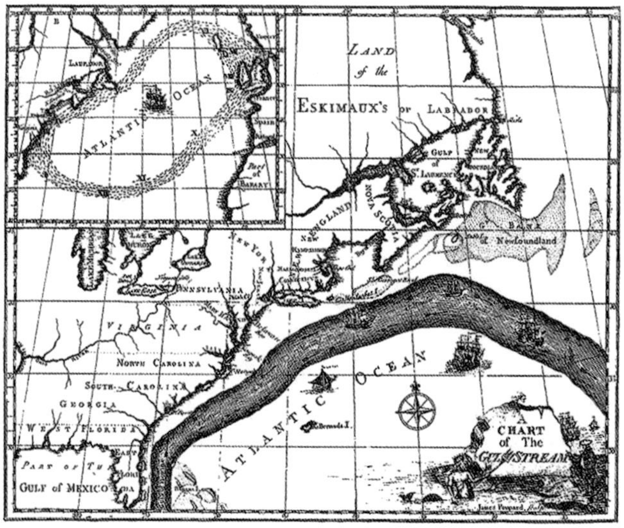

图 1.8

图 1.7

夜色中的科尔布鲁克代尔（Coalbrookdale），菲利普·詹姆斯·德·卢戴尔布格（Philip James de Loutherbourg），1801

科尔布鲁克代尔是一座在英国什罗普郡（Shropshire）的小镇。在那里铁矿石通过“炼焦煤”的燃料而被提炼成铁。这是英国工业化最重要的一环，也是工业革命的开端。

图 1.8

1770 年墨西哥暖流图

这张目前已知最早的墨西哥暖流图是由本杰明·富兰克林（Benjamin Franklin）制作，并于 1770 年在英国出版的。但它曾被人忽略了一段时间。当英国人注意到这张图，依靠它，再根据海洋环流模式他们就能节省两周的航行时间。

图 1.9a

图 1.9b

本地植被清理及改造，维多利亚（Victoria），澳大利亚

自从诸如美国、澳大利亚、新西兰、太平洋及非洲等地区开始殖民之后，本地植被清理的问题显得尤为突出。英国及欧洲移民试图改造并熟悉他们夺得的岛屿，结果导致当地原生的植被群落被粗暴地清理。而当地本土的文化也被统治它们的国家的文化所代替。在今天看来，结果是一系列融合而成的新环境及植物种类。它们既不是原生的，也不是外来的。这张平面图表现了澳大利亚，维多利亚省 1750 年殖民前及 2004 年殖民后的原生植被的生物区范围。

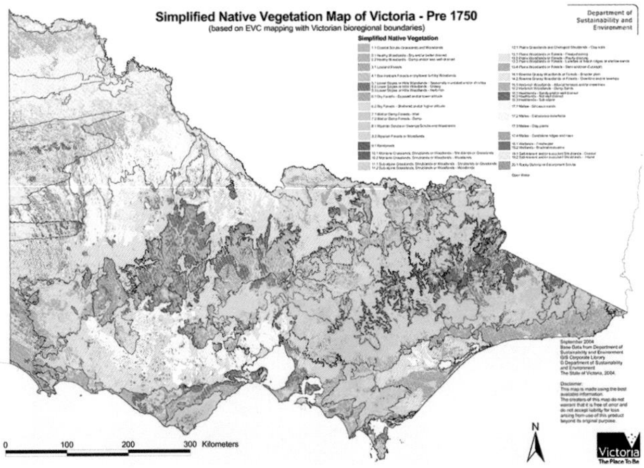

图 1.9a

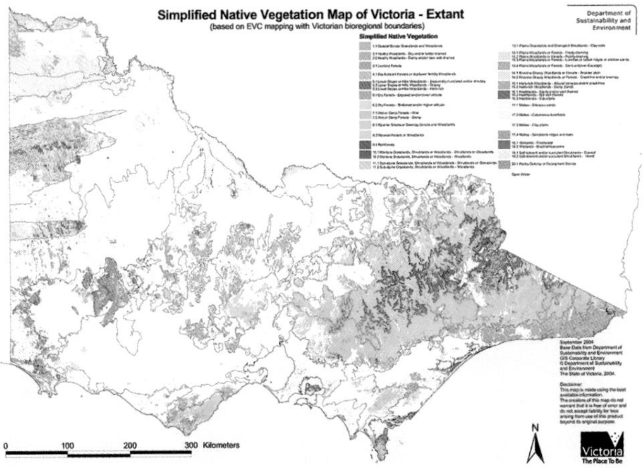

图 1.9b

图 1.10

图 1.10

澳洲野狗（Dingo）防护栏，澳大利亚

这个世界上最长的防护栏是一个直接的、次大陆尺度的风景园林干预的典型例子。这个长达 3488 英里（约 5614km）的防护栏建于 1880 年，用来保护澳大利亚东南部当地的羊群不被澳洲野狗抓走。它因为大规模地驱逐了那片区域内顶端陆生捕食者而改变了那里的景观动态。值得注意的是，相对而言那些野狗也是后来由外部引进到澳大利亚的（约 3000-4000 年前，相较于 5 万年的原生居住来说）。

“我不理解为什么当我们摧毁由人类创造的东西时，我们称之为故意毁坏文物的行为，但当我们摧毁由自然创造的东西时，我们称之为进步。”

小埃德·贝格利（ED BEGLEYJR）

“大城市对自然的无知，不亚于把世界和美景拒之门外的杂草丛生的监狱。”

约翰·克莱尔（JOHN CLARE）（1793-1864）

工业革命

工业革命（约 1760 年）标志着环境史的一个重要的转折点。它将传统的、农村的、乡村的“家庭手工业”的生产方式转换为自动化的、城市化的大规模生产方式。借助集中有限的能源（最初是煤），这些机器以不可置信的比例代替了人工。例如一台 1812 年生产的纺纱机就完全可以代替 1770 年英国 200 位纺织工人的生产量。不再受到风、水流和地形的限制，蒸汽船及铁路以最快的速度覆盖了长距离的运输。工业化的结果导致人口从乡村涌向城市，并严重地影响了城镇规划。那时候城市公园被当作是治愈诸如煤炭燃烧导致的空气污染等的良方（见伯肯海德公园，第七章）。

劳动法

殖民时代奴隶制的剥削（奴隶制在英国及其殖民地于 1833 年和在美国于 1865 年被废除之前）及不法劳动力促就了殖民区内部大规模的发展和城市化。社会改革、法规，以及慈善机构 [例如救世军（the Salvation Army）、社会福音（Social Gospel）、基督教青年会（YMCA）] 试图解决城市发展引发的相关问题，例如贫民窟、饥饿、低健康水平等问题。不人道的人工劳动力剥削找到了它的替代品：煤、天然气及石油。

极度加速

对三大矿石能源：煤、天然气、石油的利用，大大促进了 20 世纪的全球发展。因为使用了煤油（石蜡）、天然气，以及之后的产自带有巨大能量的工厂的电，城市即使是在夜间也变得明亮，人们每周 7 天、每天 24 小时的活动也得到了满足（见第四章）。储量丰富且便宜的煤变成了产电的主要能源。水力基础设施（见第三章）也可以通过电力泵达到反重力，从而完成过滤及分流。交通工具的内燃机通过燃烧原油馏分，再加上用在蒸馏过程中产生的副产品建设的光滑道路，这些使汽车可以在路上开出全新的速度（见第四章）。流水线也成为了如今批量化生产的代名词，它大大加快了生产效率及有效性。而这些通往财富及消费的捷径也直接增加了对环境造成的影响。工业化随后持续不断发展，大量的生产中心逐渐转移到“发展中”国家。

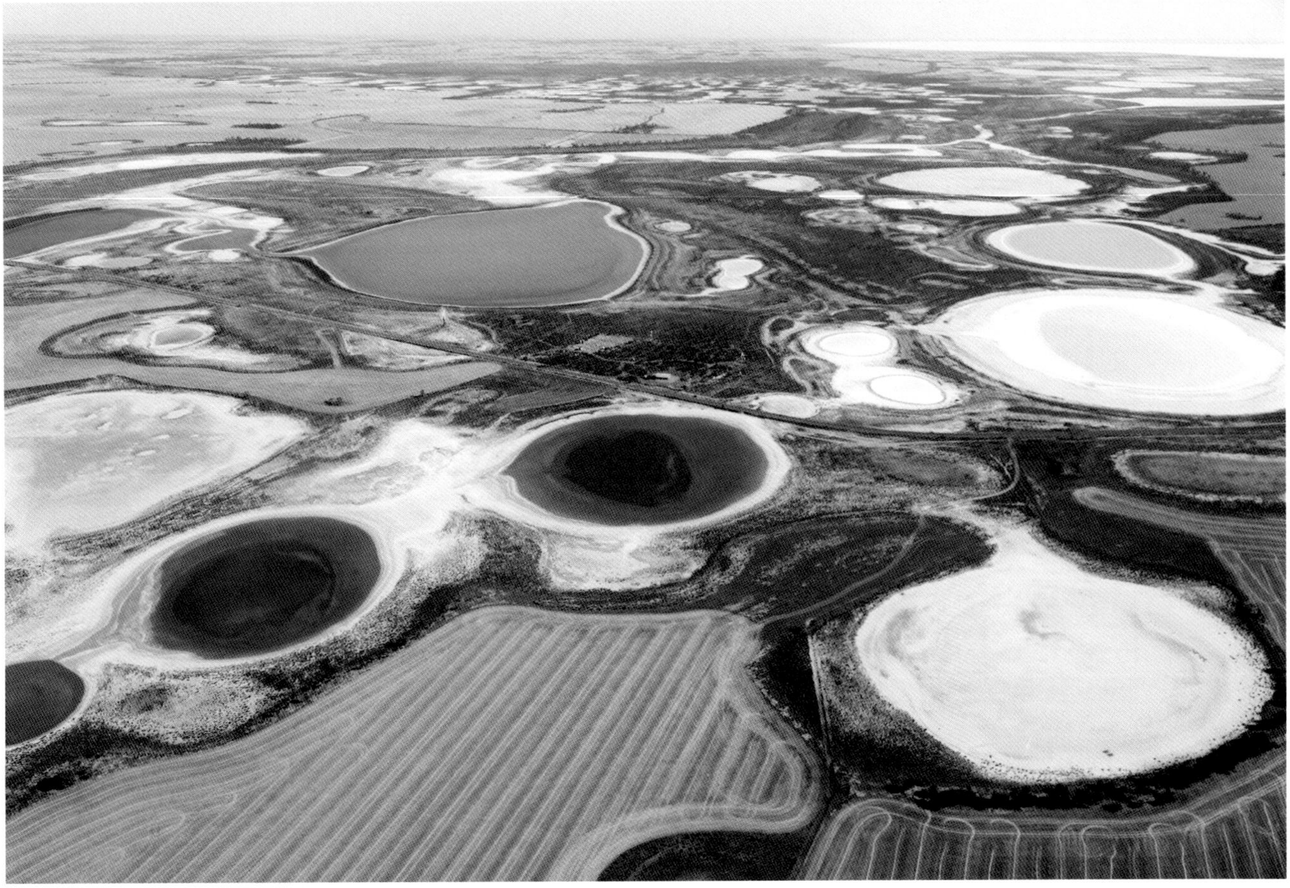

图 1.11

图 1.11

澳大利亚西南部的土壤盐碱化

殖民扩张对全世界的景观所带来的影响是巨大的。在澳大利亚，英国籍欧洲殖民者将他们自己的景观、农耕方式及审美偏好都带到了一些并不适合这么做的脆弱地区。而澳大利亚的西南部正是这样一个脆弱且独特的生态多样的热点地区。那里生长着的“匍匐矮小的”植被，极大面积因为殖民者要种植玉米而遭到了清理（并且来自欧洲的硬蹄牲畜也更严重地破坏了土壤）。这一切都导致了持续上涨的地下水位，灾难性的土地盐碱化以及易腐烂的土地。可以这么说，农民几乎掌控了 70% 澳大利亚的景观。被消费趋向引导的农耕方式严重影响了这个大陆岛。数据显示，在澳大利亚每生产一公斤面包，就需要消耗掉 7 公斤的耕层土。澳大利亚人蒂姆·富兰纳瑞（Tim Flannery）说道：“这个国家的西南部一部分的原生植被正遭受到盐碱化的威胁（90% 已经被清理），而就目前而言并没有解决办法。超过 850 种特有植物种类都已经受到了威胁……250 万 hm^2 的农业用地也受到了盐碱化的影响。其中 180 万 hm^2 都位于澳大利亚西部。全国范围内还有 1 千万 hm^2 的土地正面临着风险，而其中的 600 万 hm^2 位于澳大利亚西部的西南部分。”

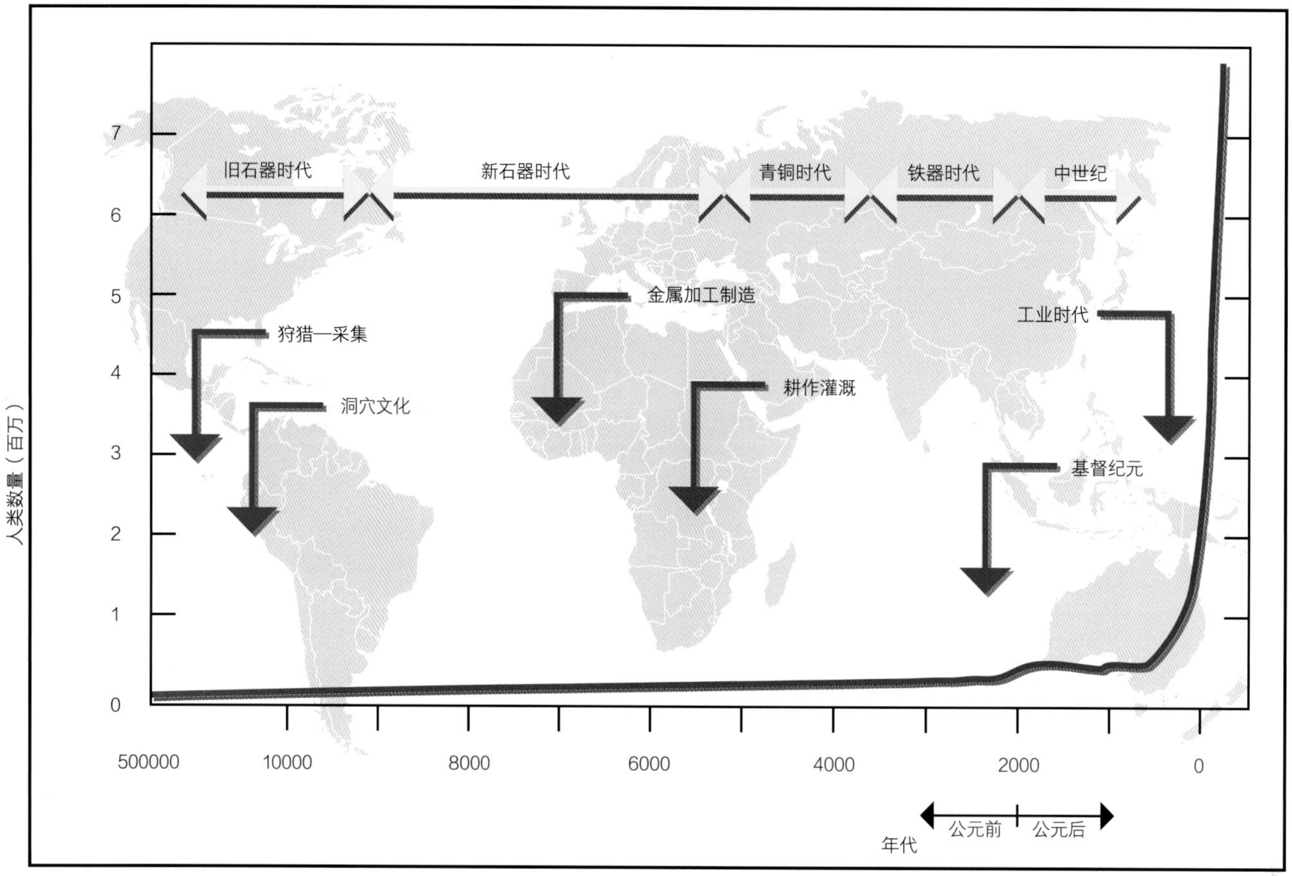

图 1.12

图 1.12

世界人口示意图

人类进化的伟大成功导致了今天地球上有数十亿的人口。

人口增长

工业化生产，水力基础设施（第三章），运输（第四章）及食物系统（第五章）伴随着人类医疗条件的进步，持续不断地促进了大幅的人口增长。仅仅一个世纪，全世界的人口数量从 1900 年的 10 亿增长到了 2000 年的 70 亿。而此期间人的寿命翻了一倍（1900 年人的平均寿命只有 31 岁）。

“有时候人口增长的速度之快，可以快到即使它超过环境可以容忍的承载量，它所带来的负面效果都还没有产生反馈，使人口数重新降低到可承载的限度以下。”

格雷·马丁（GERRY MARTEN），《人类生态学：对可持续发展的基本概念》

图 1.13

图 1.13

榛木沟，吉普斯兰岛（Gippsland），澳大利亚，约 1870 年，艾萨克·怀特海（Isaac Whitehead）

为了林业及农业而进行的大面积的土地清理，曾被看作是对于广阔的原生“自然”进行的文明进程。这里提到的土地清理，发生在现今人们已知的世界上含碳量最高的树种（杏仁桉）（Eucalyptus regnans）的树林里。而这种行为直至今日即使受到了公众的抗议和反对却仍在进行。

保护、环境以及可持续运动

针对全球高速变化的荒野保护运动产生于17世纪，并在19及20世纪达到了巅峰。这些运动的领军人物，如拉尔夫·瓦尔多·爱默生（Ralph Waldo Emerson），亨利·戴维·梭罗（Henry David Thoreau），西奥多·罗斯福（Theodore Roosevelt），吉福德·平肖（Gifford Pinchot），约翰·缪尔（John Muir）和奥尔多·利奥波德（Aldo Leopold）等人，缔造了20世纪60年代极具影响的环保运动的坚实基础。内容广泛的议程，囊括了美好且有质量的生活和政治活动，帮助人们提高了对全人类而言的一系列问题的意识。影响巨大的人物有雷切尔·卡逊（Rachel Carson）（化学污染），保罗·埃尔利希（Paul Ehrlich）（人口过量），以及伊恩·麦克哈格（Ian McHarg）（风景园林学）。此后以环境为生命体中心的生态化运动（生态中心论），提倡从根本上改变西方以人类为中心（人类中心论）的思想体系、伦理道德和实践。

图 1.14

爆炸（1945- 至今）

“一件事只有在可能保护生态圈的完整性、稳定性以及它的美时才是对的。相反则全然错误。”

奥尔多·利奥波德（ALDO LEOPOLD），《沙乡年鉴》（A SAND COUNTY ALMANAC）（1949）

“相较于被人类及其所作所为统治的区域来说，一个完全原生态的区域则是指土地及生物群落完全没有受人类所干扰，而人类仅仅是来访者而不会一直存在。”

霍华德·扎尼泽（HOWARD ZAHNISER），《野蛮行为》（THE WILDERNESS ACT）（1964）

“我们像在一艘小宇宙飞船上一起旅行一样，依赖于稀少的空气和土壤。”

阿德莱·史蒂文森（ADLAI STEVENSON），《对美国的演讲》（SPEECH TO THE UNITED）（1965）

“史上最具影响力的环境摄影作品。”

盖伦·罗威尔，《地球升起》，ABC

“……假设我们并没有愚蠢到继续仅用天文学史的一瞬间用尽耗费数亿年才装载到我们地球飞船上的能源。”

巴克敏斯特·富勒（BUCKMINSTER FULLER），《地球飞船的操作手册》（OPERATING MANUAL FOR SPACESHIP EARTH）（1969）

“我们不是从祖先那里继承的地球，而是从我们的子孙那里借来的。”

古代印度谚语，摩西·亨利·卡西（MOSES HENRY CASS）（1974）

“城市生态系统是人类实践中最精致的地理控制系统，或者说是统一的资源管理系统。”

伊恩·道格拉斯，《城市环境》（THE URBAN ENVIRONMENT）（1983）

“可持续发展是一种可以让当下收支平衡的发展模式，而不是耗费未来后代的资源来满足自身的需求。”

《文莱报告》（BRUNDTLAND REPORT）（1987）

“至少现在，为我们定义自然的正是与人类社会的脱离。”

比尔·麦吉本（BILL MCKIBBEN），《自然的终结》（THE END OF NATURE）（1989）

“旅游业是现在地球上最大的产业。而讽刺的是，它也正是现在摧毁了很多我们旅游目的地的罪魁祸首。”

琼尼·西格，《阿特拉斯环境状况》（THE STATE OF THE ENVIRONMENT ATLAS）（1995）

人口

公元 1945

第二次世界大战由美国在日本引爆的原子弹，1945 年
联合国粮食及农业组织成立，1945 年
美国出现第一家超级市场，1946 年
第一张从大气层上拍摄的地球的照片，1946 年
水力压裂（破碎）出现，1947 年
世界自然保护联盟（IUCN）成立，1948

公元 1950

25 亿城市人口
占 29%

《沙乡年鉴》（书名），奥尔多·利奥波德（Aldo Leopold），1949 年
峰区国家公园（英国首例），1951 年
伦敦大雾，伦敦，1952 年
核事故，乔克·里弗（Chalk River），安大略湖（Ontario），加拿大，1952 年
首个核电站，苏联，1954 年
氢弹，美国热核氢弹，比基尼岛，1954 年
石油峰值理论（论文）见刊，金·休伯特（M. King Hubbert），1956 年
汞废水乱排导致水俣病，日本，1956 年
风级火核事故，英国，1957 年
首个城市扩张边界，列克星敦市（Lexington），肯塔基州（Kentucky），1958 年
克什特姆核事故，苏联，1959 年
《城市意象》（Image of the City）（书名），凯文·林奇，1960 年

30 亿城市人口
占 34%

《美国大城市的死与生》（书名），简·雅各布斯（Jane Jacobs），1961 年
世界野生动物基金会（WWF）成立，1961 年
《寂静的春天》（书名），雷切尔·卡逊，1962 年
由美国部队导致生态灭绝，越南，1965 年
国际城市和区域规划师协会成立，1965 年
澳大利亚园林建筑师学会（AILA）成立，1966 年
《人口炸弹》，保罗·埃尔利希（Paul Ehrlich），1968 年
“地球升起”摄影作品，1968 年
卢森斯（Lucews）部分核熔毁事故，瑞士，1969 年
环境影响报告书（美国），1969 年
《设计结合自然》（书名），伊恩·麦克哈格，1969 年
新西兰园林建筑师学会（NZILA）成立，1969 年
第一个地球日（美国），1 月 1 日，1970 年
“地狱的大门”气藏，土库曼斯坦，1971 年
绿色和平组织成立，1971 年
地球的第一张全景照片“蓝色宝石”，1972 年
《增长的极限》，罗马俱乐部，1972 年
联合国斯德哥尔摩会议及联合国环境规划署成立，1972 年
濒危物种法案（美国），1973 年

公元 1975

40 亿城市人口
占 37%

能源危机及世界石油动荡，20 世纪 70 年代
《园林史》（书名），乔治·托比（George B. Tobey），1973 年
理查德·瑞吉斯特（Richard Register）《城市生态学》，1975 年
《设计为人》（书名），杰弗里（Geoffrey）和苏珊·杰里科（Susan Jellicoe），1975 年
塞韦索爆炸事故，意大利，1976 年
盖亚假说（理论），詹姆斯·洛夫洛克（James E.Lovelock），20 世纪 70 年代
美国规划协会（APA）成立及合并，1978 年
阿莫科加的斯（Amoco Cadiz）游轮石油泄漏，法国，1978 年
三里岛（Three Mile Island）核事故，美国，1979 年
伊克斯托克 -I（Ixtoc I）石油泄漏事故，墨西哥湾，1979-1980 年
世界保护战略，1980 年

50 亿

落基山研究所成立，1982 年
博帕尔（Bhopal）瓦斯事故，印度，1984 年
法国绿色和平船只“彩虹勇士”沉没，1985 年
切尔诺贝利（CHernobyl）核事故，乌克兰，1986 年
布伦特兰委员会（Brundtland Commission），《我们共同的未来》（报告），1987 年
詹姆斯·汉森博士（Dr. James Hansen）向美国参政院提出温室效应，1988 年
联合国政府间气候变化专门委员会（Intergovernmental Panel on Climate Change，IPCC）成立，1988 年
阿拉斯加港湾（Exxon Valdez）漏油事件，阿拉斯加，1989
科威特（Kuwait）石油泄漏，伊拉克，1991 年
联合国里约地球峰会，1992 年
21 世纪议程，联合国（议程），1992 年
《无名之地的地理》（书名），詹姆斯·昆斯勒（James Kunstler），1993 年
《荒野的烦恼》（论文），威廉·克罗农（William Cronon），1995 年
景观都市主义的涌现，（20 世纪 90 年代中叶）
京都议定书（the Kyoto Protocol）获批，1997 年
世界自然基金会（WWF）生命行星（报告），1998 年
氰化物泄漏，巴亚·马雷（Baia Mare），罗马尼亚，2000 年

公元
2000 年

60 亿城市人口
占 47%

人类世术语得到定义，保罗·克鲁岑（Paul Crutzen）及尤金·施特莫（Eugene Stoermer），2000 年
基于可持续发展的联合国世界峰会召开，2002 年
米什拉克（Mishraq）硫火，伊拉克，2003 年
《环境保护论的死亡》（论文），2004 年
《增长的极限》（书名），2004 年
千年生态系统评估（报告），2005 年
吉林化学工厂爆炸，中国，2005 年
东亚雾霾空气污染，2006 年
诗都阿佐（Sidoarjo）泥石流，印度尼西亚，2006 年
“难以忽视的真相”（纪录片），阿尔·戈尔，2006 年
“物品的故事”（在线动画），2007 年
TVA 金士顿福斯尔电厂粉煤灰浆泄漏，美国，2008 年

70 亿城市人口
占 55%

深水地平线（Deepwater Horizon）钻井平台漏油事故，墨西哥湾，2010 年
《人性化的城市》（书名），扬·盖尔（Jan Gehl），2010 年
日本福岛核事故，日本，2011 年
飓风桑迪，美国东北部，2012 年
超级台风“海燕”，菲律宾中部，2013 年
政府间气候变化专门委员会（IPCC）第五次评估报告，2014 年
艾丽森峡谷（Aliso Canyon）气体泄漏，美国，2015 年
关于气候变化的巴黎会议，2015 年

公元
2025 年

80 亿城市人口
占 60%

"永远不要浪费每一个危机。"
佚名

"但是人类是自然的一个部分，而他与自然的斗争毫无疑问是与自己的斗争。"
雷切尔·卡逊,《CBS 纪录片》(1964)

"我们正站在道路的分叉口……我们一直行走着的道路看起来很容易。而虽然我们以飞快的速度在这平坦的超级高速公路上行进着，却不知道那条路的尽头是灾难。而另外一路——我们不曾走过——给了我们最后一个，也是唯一的机会去到达地球得以保留的另一个目的地。"
雷切尔·卡逊,《寂静的春天》(SILENT SPRING)(1962)

人类中心论

根据犹太 - 基督教传统（创世纪 1:26-28,9:2-3，诗篇 8:5-8），人类中心论认为人类是地球的中心，是最重要的物种，并被赋有权利去统治并控制地球上的其他物种和土地。它们都可以看作是可利用的资源。而这种观点被认为是环境剥削产生的潜在因素。环境学者认为，这导致了自然被看作是一个无限的资源库，而不是一系列相互关联、相互依存的有限系统。

图 1.15a
图 1.15b
图 1.15c
"地球升起"，"蓝色宝石"及地球稀薄的大气层

"地球升起"(1968)(1.15a) 被形容为史上最具影响力的环境摄影作品。

"蓝色宝石"(1972)(1.15b) 第一次捕捉到了没有阴影笼罩的地球。

地球大气层的线（1.15c）因为最后一轮新月而变得可见。

图 1.15a

图 1.15b

"人类是盲目的、愚蠢的、低文化的、以自己为中心的笨蛋。他们强行对地球施加伤害。"

伊恩·麦克哈格（1969年8月15日）

"人类中心论——以人类为中心——是一种不正确的看待事物的方式……如果我们想要与地球共同生存下去，就需要树立一种没那么主观的，辩证的观点来看待地球。"

迈克尔·齐默曼（MICHAEL ZIMMERMAN），采访（1989）

"人类对于自然的统治完全是一种错觉，是天真的物种的一个行将逝去的梦。正是这个梦，耗费了我们这么多精力，把我们引入自己精心设计的圈套，给我们那么一点点的自负去营造我们的勇气和自大，但终究这还只是一个错觉而已。"

唐纳德·沃斯特（DONALD WORSTER），《在西部的天空下》（1992）

"看不清事物的真相正是因为身处其中。"

拉尔夫·瓦尔多·爱默生（RALPH WALDO EMERSON），《圆》（1841）

盖亚（Gaia）

20世纪中叶的航天计划，在距地球表面超远距离的地方捕捉到了一个革命性的画面。第一次，人们能够完整地看到地球，看到它是一个内部连接的整体。此后詹姆斯·洛夫洛克（James E. Lovelock）及林恩·马古利斯（Lynn Margulis）在20世纪70年代的盖亚假说（这个假说认为地球是内部连接的，自我调节的球形超级有机体）推动了随后不断进行着的、认为地球是整体行星的运动。在随后20世纪70年代的能源危机上，有人提出建立全球和集体的环境行动，诸如提出罗马俱乐部的《增长的极限》（1972）的关键工作。在这次能源危机中，世界主要的工业国家面临着持续性的石油短缺。而这些清楚明白地说明了依赖不可再生能源的严重性。然而即使是地球上团结、共同合作的团体，也因这些议题，最终在能源地域及国家尺度上，在应该如何管理、保存、消费的问题上，产生了完全分裂的看法。

图1.15c

"与自然相悖是不可能的。"

巴克敏斯特·富勒（BUCKMINSTER FULLER），哥伦比亚大学讲座（1965）

"那些所谓科学的、科技的'方式'，无论它们有多巧妙，或者有多么吸引人，但倘若它们污染了环境、使得社会结构和人类自己退化了，那就是没有益处的。"

E.F. 舒马赫（E. F. SCHUMACHER），《小即是美：由人类掌控的经济》（ECONOMICS AS IF PEOPLE MATTERED）（1973）

可持续性

生态意识在 20 世纪六七十年代获得了人们空前的青睐，之后分散为一组庞大的迭代。随后伴随着不计其数的关于可持续性的努力，布伦特兰委员会（Brundtland Commission）（1987）对于可持续性发展的里程碑式的定义（可以让当下使用和需求达到平衡的，而不耗费未来后代的资源来满足自身的需求的发展模式），缔造了一个新的时期。在那个时期中的政府，商业性组织及无政府组织［如塞拉俱乐部（Sierra Club）］都寻求着去确定文明及生态的可以延续的时间。

实施上的失败

尽管像这样国际性的关于可持续性的对话持续了几十年［例如各种各样联合国的倡议、地球及世界峰会、京都议定书（the Kyoto Protocol）以及联合国政府间气候变化专门委员会（Intergovernmental Panel on Climate Change）］，各个超级大国的领导阶层的协议、展望却来得很慢、很少或者根本就没有出现过。甚至就算协议达成了——可能是模糊的或者看起来有希望的政策声明——实现这些承诺的行为却迟迟没有出现。

生态危机

20 世纪后半叶，全世界的科学性论述及调查逐渐达成了共识，认为地球正因为人类对环境造成的持续扩大的影响，而面临着生物多样性的灭绝危机。自 20 世纪 90 年代以来，广义的生态学——它根植于自然保留、维护并依附于经验科学——很可能成为了现代环境主义最具影响力的学科（第二章）。它主要与除人类以外的物种及生态系统相关。在很多生态学中的论述及实践中，生态多样性及生态系统服务都是致力于缓解，或者尽可能逆转这场危机。

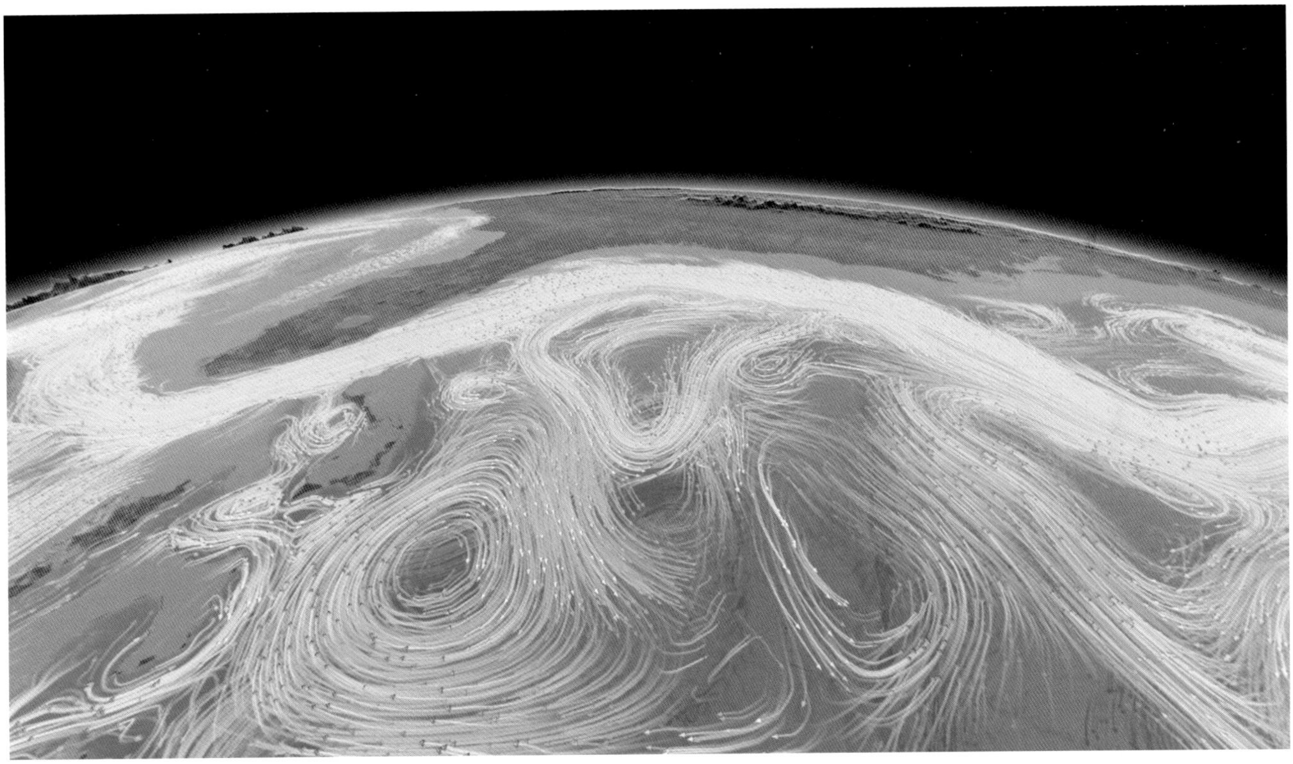

图 1.16

21 世纪的环境保护

图 1.16

墨西哥湾流的洋流

墨西哥湾流是为重要的区域如北美及欧洲带来温暖气候的主要因素。而气候变化改变着诸如墨西哥湾流所处海域洋流的这类自然系统（由海洋表面的气流影响，并改变着水域的密度），并伴随着潜在的巨大的影响。

人类引起的气候变化

由人类引起的气候变化在可持续性论述上引起了极大的关注。这也是历史上首次，人类活动严重改变了地球系统运行的方式，导致了日益严重的全球变暖、海平面上升、在可农耕的土地上的显著变化以及极端气候发生频率的上涨。有预测认为，已发射到大气中的导弹会对行星造成巨大的影响。然而气候学家警告说如果对低阶燃料（煤，页岩气，石油）大量的使用，将会导致如世界末日般的气候变化。

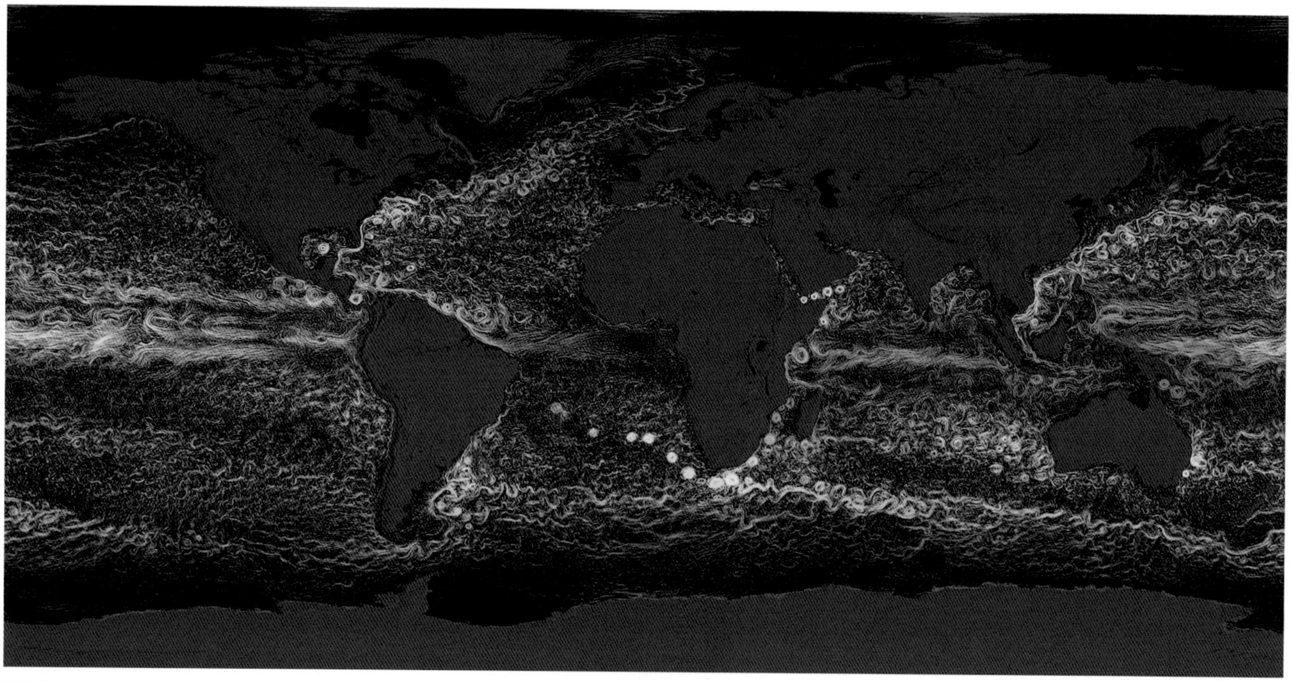

图 1.17

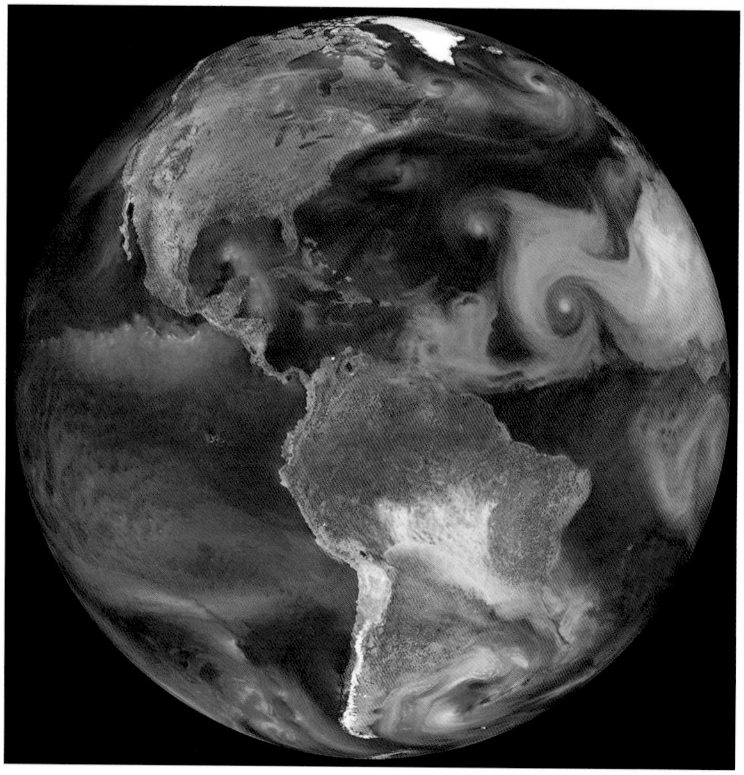

图 1.18

图 1.17

海面上的洋流

地球是一个有机的系统——一个废弃的塑料瓶可能通过洋流旅行数千公里，直到它到达海洋里漂浮着的垃圾斑块那里。

图 1.18

悬浮微粒及烟尘的世界环游

一场火或者烟囱排放出来的烟尘伴随着空气流，会跨越地球到达另外一片大陆。风可以分解全世界的大型粉尘颗粒（橙色）、海盐（蓝色）、有机碳 / 无机碳（绿色）以及硫酸盐（白色）。这个案例概括了东南亚常见的雾霾，澳大利亚、非洲、美国及地中海区域的野火以及可以影响包括欧洲、英国及亚马逊在内的，超远距离的撒哈拉大沙漠的沙尘暴。

图 1.19

“油砂：从辛克鲁德（Syncrude）公司米尔德里德湖矿（Mildred Lake Mine）升级中的设备里升起的蒸汽及烟尘”，亚伯达（Alberta），加拿大，2014

加拿大的油砂产业是世界上最大的工业项目之一，每天要生产 150—200 万桶左右油砂（2014 年）。这些油砂的运输范围甚至超过了英国的面积——14 万平方公里。这一由亚力克斯·麦克莱恩（Alex MacLean）所拍摄完成的航拍照片系列把这一原本罪恶的产业逆向地变现成了令人敬畏的、壮丽的摄影作品（传统的壮丽景象摄影一般都是表现自然风景美（见第六章）而他在亚伯达为辛克鲁德公司米尔德里德湖矿（Mildred Lake Mine）升级中设备拍摄的照片则是一个对于这一项目更加精准的描述，亚伯达只是这一行业的冰山一角）。麦克莱恩说道：“油砂矿区的规模以及它对环境所造成的伤害都是巨大的。”

“在一个世纪以前，石油——我们用它来称呼这种油——只是一种鲜为人知的商品；而今天它对人类生存来说和水一样重要。”

詹姆斯·巴肯（JAMES BUCHAN）（2006）

石油副产品

因为我们持续不断地挑战着地球所能承受的极限——压榨着油砂储备，在极端环境中彻底探寻石油储备（比如北极和深海），导致社会高速发展所需要的有限资源正极度萎缩。与此同时，我们还为了萃取天然气，毁灭性地破坏着陆地地质。原油及天然气产品以及它们的衍生物，组成了现代世界的制造业、加工业、包装业，甚至是肥料，几乎涵盖了从运输到工业化的食物系统（见第五章），再到数字化、技术化社会的支撑。对于这些产品的运用并不总是可见的。天然气，众所周知是一种热源及做饭的燃料，然而，鲜少有人知道世界上一半的人口都依赖着由使用天然气生产的合成氮肥的农田养活。但使用合成氮肥也相应地导致了土壤的高度酸化。联合国粮食及农业组织证实，现在地球三分之一的土壤都因为酸度过高而无法种植高产的玉米。

图 1.19

图 1.20

图 1.21

图 1.20

宝钢 #10

中国现在在前所未有的尺度上进行着工业生产。加拿大摄影师爱德华・伯汀斯基（Edward Burtynsky）对于他表现这一巨大的钢铁储备如此形容的:“超级消费主义……以及由它导致的环境退化使得本应让我们幸福和满足的生产过程变得让我害怕。我再也不会将这个地球看作是一个一个带着自己边界的，或者有着自己语言的国家组成的，而是将它视作有 70 亿人生存着的一个有限的星球。”

图 1.21

CAFO，美国

畜牧业消耗着全世界 40% 的谷物产品，甚至在部分发达国家占了 70%。集中动物饲养作业（CAFOs）在全球及各地环境上有着极大的影响。从全球范围来说，温室气体排放有 20% 都是由畜牧业导致的，这个数据甚至高于交通运输的温室气体排放量。从地域上来说，土壤及水系统无法充分分解大量的动物粪便。从社会上来讲，这些浓重的气味会毁掉这里的土壤价值以及当地居民对这些工厂农场的亲近度。这里大量的玉米都是为了内布拉斯加州（Nebraska）的集中动物饲养作业圈养的牲畜而准备的。

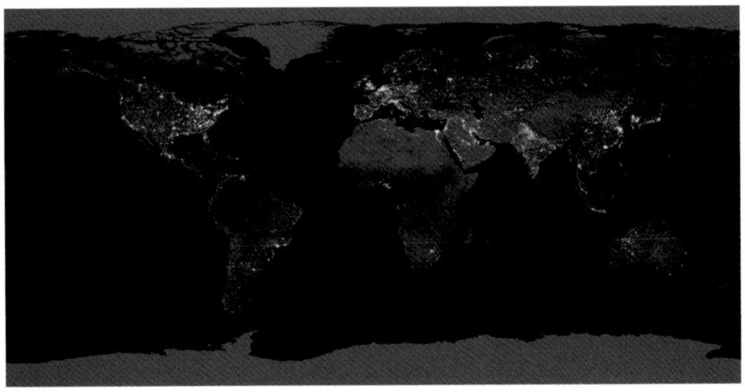

图 1.22a

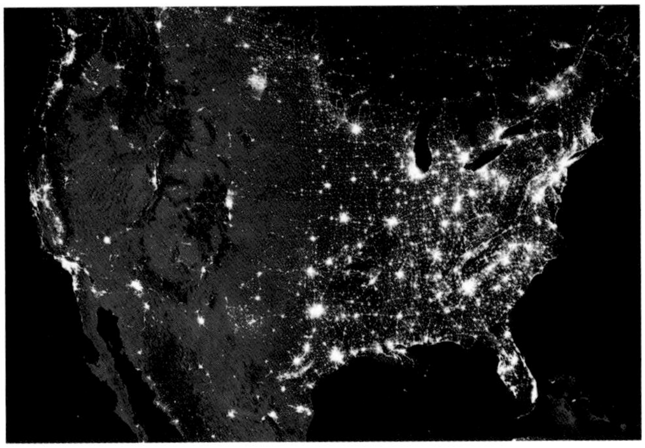

图 1.22b

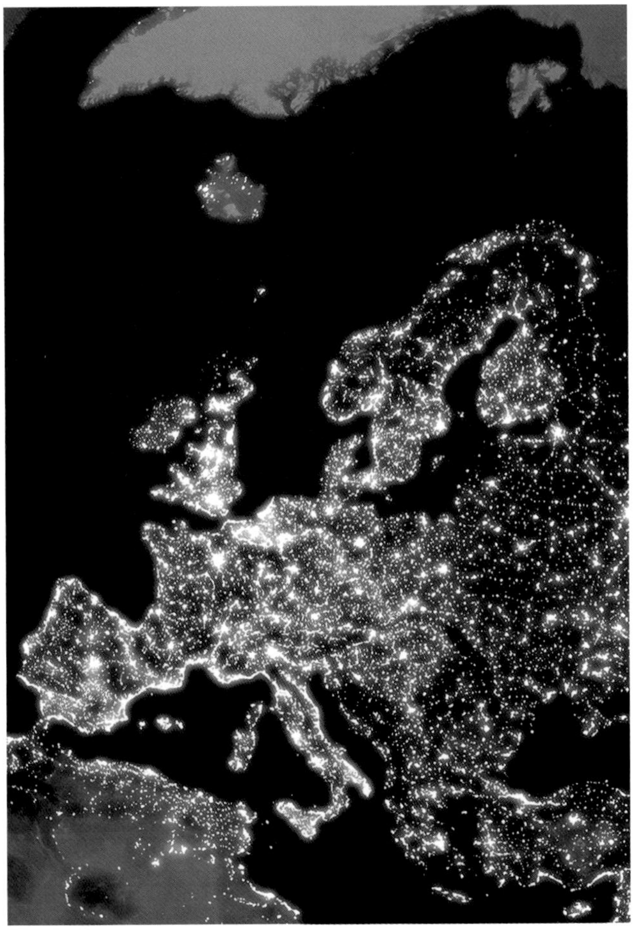

图 1.22

图 1.22a

图 1.22b

图 1.22

地球的卫星图像 / 美国 / 欧洲的夜晚

这是夜晚中的地球展开面的合成图像。居住区就像是圣诞树上的彩灯一样，尤其是在像欧洲一样人口密集的区域。

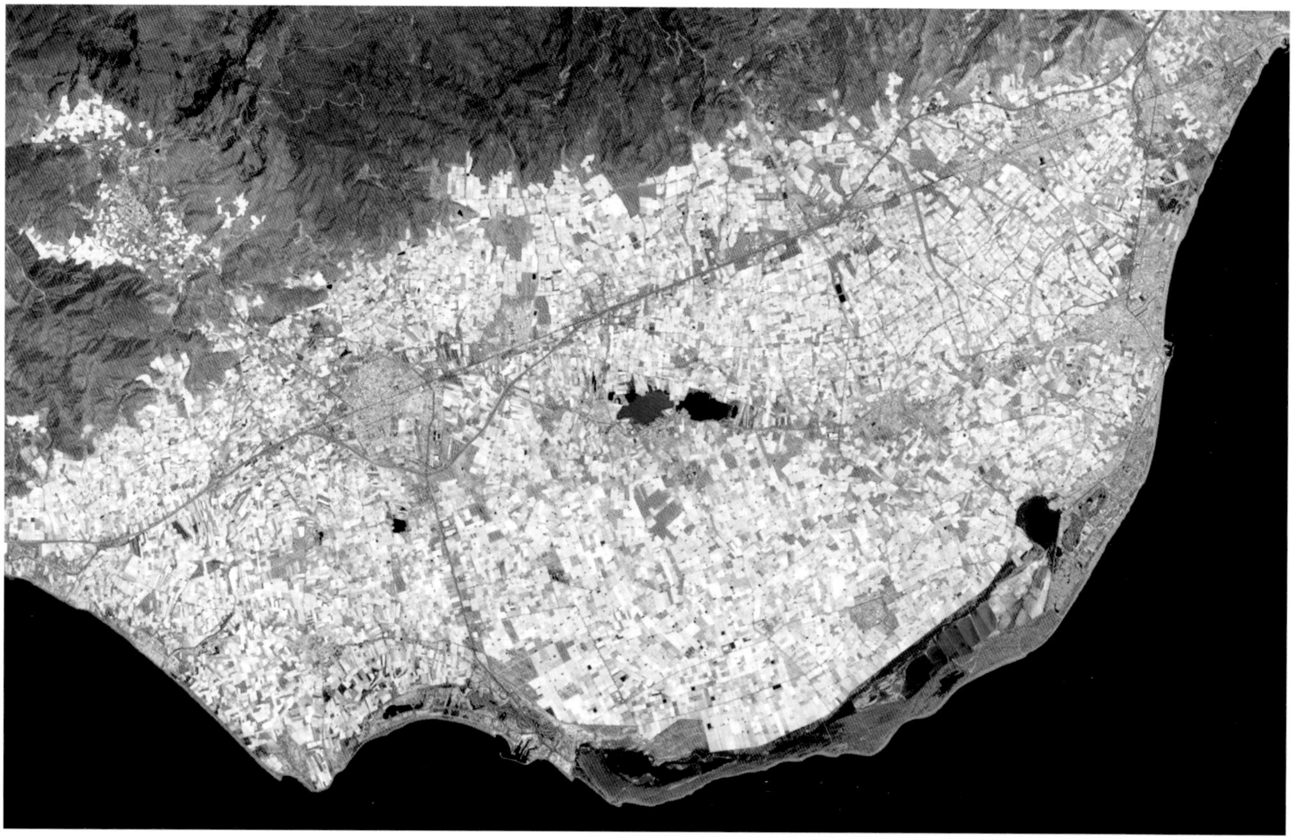

图 1.23a

图 1.23b

图 1.24

海水淡化

海水淡化及能源工厂 [图片里显示的是阿拉伯联合酋长国（United Arab Emirates）] 利用着不可估量的原油资源。中东大量的石油储备将这片沙漠转变成了一个巨大都市，并逐渐开始掌握将海水转换成为饮用水的技术。在澳大利亚悉尼，每年有 47 英寸（1200mm）的全年均衡的降雨（因而给了这里可以收集充足的雨水及暴风雨），而建造一个海水淡化工厂却需要 50 年，并花费 23 亿澳币的租约（相当于 17 亿美元）。然而它巨大的能量需求迅速地就被计划建造的 67 个涡轮风能发电厂所超越了。最后这一切被证实是沉重的负担。

图 1.24

"如果这个星球上有十亿人生存，那我们可以随意做我们想做的。当如果这里有将近 70 亿人口。在这样的规模下，我们所熟知的生活是不可持续的。"

詹姆斯·洛夫洛克（JAMES LOVELOCK），《如何给地球降温》（2010）

"我坚信……建设银行要比建造军队危险的多。"

托马斯·杰斐逊（THOMAS JEFFERSON），《后来》（1816）

图 1.23a

图 1.23b

阿尔梅里亚（Almeria）温室，西班牙

现如今人们所需要的食品生产规模是巨大的。就在埃尔埃希多镇（El Ejido）[坎波大利亚斯（Campo de Dalias），阿尔梅里亚，西班牙] 的附近是一个受自身管辖的城镇：世界上最集中的 10 万英亩 [4000 公顷——相当于西班牙的大型国家公园或者瑞士的首都及最大的城市斯德哥尔摩（Stockholm）] 的温室。那些闪闪发光的聚乙烯保温层覆盖了温室并导致了严重的城市热岛效应。超过 270 万吨的生产量增长到了等同于超过 12 亿欧元的活动的价值。差不多 90% 的温室都使用了叫做'enarenado'的人工土壤（水储存器）以及海水淡化器，以此来向年均 200mm 的降雨进行反抗。这幅航拍照片是在 2008 年，覆盖了 19X30.5km^2 的范围内拍摄的。相较于世界上使用了大量生产土地的主要农作物（大米，玉米及小麦）而言，温室里的蔬菜和水果空间利用率较高。

淡水还是靠能源生产的水

榨取地球有限的淡水资源，给地表水和地下水供给都带来了巨大的压力。如同 2012 年美国情报体系的情报所警告的那样，随着一些机构（像美国太平洋研究院）报道了最近与水资源相关的冲突发生率已增长到了四倍，对于淡水资源的争夺开始有着逐渐上升的趋势。虽然脱盐技术（将海水转换为饮用水）已经开始用来代替传统的淡水资源，并且因此刺激了居住人口的增长以及新城市区域的发展，但它消耗了难以估量的能源 / 电力（高额的建设费用也会导致巨大的基础设施负债）。世界上超过 80% 的能源都是由化石能源所生产的，这也就意味着水的脱盐技术也是一种工业化的，伴随着大量有限能源的排放和消耗的副产品。然而还是很多环境水管理的选择（第三章）。

人口过剩，环境负载力

人口过剩就像是"房间里的象"一样，是可持续性话题避而不谈的问题。十几年前，像埃尔利希（Ehrlich）（1968）和卡顿（Catton）（1980）这样的作家就警告过，人口增长正在超过地球的环境承载力。同样，"生态足迹"模型相当有说服力的阐述了——在未来的某一时刻——将会因为过度消耗了生态系统服务，而导致人口开始衰减（见案例，全球足迹网络）。除了巨大的全球压力之外，麻烦重重、敏感脆弱的人口增长问题，一直处于放任的阶段，甚至是在得到了新自由经济及政治模型的鼓励之后（见第七章）。

经济第一

不顾广泛认可的环境意识，人类中心论逐渐成为全球经济系统根深蒂固的思想。这种经济系统中，国家和集体经济将会为了经济主导权而相互竞争（见第七章）。这意味着只有少数国家将会采取极其严肃的手段去改变"一切如常"（BAU）的措施及由此产生的排放物、过度消费、人口增长及环境退化，并将虽然小却后果严重的环境行为推进了十几年甚至几个世纪。

“环境保护主义”的新翼

环境保护主义分支（例如生态实用主义以及生态现代主义）在数十年间从早期统一的思想脱离出来进入了新的领域。虽然它们都是在寻求减小人类为环境所带来的影响，但他们融入了新的科技和强硬的、看似“绿色”的手段来达到这一目的。比如核能、地质工程和生物工程。可以料想到的是在新旧环境保护主义思想之间发生的“势均力敌的斗争”。

未来将会发生什么？

为了避免专家所预言的毁灭性未来场景的到来（见延伸阅读第一、二、七和第十章），为后碳时代寻求集体性的、多层面的全球环境举措是十分必要的。而这些必然要超越地域、国家以及国际身份，还要超越历史、种族、习俗甚至是信仰。正因为强力的、主要的环境保护举措挑战了主流经济及政治力量体系，我们很难说服人们去实施它。许多学者（包括许多本书中采访过的）认为现在的“新自由主义的”经济及政治体系如果不经过完整的模式上的转变，是难以满足环境及社会可持续性的。还有一些人认为“可持续性”这一术语被过度使用，并失去了它最原始的意义[例如克罗农（Cronon）的，1995；诺德豪斯（Nordhaus）和谢伦伯格（Shellenberger），2004；弗雷福格（Freyfogle），2006；詹森和麦克贝（Mcbay），2009 等人的著作]。至少我们必须重新思考，重新设计环境及社会道德的措施来适应未来。否则，风险将会在不公平的未来，一直潜伏在国家体系以及文化体系内。

“通过他们的故事、制度和政策，环保主义者不断强化这样一种观念：自然是独立于人类的，是人类的牺牲品”

泰德·诺德豪斯和迈克尔·谢伦伯格，《环保主义的消亡》（THE DEATH OF ENVIRONMENTALISM）（2004）

“设计是所有人类活动的基础—任何行为的产生和模式，以达到期望的目标，构成一个设计过程。”

维克多·帕帕奈克（VICTOR PAPANEK），《现实世界设计：人类生态与社会变迁》（DESIGN FOR THE REAL WORLD: HUMAN ECOLOGY AND SOCIAL CHANGE）（1971）

“设计是对于策略性问题的正式的回答。”

马里奥娜·洛佩兹（MARIONA LOPEZ），（TWITTER）（2015）

“它不是关于设计的世界，而是关于世界的设计。”

布鲁斯·茅（BRUCE MAU），《巨大的变化》（MASSIVE CHANGE）（2004）

对风景园林行业的重要意义

我们处于何地

在持续 50 年的积极可持续性课题之后，相关讨论（或者感知）有达到顶点吗？要怎么样使诸如“有限资源枯竭及气候变化”此类巨大环境压力的话题（或者可能是行为）能从可持续性的讨论，转变为可生存的讨论呢（第十章）？

解决问题

在摧毁环境的问题上我们有着太多的话题。我们不应该做什么？行动怎么总是不够？我们失去了哪些物种？为什么改变是如此的缓慢？环境议题因而都带有像诺德豪斯和谢伦伯格所论述的恐怖心理、否定心理及罪恶感，被催生的悲观主义或惰性。而设计，从另一方面来说，经常被认为是“创造性地解决问题”，通过侧面的、非形式化的手段带来建设性的解决办法。这比花拳绣腿的解决办法要好得多。

我们应该去向何处

风景园林在面对看似不可克服的环境挑战时能做些什么呢？既然风景园林以及它的相关学科都不是或者不属于某种单一的环境解决手段，那么它必然可以为可持续性作出更多的贡献。考虑到我们对于不可持续的有限资源的依赖，实施能够带来相互联系的环境益处的措施则是一项挑战。而当熟练的操作与更多的提供而不是索取的生态系统服务能结合起来的话，景观媒介就可以为我们提供一个很好的机会，去为环境带来益处而不是伤害。解决这一问题的关键在于意识和物质需求都要将其认识范畴扩展到专业的、超越个人的层面，并以此在国家范围内重新订制或者重新统一规划以及实践（就像早期风景园林跟随弗雷德里克・劳・奥姆斯特德一样）。

多维度的

名为“多功能景观”的术语近期在行业中普及。通过合成多种功能而取得了进展，虽然它对于“功能”的使用有可能难以催生不那么写实的、有美感的以及社会的设计视角（第六章及第七章）。可持续设计需要比这个更加宽广的视野和理解——多维度的视角和观点。多维度可持续性引起了更加宽泛的思考，通过表现及变革美学拓展了原有的三重底线的可持续性（包括环境、经济和社会）。而景观这一媒介有着独特的能力去治理地球可孕育的、丰富的、可治愈的自然系统，促进积极的变化，创造可喜的结果并且证明我们作为这一行业的一员可以一起做什么。

风景园林能够做什么？

不幸的是，风景园林一直因缺乏大众认知度（包括与景观园艺之间的混淆），再加上受其自身行业范围的限制，而被普遍当作是流于表面的手段以及装饰艺术。然而这个专业的影响却在不断提升。生产性、参与性以及可持续性的风景园林，为民主参与的团体提供了宏观的规划、有着广阔思考的策略、大尺度的项目以及综合一体化的、具有深远影响的对应措施，让他们可以通过环境友好的可持续措施而生活得更有道德，更美满。这本书就是旨在通过采取一系列基于实践的、可实施的、可实现的设计策略来证明风景园林潜力之广，并寄予了将这一事业拓展到新的领域的期望。而进一步通过我们学科边界的拓展概念还能做到什么（见第四、五、六、七、九和第十章）——这需要问问我们自己，有什么是我们不应该做的（见第七章）。

Benson, J. and Roe, M. (2007) *Landscape and sustainability:* Second Edition, London: Taylor & Francis.

Carson, R. (1962) *Silent Spring*, USA: Houghton Mifflin.

Catton, W. (1980) *Overshoot: the ecological basis of revolutionary change*, Urbana a.o: University of Illinois Press.

Cooley, J. (1994) *Earthly words: essays on contemporary American nature and environmental writers*, Ann Arbor: University of Michigan Press.

Corner, J. (ed.) (1999) *Recovering Landscape: Essays in Contemporary Landscape Theory*, New York: Princeton Architectural Press.

Cronon, W. (ed.) (1995) *Uncommon ground: toward reinventing nature*, New York: W.W. Norton & Co.

Diamond, J. (2005) *Collapse: How Societies Choose to Fail or Survive*, London: Penguin.

Jensen, D. & McBay, A. (2009) *What we leave behind*, New York: Seven Stories Press.

Kunstler, J. (2006) *The Long Emergency*, USA: Atlantic Books.

McHarg, I. (1969) *Design with Nature*, Garden City, NY: Natural History Press.

MacLean, A. (2008) *Over: The American Landscape at the Tipping Point*, NY: Abrams.

Meadows, D.H., Randers, J. and Meadows, D. L. (2004) *The limits to growth: the 30-year update*. White River Junction VT: Chelsea Green Pub. Co.

Nikiforuk, A. (2012) *The energy of slaves: oil and the new servitude*, Vancouver, BC: Greystone Books.

Nordhaus, T. and Shellenberger, M. (2004) *The Death of Environmentalism*, www.thebreakthrough.org/images/Death_of_Environmentalism.pdf [accessed 13 December 2013].

Odum, H. and Odum, E. (2008) *A prosperous way down: principles and policies*, Boulder: University Press of Colorado.

Pretty, J. (2007) *The SAGE handbook of environment and society*, Los Angeles: SAGE.

Seager, J., Read, C. and Stott, P. (1995) *The state of the environment atlas*, London: Penguin Books.

Swaffield, S. (ed.) (2002) *Theory in Landscape Architecture*, Philadelphia: University of Pennsylvania Press.

Trimble, S. (1988) *Words from the land: encounters with natural history writing*, Salt Lake City: Peregrine Smith Books.

Wilson, E. (2002) *The future of life*, New York: Alfred A. Knopf.

2008

2009

2011

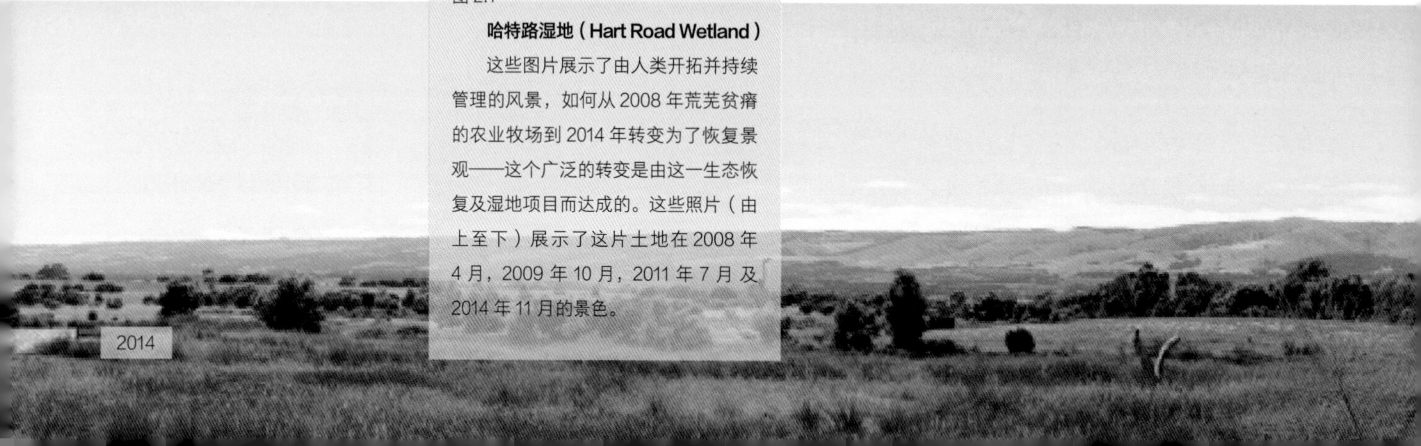

2014

图 2.1

哈特路湿地（Hart Road Wetland）

这些图片展示了由人类开拓并持续管理的风景，如何从 2008 年荒芜贫瘠的农业牧场到 2014 年转变为了恢复景观——这个广泛的转变是由这一生态恢复及湿地项目而达成的。这些照片（由上至下）展示了这片土地在 2008 年 4 月，2009 年 10 月，2011 年 7 月及 2014 年 11 月的景色。

第二章　景观和生态学

多产的景观生态学科及生态恢复学科，极大地影响了风景园林学。然而前瞻性的生态及环境规划以及风景园林实践，可以改变它们的范围、环境影响力以及持久的恢复力。先进的土地管理以及多功能风景设计的目的，是在认识到让社会维度最优化可以达到极好的生态结果的基础上，通过持续不断的管理来调节我们不断增长的需求。而风景园林学可以起到有效的调节作用，巧妙地通过可实现的视角及多维度的设计策略，来平衡利益相关者的偏好、宏观视角及复杂的细枝末节，以及大众与个人的利益冲突。

"当我们试图将任何东西单拎出来时，我们会发现它总是与宇宙中的其他事物紧紧相连。"

约翰·缪尔（JOHN MUIR），《我在塞拉的第一个夏天》（MY FIRST SUMMER IN THE SIERRA）（1869 年）

"让我们一起绿化地球、保护地球、治愈地球。"

伊恩·麦克哈格（IAN MCHARG），《生态与设计》（ECOLOGY AND DESIGN）（1997）

"每次对物质环境的威胁达到极限的时候，人们总是倾向于认为应该去设置高高的屏障，而不是质问人类在自然界所处的位置这样抽象的问题。然而不正面面对这样的问题，我们将很难知道应该设置什么样的屏障，也很难去说服大部分人跟我们一起去设置这个屏障。为了保护在我们周围的环境，我们必须在脑海中将自然想得更加长远，更加深刻。"

威廉·克罗农，《不寻常的境地：面对彻底改造的自然》（UNCOMMON GROUND:TOWARD REINVENTING NATURE）（1995）

景观生态学和生态修复

景观生态学主要研究并旨在理解、改善诸如构成、结构及功能等在生态学进程及景观体系中的关系。生态修复（也被称为"生态系统修复""修复生态学""生态多样性修复"）是指帮助已受到伤害、退化或者被摧毁的生态系统进行恢复的过程。而这二者都关注于逆转生态多样性的灭绝危机（第一章）。

理论还是实践?

生态学理论、景观生态学及城市生态学正在持续的发展中。随后这些理论都面临着把握和定义那些不断变化的运动以及它们范畴下的各种理念、理论、措施及术语（例如：野化、生态系统服务、生态城市学、新型生态系统、生态实用主义、多功能风景园林、社会生态学、仿生学、生态启示性设计、原始设计及其他术语）的再定义等各项挑战。生态学理论不断扩展的领域因而影响着风景园林学。许多生态学理论及论题仅仅只是停留于理论层面，如何将其转化为实践则有待观察。相反，已经实现的景观项目可以很好地将生态学的原则运用于从自然保护区到城市棕地，从大尺度规划到小型公园及水域等不同领域。

成果

风景园林学长期致力于研究敏感的生态环境（例如国家公园及自然保护区），其中包括管理及总体规划，修复项目，循环系统及游客基础设施（如瞭望台，停车场，标示及说明；见第八章）。加之许多从业者都参与到了不断拓展的生态学领域，创造了相互连接的，通常被称为"绿色基础设施"的植物廊道以及更特殊的，利用地域性植物来改善生态环境（同时减少水资源利用）。

修复

在 20 世纪后半叶，人们很清楚地意识到仅仅通过保护残存的生态系统来根除人类对生态的影响是远远不够的（第一章）。生态学因而拓展为完成修复，随后又拓展为生态系统服务及绿色基础设施项目，串联残存的生态系统中小而孤立的区域。许多生态措施现在寻求重建及修复被毁的生态系统 [见哈特路湿地项目（Hart Road

"我们称之为自然风景的绝大部分和历史是一样的。他是人类设计及人类劳动的成果。但考虑到它是自然，我们是忽略掉这一事实还是承认它则显得尤为重要。"

雷蒙德·威廉姆斯（RAYMOND WILLIAMS），《关于自然的想法》（IDEAS OF NATURE）（1980）

"修复已退化的自然系统——或是创造一个全新的系统——成为了一个巨大的全球性问题。例如中国正在北部某省会通过植草格来种植9千万公顷的人工林。而在北美，仅仅是在过去的二十年间，修复计划就已经耗费了7百亿美元来修复或重造740万公顷的沼泽地、泥炭地、河漫滩、红树林及其他湿地。"

理查德·康尼夫（RICHARD CONNIFF）《重建自然世界：生态修复的转变》（REBUILDING THE NATURAL WORLD: A SHIFT IN ECOLOGICAL RESTORATION）（2014）

Wetland）]。生态修复实践则通过数以万计的年度计划来试图转型成为国际化及商业化的实践。2010年生态多样性会议上，参会的国家承诺在2020年之前修复全球范围内15%已退化的生态系统。

修复过程

风景园林在与环境学科的生态学家合作的过程中，频繁地接触到修复理论，科学范式因而统领着生态修复。生态修复这一过程关注动植物（而非人类因素），并且过程通常如下：了解地域的历史基准条件（例如，在人类定居或者人类干预以前）；条件分析（不论是受损、严重退化或者完全被毁）；研究，保护以及恢复该区域宝贵的幸存的生态；重建该区域的基准植物群落（理论上，修复动物群落）。本土种植是最简单的修复形式，但诸如动物群移民的更多相关的技术也有可能发生[见伊丽莎白女王奥运公园（Queen Elizabeth Olympic Park），第四章]。而"自然主义的"方法一旦使用很可能有效地将人类干预变得看起来更"自然"。

生态多样性补偿

在有保护区及重要生态系统的区域进行的开发或项目的范围里，生态学家或者风景园林师有可能会在这个地块采取措施来保护最宝贵的东西。如果开发计划破坏或者清理现有生态系统，那么有些法律会要求他们进行生态多样性补偿、缓解或者储存以及物种储存。通过这一方式，生态修复会在另外一个地块"改变"被摧毁的生态系统（通常是在更大的地块并通过标定比进行评估）。尽管生态多样性补偿当然比什么都不做强，但考虑到生态修复对于替代现存生态中多样及复杂的、积年累月形成的植物、动物、微生物间稳定的相互联系相当乏力，人们通常并不认为生态多样性补偿是一个高效的体系。

“如果说我们知道关于生态系统的一件事，那么我们对它了解得越多我们就越明白，不可能在不破坏整个生态系统的情况下，安全地分解它们的功能。生态系统作为一个连贯的整体系统起作用，它其中不同的元素相互依赖。当你开始将它们拆开并分开交易时，你就为灾难创造了一个模式。”

乔治·蒙博（GEORGE MONBIOT），《万物的价格》（THE PRICING OF EVERYTHING）（2014）

图 2.2a

图 2.2b

图 2.2a
图 2.2b

哈特路湿地，昂卡帕林加市（City of Onkaparinga），阿德莱德（Adelaide），澳大利亚，2003–2008

面积为 642 英亩（260hm^2）的哈特路湿地坐落于阿尔丁加灌木保育公园（the Aldinga Scrub Conservation Park）。它是阿德莱德这座大都市的海岸线上仅剩的重要的乡土沿海生态系统。这个保育公园周边的区域全部遭到了清理，并因为农作物收割及放牧而干涸。这片湿地是作为 2003 年国会设计的阿德莱德海岸灌溉工程的一部分，在 2007 年由昂卡帕林加市（Onkaparinga）所建立的。农业灌溉线路（部分随后因侵蚀而变为深邃的渠道）并不利于形成池塘以及进行地下水补给，因而导致保育公园中残存的植被遭受影响。因此哈特路湿地就是设计来解决从城市冲刷而来的暴雨，改善水质，为附近的新建居住区开发储存用水以及补给地下水。暴雨将会直接进入不同深度的池塘中，并在池塘里过滤之后进行蓄水层储存和回采（ASR）。这一系统成为了城市中加压水循环网络中的一部分，被分配到公园、保护区、运动场地及校园用水中。仿造前期欧洲植物体系的原生植物模式可以增加当地余存的野生动物的栖息地，同时一系列道路网又可以提供娱乐性的服务设施。这一湿地建立之后，悬崖上的水坑在近几年第一次重被填满，从此毗邻区域才得以获得更多的水源。

图 2.3a

图 2.3b

香港湿地公园，雅邦设计公司和香港特别行政区政府建筑署，天水围，元朗区，香港，中国，2006

香港湿地公园是为了补偿天水围新城开发引起的湿地损失而建设的生态缓解区（EMA）。这个 150 英亩（$61hm^2$）的保护区，教育及旅游设施每年吸引了 150 万左右的游客。

图 2.3a

图 2.3b

图 2.4a

图 2.4b

"作为最主要的目标，我们一旦认定某些区域最早是白人到达的，就要尽可能让各个公园之间的生态关联得到修复，或者有必要的话需要重建。而一个国家公园需要能够代表美国原始的基本风貌。"

奥尔多·利奥波德（ALDO LEOPOLD），利奥波德报告（THE LEOPOLD REPORT）（1963）

"那些日子里，美国生态学家对于研究因人类改变的系统一如既往地不感兴趣，又进而加剧了思想上对于这些系统的厌恶。与此相反，大多数生态学家还致力于保护自然资源，他们不喜欢'入侵物种'，气候变化，还有其他由人类产生的一切恶果。"

艾玛·马里斯（EMMA MARRIS），《喧闹的花园：后荒野的世界里保护自然》（RAMBUNCTIOUS GARDEN:SAVING NATURE IN A POST-WILD WORLD）（2011）

图 2.4a

图 2.4b

伯德·约翰逊野花中心（Lady Bird Johnson Wildflower Center），罗伯特·安德森（J. Robert Anderson），拉克罗斯大道480号（480 I La Crosse Ave），奥斯汀（Austin），得克萨斯州，78739，美国，1982–

伯德·约翰逊野花中心于1982年由前第一夫人、演员海伦·海斯（Helen Hays）所创立。用以保护、修护及创造健康的环境。它主要致力于增加对于乡土植物的可持续的使用，用它们来缓解及处理短缺的水供给、气候变化、污染及入侵物种等问题。每年超过13万游客游览279英亩的花园（113hm²），包括9英亩（3.6hm²）的"修复"花园，16英亩（6.5hm²）的得克萨斯植物园；萨凡纳（savannah）草地及研究区域。

缺点

单一的、定性的以及纯粹的以科学为基础的生态修复视角，会忽略多维度层面上综合各个利益相关者的需求、文化因素以及未来更广泛的环境需求等有利条件。每个场地的背景都需要加以分析研究，来寻求最优的改善措施（高保护状态的场地将与没有余留生态的城市场地有所区别）。"本土主义者"提出要规定风土（地方特有的），乡土（某一区域原生的），本土（某国原有的）植物物种（通常是以这样的优先顺序），并设法预留一块区域为"原始"区域，独立于过往的历史（例如土著/最早的民族聚落，早期的活动或场地管理）以及场地背景（例如生物多样性植被能够增加野生生物在危险的道路中央隔离带的生存概率）。虽然是由环境收益所催生的，但有许多源于17世纪的荒野保护运动反映了一种过时的、甚至是"原始的本土环境"这样帝国殖民主义的观念［见下文利奥波德（Leopold）报告引文］。而这恰恰是不能重现的（如果它确实独立存在于土著/最早的民族聚落文化），也很难满足现代的需求（食物、资源、能源）。

修复的关键性问题

在思考生态修复及对新景观的设计时打开思路是非常重要的。什么是现实的、有效的并且能产生最积极的影响以及为谁而设计（非人类的生命形态，受到威胁的物种，人类的可持续发展——见采访，第二章）？"基线"究竟基于什么（过去对于"自然"景观的不正确的殖民主义观念）？土地利用的变化及工业化的遗留问题是什么（工业规模的污染排放及有毒物质积累）？人们将怎样适应高密度的城市及人口增长？人们考虑过当今有限资源耗尽及气候变化的问题吗（过去从未面对的问题）？

"妄想我们与荒野之间的距离是徒劳无用的。并不存在这样的事情。而那是因为我们大脑和肠道里的沼泽，在我们内心深处的自然原始的力量才会催生这样的幻想。"

亨利·戴维·梭罗（HENRY DAVID THOREAU），期刊（1856）

"把这么一个对于纯粹的不切实际的幻想当作他们的理想，只会让这些思想家陷入永远的失望之中。这世上永远不可能有这样的自然存在，因为一旦自然受到了人类染指，它的永恒就会被毁灭。"

艾玛·马里斯（EMMA MARRIS），《喧闹的花园：后荒野的世界里保护自然》（RAMBUNCTIOUS GARDEN:SAVING NATURE IN A POST-WILD WORLD）（2011）

图 2.5

康涅狄格州水处理设备（Connecticut Water Treatment），迈克尔·范·瓦肯伯格景观设计事务所（Michael Van Valkenburgh Associates），纽黑文（New Haven），康涅狄格州，美国，2001-2005

这片富饶的，人类尺度的地域激励人们去感受景观的空间体验。这个设备坐落于纽黑文郊区，并配备了由修复生态学和生物工程衍生的经济技术。它是用于储存来自磨河（Mill River）流域末端的惠特尼湖（Lake Whitney）的水流，为康涅狄格州中南部区域水管理局储水的设备。凭借着每英尺仅5美元（54美元每平方米）的有限预算，这个设计地块借助于大部分封闭的地下设施，创造了周边区域从山源到蓄水池等水域的缩影。新的地形是通过生物工程手段，配以各类洼地来引导从山上的水流经过一系列诸如农场、牧场或者山泉等地形，最终再收集进水体中并回灌地下水这样的方法得以稳固。这个景观的特征以及绿色屋顶种植包括：乡土物种（不需要肥料或杀虫剂），季节性的色彩和质感，植物群落演替的预想。

右图图例：

1 早期存在的湿地

2 湖泊

3 小岛

4 半岛

5 沙滩

6 峡谷

7 山谷及小溪

8 农场花园

9 山及断续的河流

先进的视野

持续涌现的新领域包括"新型"生态系统；后工业生态（第三章）；人类主导的环境及城市生态；重新配置基础设施（第四章）；可持续的城市农业；农业生态学及农业生态多样性（第五章）；生产性景观及生态（第五章）；社会的、人道主义的及行为的可持续性等维度的成果（第六、七章）；气候变化适应性调节（第四章）；未来未知的景象以及来源于以景观为基础的地缘政治学的资源问题的巨大压力（纯净水，农业用地）——这些都在新的领域进行实践和调整，以缓解生态的及社会的影响（见第四、六及第十章）。

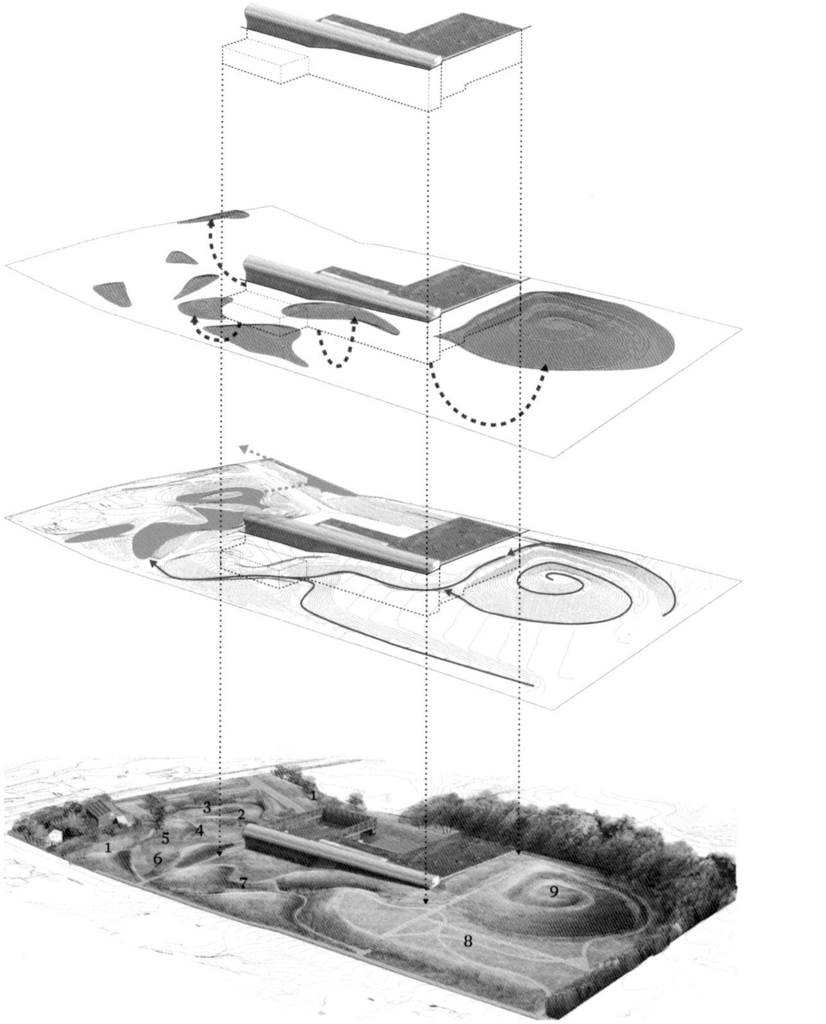

图 2.5

“当我们真的要建造花园时，我们总是偏向于‘荒野的’或者‘自然的’花园——这让我很震惊，因为这是要将一个园子设计得像是没有经过设计一样。不论是一片野花草甸，一片沼泽，还是一片森林，这样的花园都是很典型的种植了原生物种并排除一切与人工有关的东西……在这场运动的背后是强烈的道德主义的气息……显然，这些追求自然的造园师并没有反思过历史上的美国人在文化和自然中所处的位置……他们坚信我们必须在‘让它看起来很美’和‘为这个星球服务’之间做出抉择。”

迈克尔·波伦（MICHAEL POLLAN），《在荒野与草坪之上》（BEYOND WILDERNESS AND LAWN）（1998）

图 2.6a

图 2.6b

图 2.6c

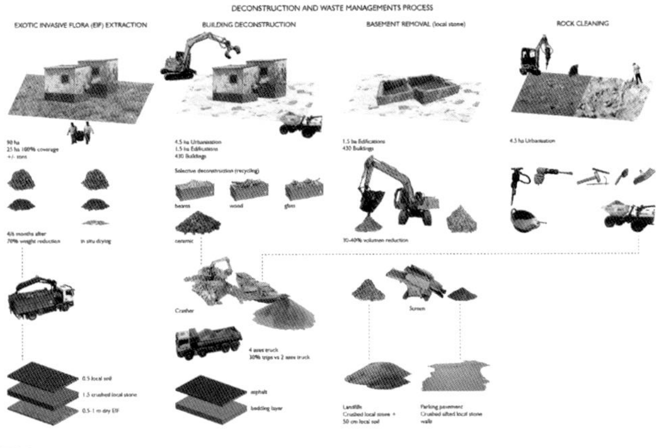

图 2.6d

图 2.6a（建成前）
图 2.6b
图 2.6c
图 2.6d

梅德酒吧修复工程 [Restauracio del Paratge de Yudela-Culip（Club Med Restoration）]，EMF 景观设计事务所，克鲁斯自然公园（Parc Natural de Cap de Creus），杰罗纳（Gerona），西班牙，2005-2010

这项位于地中海的大型修复工程，涉及了选择性解构前身为梅德酒吧度假村的 450 栋建筑、道路和基础设施。EMF 设计师实施了四个关键的层次（图 2.6c）：1、回收了 42000m^3 几乎所有的建筑残渣；2、清除了超过 222 英亩（90hm^2）的外来入侵物种；3、恢复山地形态和排水来重建自然的侵蚀与沉积的动态过程；4、建立一个场地和公共的循环网络，并通过地理与自然要素来表达当地场所精神。

图 2.7a

图 2.7b

图 2.7f

图 2.7c

图 2.7g

图 2.7d

图 2.7e

2.7a
2.7b
2.7c
2.7d
2.7e
2.7f
2.7g

磨河（Mill River）公园及绿道，欧林（Olin），斯坦福德（Stamford），康涅狄格州，美国，2005-2013

这片领域的第一批定居者，在1642年将日后被称为磨河的地方命名为日波瓦（Rippowam）河（阿岗昆人定居于此），并进行截流来创造这座小镇最早的磨坊。高强度的工业导致了严重的环境退化——混凝土墙抑制了当地生物的通行，损害了生态系统，同时过度的淤积、垃圾和杂物都堆积在了大坝的后面，最终导致了水生植物入侵以及藻类爆发阻塞了河道。

在2005年，欧林带领由生态学家及土木工程师组成的一支队伍来修复河流及那里的生物栖息地，并建立了经济上可实现的、可持续运营的公园。因而这14英亩（$5.6hm^2$）的社区绿地展示了当地的动植物，修复了自然生态系统，促进了城市更新。并且他们还通过各种各样的手段振兴了社区。

图2.7a表现了修复之前，修复之中，及修复之后的变迁

图2.7b-g表现了水位及植物的季节性变化

"至于我们应该在这片大地上采取什么样的措施；我们可以从世界保护组织是如何从一群20世纪60年代的嬉皮士变为如今的核心团体和政治力量中得到很多启发。"

理查德·韦勒（RICHARD WELLER）（采访，第七章）

图2.8a
图2.8b

美国赛欧托奥杜邦城市公园（Scioto Audubon Metro Park），MKSK事务所，哥伦比亚（Columbus），俄亥俄州，美国，2009

美国赛欧托奥杜邦城市公园位于惠蒂尔半岛（Whittier Peninsula）赛欧托河大坝区域（Scioto River Dam Area）（被普遍认为是独特的河流生态系统及重要鸟类保护区），并靠近于哥伦比亚商业中心。它的面积约为80英亩（32hm^2），是一块经过修复的城市棕地。在规划过程中，核心规划设计团队鼓励政府部门及专门的利益集团提出修复、恢复、再建及复兴这片后工业遗址的策略。这个公园囊括了乡土植被、草甸、湿地栖息地、串联邻近社区的步行体系、木栈道以及自行车道、游客服务设施（包含鸟舍栖息地，娱乐运动场，公园寻路系统，观察台及观察塔）以及国内首个自然教育中心。

图2.8a

图2.8b

“生态设计是对自然过程有效的适应及融合。”

西蒙·范·迪·瑞恩（SIM VAN DER RYN）与斯图尔特·考恩（STUART COWAN），《生态设计》（ECOLOGICAL DESIGN）（1996）

基于生态和环境考虑的规划

图 2.9

翡翠项链（Emerald Necklace），弗雷德里克·劳·奥姆斯特德，起始于1875，规划草案于1894年，波士顿及布鲁克林，马萨诸塞州，美国

大部分城市都有绿色空间“孤岛”。奥姆斯特德提出的内部链接的绿色空间网络的规划与半个多世纪以后的核心生态学观念如出一辙。他的1100英亩（445hm^2）的公园链由部分已建成的林荫大道及水路连接而成。

基于生态考虑的规划，是理解、评估及改善环境，并采取各种方式来同时改善生态系统与人类栖息地之间的平衡和分离的手段。虽然受到了分离所带来的挑战，但基于生态考虑的规划可以关注于以生态为中心的及没有人类干预的维度［见德国及欧洲的环城绿带（German & European Green Belts），荒地网络（Wildlands Network），生物桥梁（Nature Bridge Crailoo）］。而基于环境考虑的规划是基于更多的人类视角，将我们人类生活的地块视为更广泛的、互相连接的全球化的环境（见英国城市绿化带，城市增长边界）。而有一些实践将二者进行了结合［见贝敦自然中心（Baytown Nature Center），重叠法——韦勒（Weller）］。基于生态考虑的规划通常会将存在于广义环境可持续理论中的社会、政治、经济及政策因素列入考虑。环境立法及政策为基于环境考虑的规划提供了重要的机制，因此它的过程是高度政治化的。

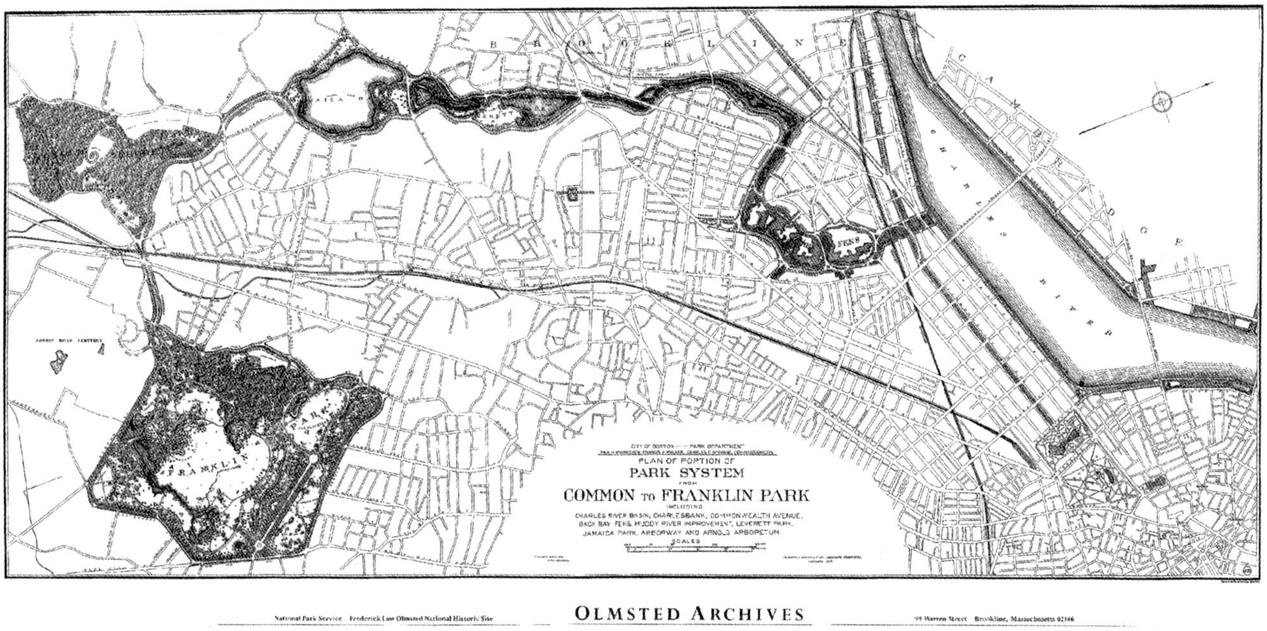

图 2.9

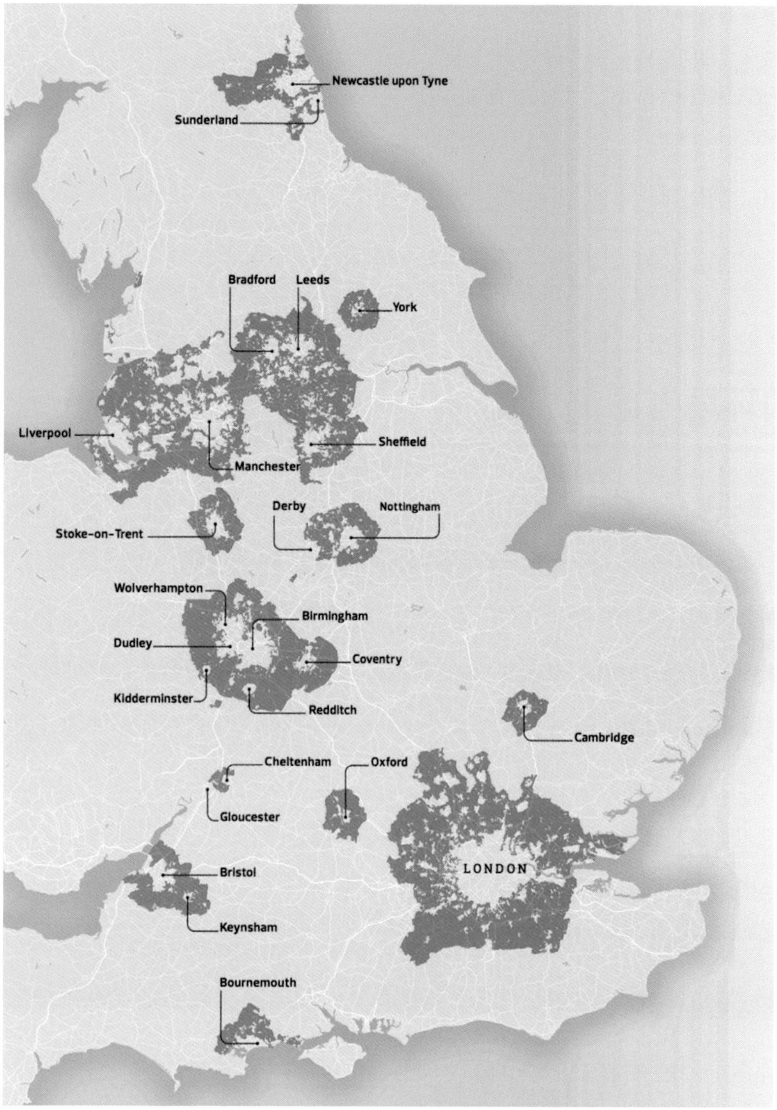

图 2.10

图 2.10

展示英国环城绿带空间范围的平面图，1935–

都市环城绿带是非常具有价值的城市控制手段，也是重要的城市缓冲绿地，绿网和绿廊。尽管持续受到发展所带来的压力，环城绿带在英国仍一直保持着相对完整性（包括于 1935 年提议的伦敦环城绿带）。虽然这些环城绿带可能并不如它们最初计划建设的“郊野”环那样，但这些城市边缘地带形成了柔软的缓冲区域，为城市及郊区蔓延和城市兼并设置了持续有效的屏障。更重要的是，环城绿带通过限制针对绿地的开发，还有助于减少城市棕地的产生。除了它们已有的和被动的好处以外，还能为持续增加的生态系统服务、多功能及生产性风景园林提供巨大的潜力。

图 2.11

城市增长边界，美国

在美国，第一条城市增长边界是在 1958 年沿着肯塔基州的列克星敦市建立的。而当俄勒冈州议会通过了法案，要求每一个州市划定一条其城市扩张不能跨越的边界，第一个州际政策于 1973 年颁布了。此后美国俄勒冈州，华盛顿州和田纳西州要求各个城市建立起自己的城市增长边界。俄勒冈州的 241 个城市都有它们自己的城市增长边界（波特兰于 1979 年首次划定其边界成为为人所熟知的范例）。虽然并不像环城绿带那样持续性强，城市增长边界——整个城市领域的限制带——有助于减轻或阻止持续不断地减缓城市和郊区的低密度蔓延。这项城市用地规划技术支持了城市棕地的清理，提高了城市密度并保护了城市边缘地区的农业、乡村基自然保护区用地。城市绿地的边界可以由政府移动或解除，以方便土地的释放，因此容易产生矛盾。

图 2.11

图 2.12

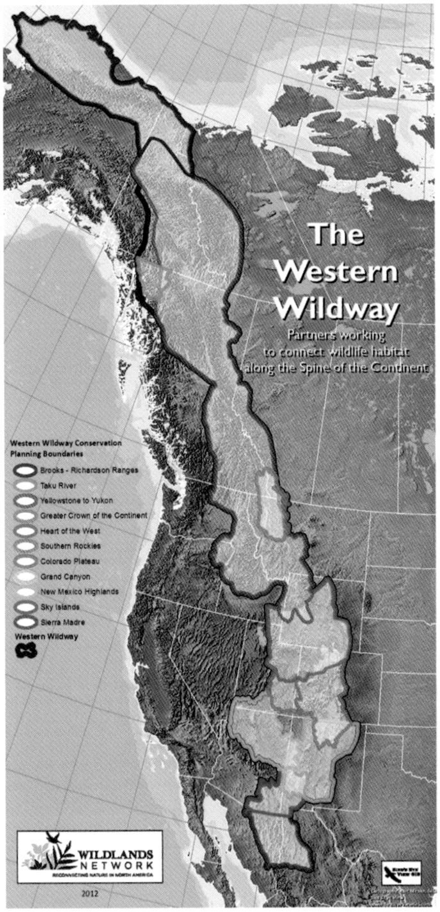

图 2.13a

图 2.13b

图 2.12

德国环城绿地（Grunes Band Deutschland）,1989-

德国环城绿地是一条沿德国长1400公里的生态廊道。前身为东西边防设施（苏联于1945年二战开始直到1991年冷战时期结束，划分欧洲与苏联的“铁幕”边界）的生态廊道。遗留的围栏网络以及哨塔，使得数十载未受人类干预的自然发展可以免遭人类干预的影响，并成为现在世界上最为独特的自然保护区。

另外除了这些“无人地带”的边界线本身，大范围的不可穿越的地带，还保护了内部联系的生境中600种珍贵的濒危鸟类、哺乳动物、植物和昆虫。德国最大的环境组织之一的德国巴伐利亚州环保协会（Bund Naturschutz，BUND） 于1975年提出了一版非正式的倡议，随后更加正式的“泛欧野餐”（Pan-European Picnic）在1989年，推倒柏林墙以及铁幕升起后开始。前苏维埃领导人米哈伊尔·戈尔巴乔夫（Mikhail Gorbachev） 在2002年的认可，德国总理安吉拉·默克尔（Angela Merkel）在2005年将其指定为国家自然遗产，以及其他各样策略和国家措施，都保证了自然保护区活动的用地。

图 2.13a
图 2.13b

荒地网络，1991-

荒地网络（早期也称为荒地计划）修复，保护并联系了北美的荒地，同时旨在保护和存续自然的多样性。由科学驱动的组织已经开始了与其他协同群体合作，保护栖息地的核心地带并在为野生动物创造足够大的廊道，以便像狼、美洲狮以及其他当地掠食者——对于维护环境健康相当重要——这样的动物也能得到促进。这个网络系统同样还能鼓励决策者去确认法律及公共条例是否可以帮助保护荒地及动物。

图 2.14

图 2.14

欧洲环城绿带，2003–

欧洲环城绿带是一条旨在沿着早期的“铁幕”连接 24 个国家中有价值的自然及人文环境的绿带。2003 年的倡议将当时已有的区域计划合并成了欧洲倡议。这份倡议划分了三个地域区块：芬诺斯堪迪亚（Fennoscandian）（挪威，芬兰，俄罗斯，爱沙尼亚，立陶宛，拉脱维亚）；中欧（波兰，德国，捷克共和国，斯洛伐克，奥地利，匈牙利，斯洛文尼亚，克罗地亚，意大利）；以及巴尔干半岛 / 东南欧（塞尔维亚，黑山共和国，科索沃，保加利亚，罗马尼亚，马其顿共和国，阿尔巴尼亚，希腊及土耳其）。这个 12500km 长的边界，为自然提供了将近四十年喘息的机会，不经意间地鼓励了栖息地保护。这条绿带穿越了几乎欧洲所有的生物区，超过 40 个国家公园直接沿着它而坐落，并且在其 50km 长的范围内两侧有超过 3200 个受到保护的自然区域。这是以欧洲环境公约为概念进行的跨界合作的、共享的、欧洲自然人文遗产的以及修复的生态网络的标志（见第四章）。

图 2.15a
图 2.15b
图 2.15c

生物桥梁 Zanderji Crailoo，荷兰

荷兰在 20 世纪 80 年代中期开始建造生物桥梁网络，并在全国道路网络中有着超过 600 座跨越结构（大部分是地下通道），其中包括超过 40 座桥梁（动物通道），其中 10 座桥梁为额外规划建造的。生物桥梁可以成为栖息地及物种破碎化的解决手段，将野生动物栖息地重新联系起来并帮助它们穿越这些交通基础设施。有些物种需要非常宽阔的廊道连接栖息地以躲避伺机埋伏的掠食者。生物桥梁 Zanderji Crailoo 是目前世界上公认最大的生物桥梁，长达 800m，宽达 50m。它满足了更好地克服世界上在野外建设的大型道路网络所带来的毁灭性影响所要求的规模。这座生物桥梁跨越了铁路线、工业区、道路、体育中心，耗费了 1470 万欧元（约 1600 万美元），于 2002—2006 年建设完成。虽然有时它被认为是非常昂贵的手段，但相邻的德国也承诺在接下来的十年中建设超过 100 座生物桥梁。

运动传感器（2.15c）捕捉到的动物迁徙。

图 2.15a

图 2.15b

图 2.15c

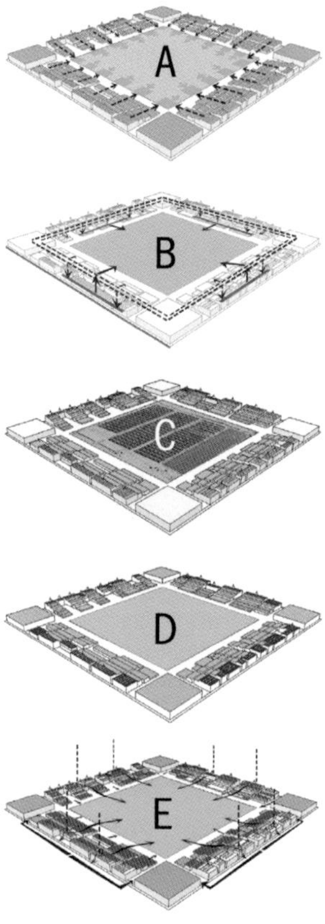

图 2.16b

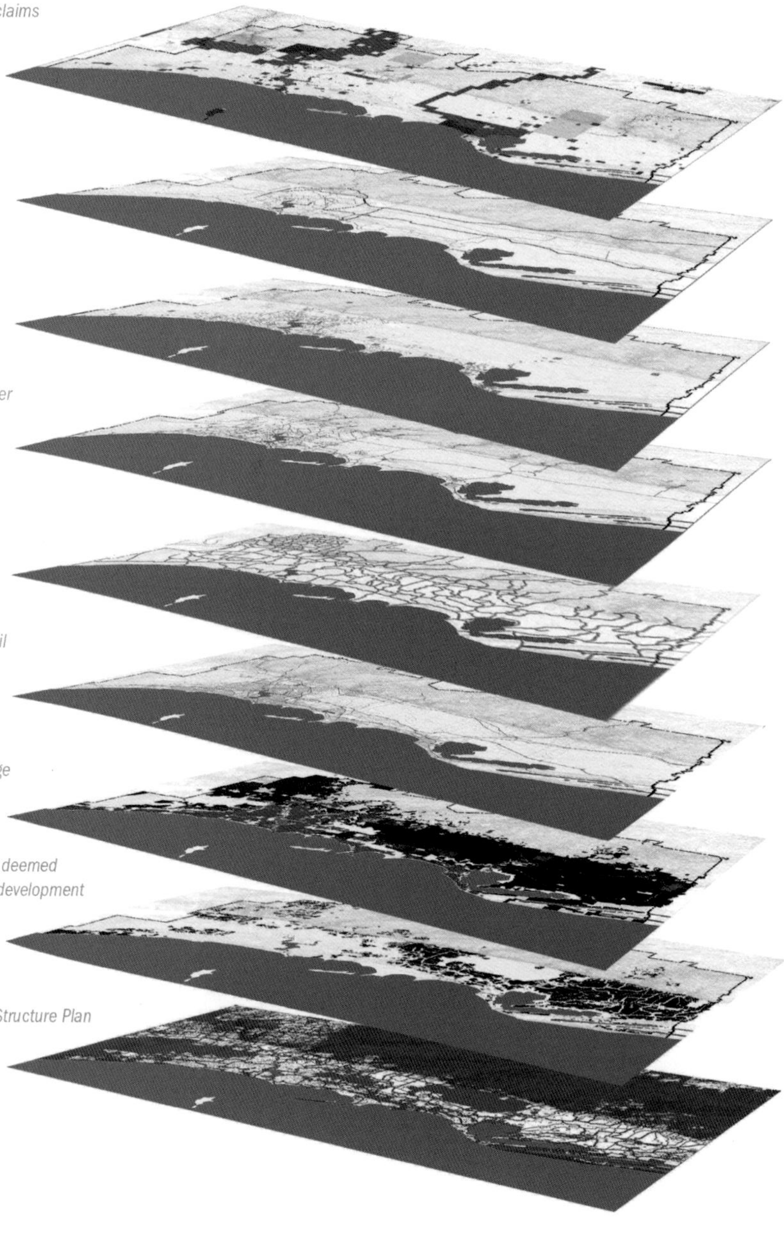

图 2.16a

图 2.16a
图 2.16b

理查德·韦勒运用伊恩·麦克哈格的叠加制图法

风景园林师伊恩·麦克哈格的叠加制图法提供了一个清晰的展示分析、策略和设计元素的表现方式。这个方法在理查德·韦勒的“新兴都市”中运用于分析澳大利亚大都市珀斯（Perth，2.16a）及分析“食物城市”方案的层次［2.16b：人口增长所需的堆肥（A），中水（B），食物（C），能源（太阳能和风能）（D），及雨水径流（E）］。

麦克哈格的重要著作《设计结合自然》（Design with Nature，1969）至今仍然运用于风景园林及规划学院。而他通过分层的方式分离及结合风景园林要素的清晰的方法论仍然运用于风景园林学及地理信息系统（GIS）（编译地图及空间输出信息的技术）。

在麦克哈格最初着重分析的自然科学的基础上，现在的分析内容还包括社会、文化、历史要素。这为场地分析及环境评估提供了全面的手段。

“环境应该被看作是最原始的基础设施。它直接或间接的创造了价值。”

法雷尔采访（FARRLL REVIEW）(2014)

“自然是不能被管理的。这不是因为我们缺乏管理能力，而是因为被管理的东西应该是人工的，准确说就是非自然的（它们是人文的）；而任何试图将人文的东西冒充自然的东西的行为，一定会调动起所有的假象来造成像宏大的伊甸园式的错觉。”

丹尼斯·伍德（DENNIS WOOD），《非自然幻想》(UNNATURAL ILLUSIONS)(1988)

图 2.17a
图 2.17b

贝敦自然中心（Baytown Nature Center），SWA，贝敦，得克萨斯州，美国，1997 年

贝敦自然中心，布朗伍德湿地（Brownwood Marsh）（东距休斯敦 20 英里）是一片面积为 400 英亩（162hm^2）的湿地修复区。它是应联邦地方法院要求，解决得克萨斯克罗斯比（Crosby）200 家公司的合法垃圾倾倒活动而使生态系统受损或被摧毁而形成的。SWA 为湿地区提出了总体规划，并提供了土地规划及风景园林服务。手段包括对于有价值的现存栖息地的保护、对于边缘及退化栖息地的改善，以及为创造更多的弹性海滨生态系统而建设的新的栖息地。这个项目以课堂、礼堂、博物馆、停车场、道路网络及娱乐设施为特点。植物和包括鹿、鱼、甲壳动物及 275 种鸟类在内的动物在那之后再次兴旺繁衍了起来。

图 2.17a

图 2.17b

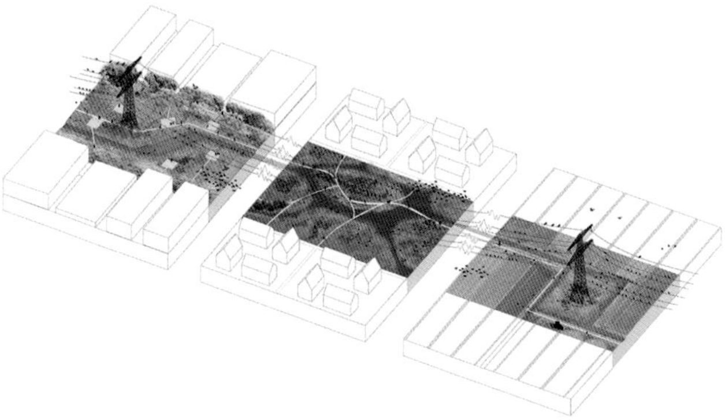

图 2.18a

人类世 = 新视野及新挑战

基于生态规划的起源可以追溯到 150 年以前 [例如，翡翠项链及沃伦·曼宁（Warren Manning）1923 年为美国制作的国家尺度规划]。而人类世时代（见第一章）认为人类活动会越来越多地改造自然，并不可避免地使得自然正在进行的进程退化——“自然”现在是人文环境。这种现象现在正在发生，以后也还会发生。因此人们现在更加需要适应性生态及环境规划和设计，以便根据科学预测的未来情景预测人为影响 [见休斯敦植物园（Houston Arboretum）]。

图 2.18a
图 2.18b
图 2.18c

生态能源网络，LOLA，Fabric 及 1 ： 1 工作室，荷兰，2012

这组竞赛一等奖获得者提出了在有高压电线的场地中建设绿地、娱乐设施和可持续运输网络的构想。通过有效地形成一个彼此相连的国家范围的生态网络，这个传输空间有可能成为荷兰最大的国家公园（种植不易燃植物的概念运用于世界上的干燥区域极为重要）。

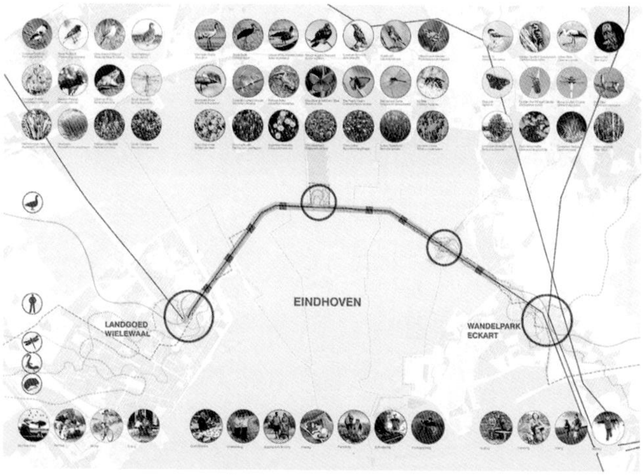

图 2.18b

图 2.18c

图 2.19a

图 2.19b

图 2.19c

图 2.19d

休斯敦植物园和自然中心(Houston Arboretum and Nature Center)，里德 · 希尔德布兰德设计事务所，休斯敦，得克萨斯州，美国，2012–

图 2.19a 受自然灾害飓风艾克及近年连续干旱的影响，这座植物园的环境陷入了危机。

图 2.19b 通过基线调查数据，每种潜在的环境类型都被定义了各自的生态适应性。其结果是多样的、弹性的斑块。而这是植物园的地域性生态斑块最真实的体现。

图 2.19c 修复过程首先会挑选出受到干扰超过 40 年的区域，并对其进行更新、再生，使其成为更加可持续的生态系统。

图 2.19d 设计预期是更加生态多样的、更弹性的景观，使其能够更好地应对未来的干扰。

这个 155 英亩（63hm²）的休斯敦植物园和自然中心位于美国最大的公园之一的 1500 英亩（607hm²）的纪念公园（Memorial Park）之内。这片树木园——当地动植物的避难所、城市生态教育中心——因为入侵物种及由飓风和干旱带来的大面积树木的突然死亡（48% 的树冠死亡率）正处于危机之中。

这个设计基于对该地域的自然及文化遗产的详尽评估，对于环境变化所带来的影响的诊断，相关人员的广泛参与，以及对全国生态环境的理解。工作组确定了实现环境多样性及平衡设计环境和“荒野”环境这两个首要目标。

对现状土壤、地形、水文及现存植被的调查取证结果被转译为一系列环境图层，随后用于找出各种景观类型的最适条件。例如，真正的“草原”景观类型在这片地域中仅仅占了 2%，但具有适宜形成草原景观类型的特征的区域就有 49%。这一过程有助于决策者应对规划中提到的极端变化。

设计策略提出区域——环境生态——草地、稀树草原、湿地、河口、草原、沼泽、阔叶林、以及河岸边的树林——的设计策略来形成具有生态多样的景观格局、提高其应对环境变化及未来干扰的弹性。如此一来，游客在游览的过程中可以最大限度地体验到不同的景观类型，同时保护了敏感的生态区域。这一新规划很好地展示了 40 年的先进实施策略。这一策略囊括了养分循环，聘用志愿者来保护这片区域，同时让社区居民感受到不断变化且相互作用的生态系统活力。

图 2.19a

图 2.19b

图 2.19c

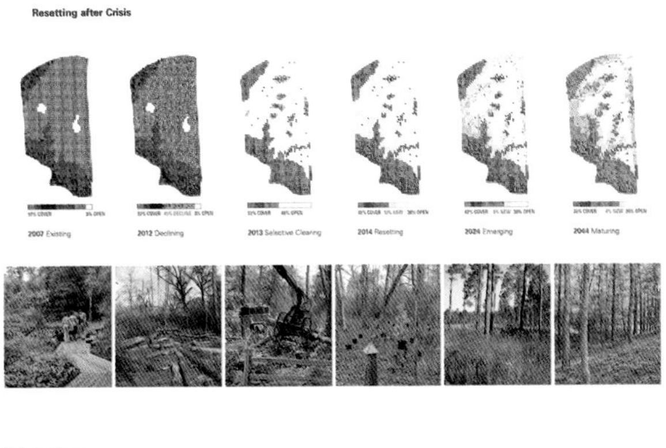

图 2.19d

土地管理和多功能景观

“土地管理”是一项大尺度的管理工作。它会根据不同的景观区域，制定出与之相应的策略指导、总体规划及管理措施。在协调经济、社会及环境维度的基础上（尤其场地在大尺度的私人及公共区域内的），土地管理可以为基于土地的实践及活动（例如农业活动、林业活动以及自然保护活动）提供细致入微且整体统筹的指导。同样，多功能景观也可以通过景观（包括社会）维度来使利益最大化 [见索尔兹伯里湿地（Salisbury Wetland）]。

平衡需求

大型农村地区通常会有一系列矛盾的实践活动共存，例如林业活动、工业活动、自然保护活动。土地管理试图去平衡给定区域，使得区域内的各项内容得以持续、共存甚至在理想状况下得到共同繁荣 [见奥龙戈站（Orongo Station）]。成功的土地管理可以充分地利用各种可能性，例如干预规模（个人的或是工业化的），特定的实践方式（混交林 / 单作）及自然保护和生产需求，从而形成多功能景观实践（农林复合经营，牧场上的风电场，见第四章）和多维度景观（结合功能及社会因素）。

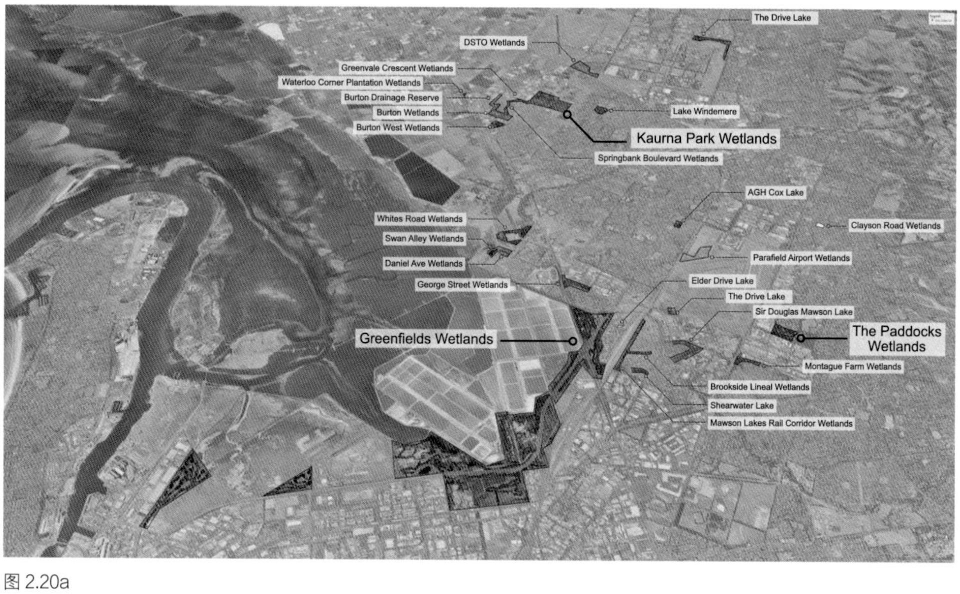

图 2.20a

图 2.20b

图 2.20c

图 2.20a
图 2.20b
图 2.20c
图 2.20d
图 2.20e
图 2.20f

索尔兹伯里湿地，索尔兹伯里市，阿德莱德，澳大利亚，1970-

作为可持续水循环管理及多维度景观的典范，索尔兹伯里湿地是在62平方英里（161km^2）的市政局辖区内超过50个人工湿地的网络，覆盖了14825英亩（6000hm^2）的面积。这些湿地很有远见地开始建造于20世纪70年代，利用了包括拦污栅、混合污染物收集装置、沉降池/直流池、芦苇床、堰坎，以及流动/导流装置在内的一系列城市设计技术，以此来减缓及控制暴雨的洪流，让沉淀物得以沉淀并且减少污染物外溢。

在20世纪90年代，市政开始对水质进行监管，并发现：重金属被吸附到细小的黏土颗粒中，并在几个小时后沉淀；大型植物芦苇床有助于去除大部分养分负荷；光可以杀死水中有害的病原体和一些生物污染物。

于1994年开始的蓄水层储存和回采（ASR）（深井沉井和泵入/泵出合适的蓄水层），使冬季的降雨能够在干燥的夏季进行过滤、储存和提取。

当一些湿地干涸殆尽时，另一些湿地仍为鸟类提供栖息地及庇护所，以使得它们免遭来自城镇及野生的掠食者的威胁。在一片拥有超过180种鸟类（含珍稀品种在内）筑巢的大型湿地范围中，通常它还为多种多样的水生植物以及包含哺乳动物、鱼类、蛙类、昆虫、无脊椎动物、龟类、蛇类和蜥蜴类在内的各种各样的动物提供了栖息地。

湿地保育了栖息地，提高了那里的生物多样性及生态系统服务；提供防汛保护和自净；促进经济活动；帮助保护脆弱的径流，河口和红树林；提供娱乐场所和环境科普教育；使研究和发展成为可能，并重建地方独特性。

图 2.20d

图 2.20e

图 2.20f

图 2.21a
图 2.21b（建设中）
图 2.21c
图 2.21d

新西兰奥龙戈区域总体保护规划（Orongo Station Conservation Masterplan），波弗蒂湾（Poverty Bay），新西兰，纳尔逊·伯德·沃尔茨（Nelson Byrd Woltz）景观事务所，2002-2012

图 2.21a 奥龙戈区域总体保护规划涉及的这片混杂的地域融合了农牧业经营及修复，并调节了文化景观、农业景观及生态景观三者之间的关系

图 2.21b 建设期间的湿地

图 2.21c 及 2.21d 长达 1890 英尺的土坝将淡水从盐水湿地中分离出来并设置了一条贯穿整个区域的步道

新西兰的一个面积为 3000 英亩的牧羊场：新西兰奥龙戈区域总体保护规划致力于广泛的生态再生，扩大农业生产，并引导历史人文景观复原。这片对全国具有重要意义的区域自 1100 年开始便是毛利人大迁徙的重要部落区域，同时也是 1769 年库克船长的队员登陆的重要地点。英国的农业方式，尤其是牧羊，使得这片区域遭受到了持续的资源枯竭的威胁。

在包括委托人及毛利人首领在内的大量公众及个人相关者的参与下，这个规划创造了多功能的、生产型的农业方式；一种修复管理办法来修复生态损害；一系列花园，对毛利人具有历史意义的防御工事及至今仍在使用的传统公墓。牧羊场修复林区种植了超过 50 万棵树，75 英亩（$30hm^2$）的淡水及盐水湿地也得到了修复和重建。通过积极的、经济的农业措施整合文化景观及生态景观修复之后，奥龙戈区域成为可持续土地管理的典范。

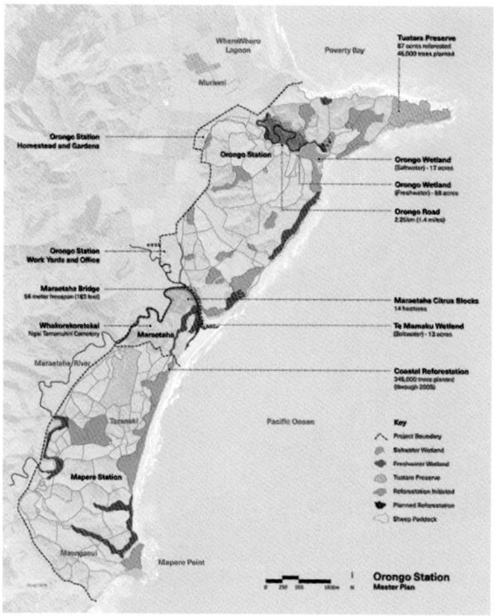

图 2.21a

多维度实践

当土地规划及设计统一考虑各种维度、各种功能及各项元素时，它能变得更加高效（相较于只考虑单一的一项或狭隘的一点）。环境修复、设计及土地管理具有提供生态系统服务，提高现存及未来新的生态系统的弹性，整合有效的管理工作，并满足我们对人类环境的依赖的这些能力。城市及建成环境不能单单地只视其为自然环境的一部分，而应理解其在自然生态系统中持续的影响，它们的生态足迹。因此，症状以及更重要的诱因都应加以辨析，并同时有根据地控制人类巨大的影响（见第四、五、六及第九章）并适应未来的需求（见第七章）。

图 2.21b

图 2.21c

图 2.21d

什么是自然景观？自然景观存在吗？请举例并解释。

自然景观可以提供哪些益处？

什么是文化景观？整个地球是文化景观吗？为什么是 / 不是？

人类和环境之间有隔离吗？为什么这种隔离会存在？

会有一些景观价值少于其他景观吗？评价景观价值的潜在价值体现在哪里？景观真的本身具有价值吗？

你认为以下因素具有什么价值：(a) 开发者 (b) 生态学家 (c) 风景园林 (d) 土地规划 (e) 政治家 (f) 你自己

生态修复在修复自然景观上成功吗？

生态修复试图去重建什么？或者说什么是基线？

对于现在及未来的几代人来说历史的基线 / 情况 / 生态系统是最好的吗？为什么是 / 不是？

是否有义务提醒人们修复景观（从一个被清理的区域）并不是自然发生的？

修复景观有没有可能是自然景观？“荒野景观”和“野化”可否实现？

自然是否“处于平衡之中”？“平衡”可以被人类所（重新）建立或创造吗？

你愿意为了阻止“自然”被破坏而站在推土机的对立面吗？

什么是“退化”土地？已经退化的景观有价值吗？

当一些项目有可能破坏具有自然重要性的区域时，需要保护或者修复其他区域作为补偿，这叫作“生态多样性补偿”。请讨论由这一措施引申出来的问题。

Beatley, T. and Manning, K. (1997) *Ecology of Place: Planning for environment, economy, and community*, Washington DC: Island Press.

Douglas, I. and James, P. (2015) *Urban ecology: an introduction*, New York: Routledge.

Fainstein, S. and Campbell, S. (2016) *Readings in planning theory*, Chichester, UK: John Wiley & Sons.

Leopold, A. (1949) *A Sand County Almanac*, New York: Oxford University Press.

Low, T. (2003) *The New Nature*, Victoria: Penguin.

Marris, E. (2011) *Rambunctious garden: saving nature in a post-wild world*, New York: Bloomsbury.

Marsh, W. (2010) *Landscape planning: environmental applications*, Hoboken, NJ: Wiley.

Monbiot, G. (2014) *Feral: rewilding the land, the sea, and human life*, Chicago: The University of Chicago Press.

Mostafavi, M. and Doherty, G. (2010) *Ecological Urbanism*, Germany: Lars Muller.

Ndubisi, F. (2014) *The Ecological Design and Planning Reader*, Washington DC: Island Press.

Randolph, J. (2012) *Environmental land use planning and management*, (2nd ed.) Washington: Island Press.

Reed, C. and Lister, N-M. (2014) *Projective ecologies*, New York: Actar Publishers.

Van der Ryn, S. and Cowan, S. (2007) *Ecological Design*, Washington DC: Island Press.

Weller, R. (2009) *Boom Town*, Western Australia: UWA Press.

附加案例

You might also like to look for further information on the following projects:

Great Green Wall, Sahara and Sahel, Africa, 2007–

Resuscitating the Fez River, Bureau E.A.S.T., Fez, Morocco, 2008

Bloedel Reserve, Richard Haag Associates, Bainbridge Islands, Washington USA

Magnuson Park, berger partnership, Sand Point Way, Seattle, Washington, USA

Core Area of Lotus Lake National Wetland Park, Tieling City, Liaoning Province, China

Nungatta Station Land Management Masterplan, Material Landscape Architecture, south eastern New South Wales, Australia, 2004–2008

East London Green Grid & All London Green Grid, London, UK

Oostvaardersplassen, the Netherlands, 1968 & 1989–

访谈：尼娜－玛丽·莉斯特（Nina-Marie Lister）

尼娜-玛丽·莉斯特教授是瑞尔森大学（Ryerson University）城市规划专业的副教授及都市与区域规划的副主任。她同时还是多伦多大学及哈佛大学（2009-2013）的客座教授。正如Plandform事务所的基本原则一样，莉斯特教授的研究、教育及时间都聚焦于景观基础设施及生态进程和现代都市的融合。Plandform事务所致力于拓展景观，生态及城市化之间的关系。

*请注意这是这篇采访的摘录——完整采访内容请登录www.bloomsbury.com/zeunert-landscape-architecture

我们是否应该注重为生态设计培养一种更具有适应性及机会性的设计方式，而不是那种基于理论却不能与人类环境及时间相适应的设计方式？

是的！基于这样那样的原因，我们可以准确地说，这样的方式更加有效。在等级二元论中提到了很多关于我们对于自然和荒野的破坏，以及我们对于自身如何认识和理解自然的认识论的内容。当然，其中相当大一部分与我们的殖民历史有关（取决于我们正在谈论什么样的文化认知）。所以我认为这是我们的文化历史在起很大一部分作用，从而建立起了我们对自然世界的认知。在我的研究中，我倾向于认为这些和孩童以牛顿定律的思考方式来认识世界是一样的。这对我们理解构建起我们的文明、工业化、经济体系和与其相关的都市病症的现代设施是很有用的。所以，我们应该思考如何在一个相当广泛和复杂的文化及社会条件的范围内，更新和改善我们与自然世界的关系，以及我们对于自然的生态的理解。我们不再是一个殖民地和殖民聚集区的世界了，也不是帝国与殖民地的世界了，而是各种各样的组合。我们现在以飞快的速度在这个星球上迁徙，不同种族或民族间通婚并产生后代，移民，而在这之中不再存在真正意义上的隔绝和孤立。对此再也找不到一个比“同质化”更好的词了。这与我们过去可以看一眼个人或人群就能判断他或者他们来自何方已经不一样了。事实上，全球化是从许多角度来谈的，它涉及了所有事物的同质化。但另一方面，我们又可以看到在全人类中存在着巨大的多样性，而正因如此我们与自然世界才有所联系。现在有着巨大的机遇让我们去理解和定义在保护自然和荒野上还有哪些不足。可以说更重要的是我们当作家园的环境——城市及城市化——而这很可能是我们唯一真正理解的环境。我想我们有重要的理由去保有一个不一样的、更灵活的、精细的以及可调节的方式来参与到环境当中。

什么是杂交生态？我们应该怎么转换思路来应对新型生态系统和杂交生态？这对我们会有什么样的好处？

我曾经将这个词运用到了农学和资源领域——杂交是不同种间的融合，它产生了一些不一样的结果并且可能对于变化更具有适应性。有时候它是更有用的，而我自己也倾向于在很多情况下将杂交当作是机遇。尤其是在城市化环境中，许多环境是被创造或者在其被遗弃过后再创造的。因此这必会产生各种对充斥着污染物的、或者前期的掠夺、误用或者废弃的艰苦环境更加具有忍受力的杂交种。杂交种一旦确立下来，它们就能像原生种一样改良或者构建土壤。而这对于快速生长的杂交种来讲，它们可以很好地利用艰苦条件中对自身的有利条件。而这很可能在短时间内改良土壤质量，减缓土壤侵蚀，固土，改善雨洪问题以及一系列在我们人类看来有价值和有必要的效果。这些杂交种以我们的传统审美来看也许并没有那么美观，但它们可以通过自身的杂种性提供一系列服务并为新条件的涌现作出贡献。它们有可能一直处于边缘状态或者也可能促进生态系统步入一个更加复杂的时代。当然它们也不会一成不变，它们还会随着时间产生新的变化。在变化期间，尤其是在受到影响的、污染的、耕后的城市区域，无论是从提供遮阴、降温还是以前从未呈现过的美观程度等方面来说，它们都可以提供各种各样的好处。在人口和文化都快速变化着的城市环境中，由杂交种所带来的混合环境和景观会增加价值的这一认知，正变得越来越重要，尤其是当我们没有像以前那样为观赏性景观专设的市政预算一样为它专设市政预算时。我们需要寻求更持久的、更坚强的灌木，并且在某些情况下还需要生产性的物种，或是四季都可以观赏的色叶植物，以及不需要每年定期养护的植物。人们当然对大尺度的蕴含杂种性的风景园林建造还存在不断变化的态度。我们可以视此为对环境研究有所倾向或者对生态进程感兴趣的人们，以及突然开始理解杂交种优势的人们的一种范例。而这反映了在近15年间的典型性变化。杂交种的优势包含授粉、播种、四季的色彩。这些杂交种喜欢例如蝴蝶、蜜蜂和花园里的各种鸣禽之类的城市里的野生动物，因此它们不太愿意把讨厌的草坪设置在必要的中心位置，并有效地挑战市政法规中关于花园中什么是可接受的。因此草坪不再需要严格划定所选用的植物材料，我们可以从所在的区域内选择合适的原生种，即在不受到人工管护时仍能很好地生长的草坪植物。这些景象可能会一度被认为是粗放的或是杂乱的，但我们现在正在重新编写细则来充分理解不仅仅是园主有所选择，从生物多样性和上述的生态系统服务角度来说也是很有意义的。

生产生态学对于在这既定的人类世世界观中打破人类与自然的二元分离论来说，是一个有用的模型吗？

我依然在与各种术语进行搏斗。杂交是不同于，但又与可生产相关的概念。在我的理解来看，基于生态学视角下的生产性景观是正在兴起且具备完整性的景观形式，它在面对常规性的或是间断性的干扰时具备弹性。它不论是从寓意上还是字面上都意味着孕育出了果实，它让植物再生，动物繁殖，动植物展示出了多样性和特征。它在结构层面具备其自身的复杂性，当然在不同的生态系统它都有所不同。可生产可以指代不同的东西，但以我们人类的文化敏感性来看，可生产不应只是从浅显的层面上被认知（虽然我还保有疑问，美观也具有一定的生产性和美学景观价值）。我们可以全面地认知价值。可生产在我看来意味着一系列既定的价值和益处，我们可以有目的地为娱乐、取乐、放松、休闲、放松精神、审美价值而建造一个公园。同样的，它也很可能为人类消费提供材料——水果或蔬菜——而不仅仅是添加色彩。当然它还可能具有雨洪管理、侵蚀防范、土壤固定以及其他功能，所以我们将授粉的生态系统服务价值主动运用到设计规划中。种植自播植物几乎成为过去十年中市政公园设计理所应当的环节，然而在十年前我根本没有意识到蜜蜂或者蝴蝶的出现会有价值。通过生产生态学，我想我正在阐述一种观念：基于对生态服务及功能的认知及解读，它可以是多种价值的叠加。我们让这些概念更易于理解，因为这为管理和养护带来更好的机遇。

我们是否更应该通过理解和教育来深刻地认知新型生态学、杂交生态学和生产生态学的益处，而不是仅仅从表面上来看它们?

人们因追求城市和荒野两个不同生态系统范围之间的张力让我极受触动。在有人类聚居的区域内都会有这样的连续统一性。加拿大有着超过 1000 万 km^2 的超大土地基础，以及相对于这个面积而言相当低的人口密度。因此我们对于荒野一词有着不同的理解。当提到“公园”一词时，我们可能指的是国家公园——与城市化区域相比平均每平方公里仅有极其稀少的人活动或甚至几个季度里都人烟稀少，那里连续统一体的范围更加广阔。当我们提到生产性时，我们同样可能在讨论生产性荒野的同时讨论杂交生态系统、新型生态系统或者城市里受人高度控制的生态系统。在城市范畴，我认为认识到这个是相当重要的——并且我在从英联邦的传统来谈这个问题——我们是相对而言较为年轻的国家，有着大量的移民，这伴随着高度的社会道德及文化多样性。再例如，在多伦多这个比星球上其他国家都更为典型的移民城市，来自世界各地的移民为这座城市带来了差异极大的文化价值观，因他们的原生地域有着不同的自然环境、室外空间、花园、景观。我认为我们正在寻找“在城市景观中‘生产性’对于我们人类，我们公众究竟意味着什么？”这个问题的答案。对此我们可以做的是达成一种共识，如果我们没有在认识和意义上达成共识的话，在任何情况下我们都不能期望可以管理和保护环境。当然这并不意味着所有人都要同意，而是需要一些通用的方法来解释和理解我们共用的语言。无论是安妮·惠斯顿·斯本（Anne Whiston Spirn）提出的景观语言的概念，还是简·沃尔夫（Jane Wolf）对于易读性和意义建构的杰出概念，我们都需要这样的共识。没有那种语言，根本无从谈起有保护地管理自然。设计者的工作可以让这些功能更加清晰，所以这变得非常重要。在 21 世纪城市化的世界中，景观设计对于理解不同的生态学所带来的不同的文化价值观，和我们如何使这些更加易于理解且更有价值，有着巨大的未知潜力。一旦我们能定义它们并形成对于它们为我们带来的不同类型的生产性价值的理解，我们就能开始形成有着保护意识的管理和自然保护。

面对人类渐渐失去控制的情况，将整个地球视为我们必须管理的景观是否有益?

这是个难以回答的问题！人类正在“失去控制”，是指人口数量正在失去控制？还是我们怀着膨胀的欲望来管理这个世界从而导致其毁灭？我认为我们可以断言这其中一定包含着西方工业化进程获得超常利益的因素。可以说那是贪婪的且以牺牲他人作为代价的，获得即刻满足的需求的因素。这是很有问题的，还对地球为我们提供资源的能力有着长期的影响。同时我认为，认识到作为人类我们毫无疑问地与这颗星球上的动植物紧密相连这一点，是极其重要的。正是因为依赖于它们，我们才能呼吸、才能喝水、才能存活超过 24 小时。我们需要这些基础性的服务，我们需要与自然世界的亲密关系。我们出生于这颗星球，不能与之分离。所以，认识到我们与要求管理的环境息息相关是有益处的。随之而来的问题不是我们如何管理、如何设计、或者如何组织或者如何种植，而是我们怎么做。我们是该充满敬畏地去行动，是该尊敬将我们供养的环境，还是我们应该耗尽它直到我们连生存都有困难？我认为在自然的保护方面，认识到我们自身的需求是自私的这一点，对尊重我们赖以生存的世界是有益的。我们并不孤立于此，但它也不是我们以任何牛顿定律的方式能够管理的。比起考虑是否可以管理生态系统，我更倾向于问我们应该如何管理自己。我们所面临的挑战是如何管理自己，以及我们与供养我们的生态之间的关系，克制我们认为自己可以真正地管理如此复杂系统的狂妄。但是坦白说如果我们对其造成一定程度的负面影响后，它将会让人类灭绝。然后我们会成为其中的简单变量。我们可能会发现周遭所有的（或者少数的）物种对空气的呼吸方式与我们不同，或者排出会杀死我们的有毒气体。我们会成为被命运选中要灭绝的物种吗？我对于周围生态的连续统一性和普遍性没有异议，我只是认为它将会看起来非常不同，会变得不那么友好，所以花更多的精力去思考如何去管理自己才是对的。

图 3.1

迁安三里河绿道，土人景观

这段全长 13.4km 由土人景观规划设计的迁安三里河绿道，改变了中国退化的河流系统。

第三章　清洁型景观

我们面临着持续不断的污染，工业化生产的遗留以及消费文化的影响——矿场、精炼厂、工厂、垃圾填埋场以及受到污染的暴雨及废水。而景观作为治愈者，清洁者，甚至是故事的倾诉者，可以转变那些受到污染的土地、水体及大气系统。有策略的补救措施可以容纳、处理并清理污染物。本章的案例会说明诸如成功地处理环境污染的（植物）修复及水敏性城市设计（WSUD）等此类成功的措施。通过引导丰富的“自然”景观措施和设计生态系统服务，风景园林可以将退化的区块转化为具有人文气息的、安全的、可栖居的区域。

后工业转型和适应性再利用

机遇

城市与其附属地包含了许多已经退化和被遗弃的工业区（例如垃圾填埋场，采石场，矿场，工厂，停车场和前军用区）。对现存生态学角度上来说不育的，以硬质铺装为主的空间和基础设施进行再度的审视、补救、重新规划和更新，可以通过绿色基础设施及生态系统服务更新技术 [湿地，水敏性城市设计（WSUD）生态过滤，可渗透铺装，雨水收集] 及新的社会规划实现。除了重新规划建筑之外还包括了：可调蓄的对雨洪和废水再利用的设施 [例如混凝土涵洞，见埃姆舍公园和北杜伊斯堡风景公园（Emscher Landschaftspark and Duisburg Nord）]；运输设施（高线公园）以及街道（绿色街道，第四章）；停车场 [亚利桑那州大学（Arizona Campus）]；景观水体 [珀斯湿地（Perth Wetland）]；绿色屋顶 [慕尼黑（Munich），第四章] 以及在已有贫瘠区域进行额外的补植（公开的或是非公开的，像“游击园艺式”的社区技术）。

“我们滥用土地，因为我们将它视作属于我们的生活用品。当我们把土地视作我们所从属于的社区，我们或许会开始带着爱意与尊敬使用之……把土地当作社区是生态学的基本观念，而以爱意和尊敬的态度对待它，则是道德层面的延伸。”

奥尔多·利奥波德（ALDO LEOPOLD）

《沙乡年鉴》（A SAND COUNTY ALMANAC）（1949）

“自然景观中没有像我们亲手创造出来的那样的废弃地。”

蒂姆·温顿（TIM WINTON）《家园岛》（ISLAND HOME）（2015）

图 3.2a

图 3.2a（改造前）

图 3.2b

煤气厂公园（Gasworks park），理查德·哈格事务所（Richard Haag Associates），西雅图，华盛顿，美国，1970–1975

面积为 19.1 英亩（$7.7hm^2$）的西雅图煤气厂公园是一个在后工业景观领域经常被引用的案例。这个位于湖边的设计花了大力气来保留废弃煤矿气化厂的构筑。利用原生的土壤细菌对碳氢化合物的消耗，对这个区域的土壤表面进行了生态治理。

图 3.2b

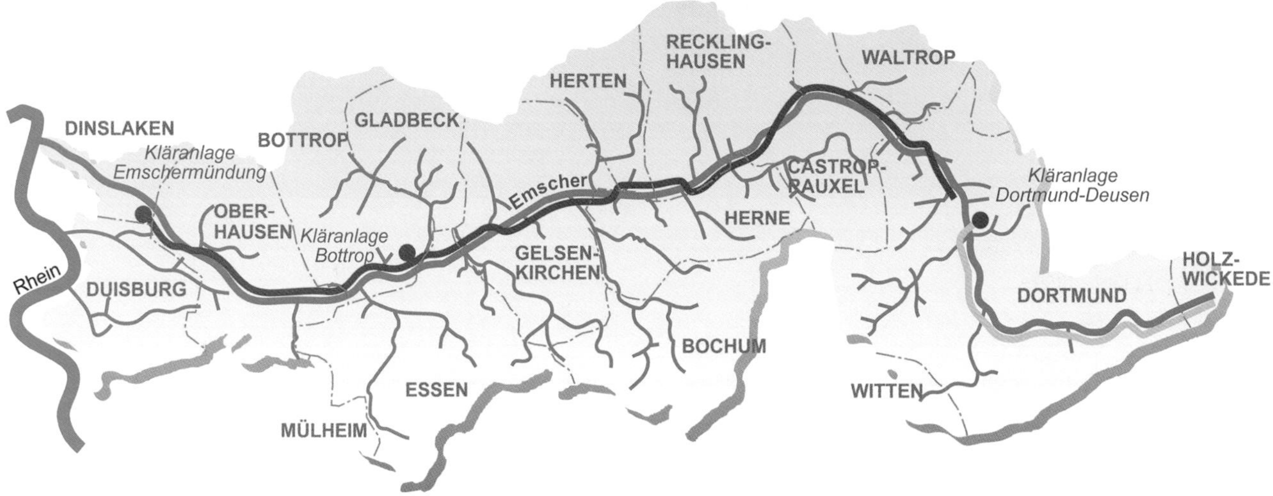

图 3.3a

图 3.3b

图 3.3c

图 3.3d

图 3.3e

图 3.3a
图 3.3b
图 3.3c
图 3.3d
图 3.3e

埃姆舍公园和北杜伊斯堡风景公园（Emscher Landschaftspark and Duisburg Nord），鲁尔地区（Ruhrdistrict），德国，1989-

3.3a 黄色 = 已完成，红色 = 待完成

3.3b 1900 年，多特蒙德（Dortmund）的埃姆舍河（The Emscher River）

3.3c 改造之前的特征

3.3d 改造之后的特征

3.3e 从北杜伊斯堡穿过埃姆舍景观公园（Emscher Landschaftspark）局部的景色

埃姆舍流域（The Emscher valley）曾是欧洲钢铁及煤矿工业的核心区，德国工业化的中心，同时也是世界上受到污染最深、环境退化最严重的区域之一。在 20 世纪 80 年代的后期，这里因为伴随着有毒物质的排放，矿渣场，废料，径流和渗透，退化的结构以及在其混凝土河岸内有重度污染，对污水不加处理的排水管道使 80km 的河道等被污染，最终被社会遗弃。于是这个区域开始了逆工业化。

它转化为埃姆舍公园和北杜伊斯堡风景公园（Emscher Landschaftspark and Duisburg Nord,45000hm²）是通过景观这个媒介创造一个内部相互联系的“天然公园”，使得这条河流得以康复，并在环境、社会、经济层面振兴这片区域。州政府采用了先进的区域性解决策略，于 1989 年创立了国际建筑博览会（International Building Exhibition）（IBA）埃姆舍公园（Emscher Park）（与众多市政当局，私人工厂，环境组织以及市民进行了合作）。会议主题包括：“工业纪念”（保留及创造性的对工业遗产进行利用），“新埃姆舍”（通过水协会 Emschergenossenschaft 更新这里的河道系统），“在公园中工作”（就业空间，社会激励，教育和培训）和“在公园中生活”（新型住宅）。

这个公园在经过清理的棕地上，种植再生林并重建了为整个区域提供综合服务的绿色基础设施。自 1989 年起，该区域开展了超过 400 个项目。这些项目范围包括大型休闲地区域，小尺度建设项目、生态修复和重建以及单纯的造林。可能这项目中最著名的当属北杜伊斯堡风景公园（Duisburg-Nord Landscape Park）了（本章节）。

1993 年，25 亿欧元（约 27 亿美元）被投资用于重新发展（接近三分之二的资金来自于公共基金，三分之一来自于私人捐赠）。由 Emschergenossenschaft 主导的这条河流的更新，仅 218 英里（350 公里）就需要花费 45 亿英镑（接近 50 亿英镑）。

真实性

许多后工业及棕地项目（通常是由于客户或者大众的坚持）倾向于隐瞒或者掩盖它们前期留下的工业遗产。出于对“肮脏”过去的羞耻，或是担心有毒污染物会对新提案（例如新公寓）评估有负面影响，工程师及开发者通常认为在一个“干净的区域”上工作更为简单并且更加高效，同时市政管理局及客户也担心，如果在一个不断退化的区域内保留那些工业构筑会遭到诉讼。相比于在标识牌上展示图像或信息这种直白的方法，风景园林师可以采取更巧妙、更颠覆性的措施。有时开明的客户或者说服技巧高超的设计师，可以很好地融合旧和新，以一种崭新的视角保留和揭示历史要素、原始风貌和场所记忆并从工业遗产中创造新的价值［见北杜伊斯堡（Duisburg-Nord），中山，BP 及岬角公园（Ballast Point Parks）］。

图 3.4a
图 3.4b
图 3.4c
图 3.4d
图 3.4e
图 3.4f
图 3.4g

北杜伊斯堡风景公园（Duisburg-Nord Landscape Park），拉茨及其合伙人（Latz & Partner），杜伊斯堡（Duisburg），德国，1990-2002

北杜伊斯堡风景公园是范围广大的埃姆舍公园中的一部分。

由彼得·拉茨（Peter Latz）带领的竞赛获奖队伍将前钢铁制品及高炉装置转化成为了 568 英亩（230hm²）的景观公园。长期的规划包含了多个子项目，包括高炉装置公园（Blast Furnace Park），铁路公园（The Railway Park），熔渣公园（Sinter park），水公园（Waterpark），冒险娱乐场以及矿石燃料走廊。

在这退化却仍具有弹性的工业骨架之中，这个项目创造性地编织起了一个强有力的社会及环境巨作。它转变了人们对于工业遗产的审美角度。然而项目当初面临着对在一个严重污染了的高炉装置之中建立公共空间的挑战以及质疑。现在人们对污染的恐惧已经消退，而公园本身也变成了旅游观光地以及当地财产。

场地中遗留的工业格局和构筑与新的要素进行了新的重组，重置及融合。新与旧的完美结合促成了新景观的诞生（通过有策略性地对材料和硬质景观进行选择）。在庆典日有多达 5 万人聚集在这些重新设计的空间里。新的设计包含文化及企业功能、青年旅馆、位于大型储蓄罐中的潜水中心、位于煤仓里的攀岩花园、位于前铸造车间内的赛马场、由鼓风炉改造而成的瞭望塔、灯光设备及游玩场所。公园内还设有与大地艺术相结合的循环体系及水系、高度变化的步行系统、精心设计的植物规划、草坪、湿地、树林及花园。公园免费开放并且没有时间限制。

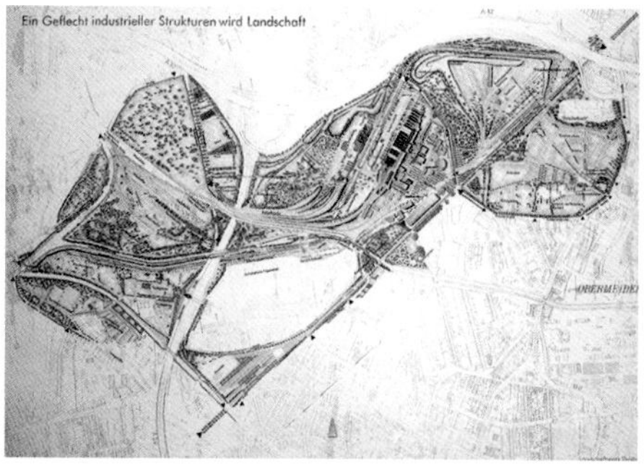

图 3.4a

图 3.4b

图 3.4c

图 3.4d

图 3.4e

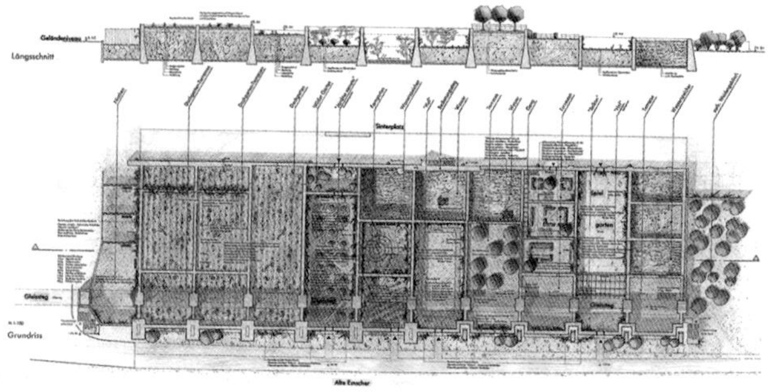
图 3.4f

图 3.4g

图 3.5a（改造前）
图 3.5b
图 3.5c

中山岐江公园，土人设计，中山，广东省，中国，2001-2002

中山岐江公园的前身是 20 世纪 50 年代广东著名的粤中造船厂厂址及棕地。同时也是中国第一个受保护的工业遗址。这座公园展现了风景园林是如何将一个被遗弃的区域转化成为美丽、具有意义和功能、刺激城市更新的场地的。

当时土人设计力排众议，坚持提倡对于文化及历史的正视，而不是仅仅将其设计为公认的或是“传统的”公园。场地现状为设计方带来了一系列挑战，其中包括每天的高达 3.6 英尺（1.1m）的潮汐波动，现状湖泊，植被以及遗留的工业机械。面对洪水调蓄需求，设计将场地内的老榕树原封不动地保留在了一座新设计的岛屿之中。另外还建设了桥体网络来控制潮汐波动，并在桥与桥之间设置阶梯状的种植床，供耐盐碱本土植物在其中生长。

场地呈现了中国发展历程的痕迹。通过保留这些痕迹，改造及创造手段来凸显场地特征，设计得以艺术地、生态地保留了工业遗产。随后俞孔坚关于这个项目的文章《足下文化与野草之美——产业用地再生设计探索》成为了江苏省的中学课程。

未开发地区滥用（greenfield overkill）

已经实现的示范性工业改造及修复项目（包括许多城市中的棕地及受污染项目）的大行其道，可以为我们解释为什么许多可持续发展专家不会考虑在未开发地区进行的开发项目，认为这是不必要的滥用土地。他们认为我们应该对现存的已废弃棕地进行清理并用于开发，而不是在农业土地价值高，幸存的生态系统或者未受污染的未开发地上进行建设。绿环及城市边界（第二章）通过限制城市内未开发地区的开发项目来限制这一进程。

图 3.5a

图 3.5c

图 3.5b

"杂草，就像有价值的植物一样，是一座复杂的富含叶绿素的化学工厂，不断地通过光合作用释放能量。

杂草，就像有价值的植物一样，吸引了农作物授粉所需的昆虫。

杂草是已经退化的环境里的先锋。那里土壤贫瘠，有价值的植物都不见踪影。

杂草，以野花的形式，在加固不断被侵蚀着的沙丘，是环境与美学方面都是必不可少的。

杂草对于土地修复进程是必不可少的，为未来品质提升奠定基础。

杂草可以迅速地覆盖被侵蚀土壤并遏制进一步侵蚀。

杂草在生态及经济系统中扮演了重要的角色，它产生了实际的利益，促进社会的利益与福祉。"

茱莉亚·修斯·琼斯（JULIA HUGHES JONES），《杂草的秘密历史》（THE SECRET HISTORY OF WEEDS）（2009）

图 3.6a

图 3.6a（改造前）

图 3.6b

威廉米利肯国家公园（William G. Milliken State Park），二期低地公园，Smith Group JJR 设计公司，亚特华德街（Atwater Street），底特律，密歇根，美国，2010

这座低地公园的前身为场地内还有遗留设施的受污染棕地，其面积为 6.1 英亩（2.5hm^2），是面积 31 英亩（12.5hm^2）的米利肯公园的二期工程。它同时还是密歇根的第一个城市国家公园。它为市中心的 39000 名员工提供了河滨通道。通道内设有可供垂钓、骑行、野生动物观察、科普展示的娱乐空间。场地修复了原生栖息地，通过湿地处理径流及处理每年来自周边 12.5 英亩（5hm^2）超过 450 万加仑（4700 万 L）的沉积物及污染物。

图 3.6b

图 3.7a

图 3.7a（改造前）
图 3.7b
图 3.7c

亚利桑那州大学理工院（Arizona State university polytechnic campus），Ten Eyck 风景园林事务所，梅萨（Mesa），亚利桑那州，美国，2009

这个获得了 LEED 金级认证的项目，将一个面积 18 英亩（$7hm^2$）位于沙漠中的前空军基地，转变成为了一个可供社交及学术活动的户内外空间，并延续了这片沙漠中的生命。

区域内的水设施收集珍贵的雨水并降低了洪水发生的可能，同时灌溉了索诺兰沙漠地区的原生植物，使其能够提升当地生物多样性并造就了一个特色鲜明的场地。

图 3.7b

图 3.7c

图 3.8a

图 3.8a（改造前）
图 3.8b
图 3.8c

MFO 公园，Raderschall Landschaftsarchitekten AG，新 Oerliken, 苏黎世（Zurich），瑞士，2002

这座创新的城市公园，在前工业厂房遗留下的高度不一的钢构架中，创造了一系列花园房间、廊道以及空间。在攀援植物之间引入了一系列社交活动。这些攀援植物在秋天展现出绚烂的色彩。

图 3.8b

图 3.8c

图 3.9a（改造前）
图 3.9b
图 3.9c
图 3.9d
图 3.9e

长青砖厂（Evergreen brick works），克劳德·科尔米耶事务所（Claude Cormier+associes），多伦多，安大略湖（Ontario），加拿大，2006–2010

1889 年的常绿砖石棕地遗址是由工业采石场和遗产切割而成的，是自然、个人和城市之间关系新思路的催化剂。由多学科人士构成的团队，将 40 英亩工业废墟的十分之一（16hm^2 的四分之一）转化成了活跃的、基于环境的社区中心及公园。并以此来重新将当地自然系统与城市联系了起来。

通过增加场地的孔隙，水体、汽车、电气、火车以及野生动物的移动都得到了提升，创造了一种以可持续性为导向的多种的自由流动体系。为形成这一体系所作出的努力包含了持续发展的地及草地；城市农业；11 万平方英尺（1.22hm^2）的花园及保育地；儿童探索区；议会及事件处理机制；溜冰场以及有机农作物市场。

图 3.9a

图 3.9d

图 3.9b

图 3.9c

图 3.9e

图 3.10a

图 3.10b

图 3.10c

图 3.10a（改造前）

图 3.10b

图 3.10c

珀斯文化中心城市湿地（Perth cultural centre urban wetland），乔许 · 拜恩事务所（Josh Byrne & Associates），西澳大利亚州政府，珀斯，澳大利亚，2011

全世界都存在着被遗弃的，周边存在着复杂的废弃设施的现代化混凝土水体。作为珀斯文化中心城市振兴的一部分，这里现存的水体被改造成为一个通过自然过程处理及过滤水体的城市湿地。这个项目的建设还包含了一个停车场、屋顶果园（见第五章）以及一个游乐场所。

图 3.11a

图 3.11b

高线公园（The high line），詹姆斯·科纳景观事务所（James Corner Field Operations），Diller Scofidio+Renfro 事务所，皮特·奥多夫（Piet Oudolf），曼哈顿，纽约，美国，2009

通过对一个位于曼哈顿西部的废弃的、高架后工业铁路进行适应性改造，一座面积达 6 英亩（2.4hm^2），穿越 23 个城市街区的卓越线性公共公园得以建成。这个项目转变了整个区域，证明了城市景观和公共空间促进社会活动以及经济投资的力量。

因其大获成功，产生了许多复制品。但这些复制品并没有认识到高线公园独特的特质（例如现存的铁路设施以及曼哈顿独特的肌理），对场所真正的回应以及其通过材料、城市家具、灯光、细节以及种植形成的一气呵成的高水平设计方案的精髓。

图 3.11a

图 3.11b

修复

修复是指将受污染的场地转变至适宜人类通行和栖居的过程。当早前的工业用地及棕地要再度居住或商业开发时，这一过程就必然会产生。以下是对需要场地整治的情况进行的几种设想：

- 矿区所产生的重金属污染物会渗入土壤表面，进入土壤及地下水系统，并通过尾矿坝蒸发进入空气中；
- 油田及其精炼厂会遗留重污染土壤及设施；
- 煤层气开采（也被称为水力压裂，越来越多地在城郊及城市中得到使用）会污染土壤、地下水以及地表水系统；
- 核试验、事故发生地及废弃地远远超过了自然的修复能力，还会在未来的千百年内都存在隐患——这是与未来可持续遗产相对立的；
- 农业化肥及杀虫剂（都属于人造有机物）会污染土壤以及农业灌溉系统。并随着灌溉渠流入珍贵的淡水、地下水以及水生环境中（随之而来还有大量的污水）；
- 垃圾填埋场会析出有毒的渗透液进入地下水，并释放危险的温室气体（尤其是甲烷）进入大气[见《清水湾杀人奇案》弗莱士河公园（Fresh Kills）和 Vall d’en joan]；
- 受到污染的前军工用地在退役之后会转变为其他用途。

这一系列活动都会导致表面条件不稳定的土壤易塌陷。许多大城市成百上千的污染地，有着不同程度的毒性，并可能会被登记在地方、城市中心、州或者联邦记录上。许多有毒遗留物可以通过景观的修复，促进自然土壤及植被通过修复的过程得到改善。假如给予更多时间，有害的物质可以降解至安全等级，满足通行和栖居。

"你可能会迟到，但时间不会。"

本杰明·富兰克林（BENJAMIN FRANKLIN），《穷理查年鉴》（POOR RICHARD'S ALMANACK）（1758）

"每年售卖到美国各地医院及消费者的温度计内的水银已累计高达4.3吨。但仅仅只需要1克水银就可以污染20英亩湖泊里的鱼。因此，设计一个不用水银的温度计是件好事..... 然而【温度计中的水银】总量仅仅只占了美国水银使用总量的1%。"

迈克尔·布朗加特（MICHAEL BRAUNGART）与威廉·麦克唐纳（WILLIAM MCDONOUGH），《从摇篮到摇篮》（2002）

方案（Scenarios）

修复的程度需要根据不同案例的现状污染类型（砷，铅，汞，镉，等等），浓度，状态（固体、气体、液体）而定。相关学科通常包含地球化学，生物技术，工程以及风景园林。在风景园林行业，修复通常包含以下几种方案：

- 非现场修复：如果被认定是通过转移有可能会降低污染物所带来的风险，则会转移受污染的土壤、构筑以及液体到处理点或者填埋场（许多填埋场现在拥有消纳污染物以及过程渗滤液的措施）。
- 现场修复：受到污染的土壤及材料在场地内是不可转移的，同时土壤可以被分级、分类、清洗及处理[见煤气厂公园（Gaswork Park），伊丽莎白女王奥运公园（Queen Elizabeth Olympic Park）]。受到污染的材料可用于填充在地形中[复兴公园（Renaissance Park）]，被"密封"起来（例如利用薄膜进行密封）以及渗滤液净化及处理（见千禧公园以及Vall d'en joan）。
- 植物修复：特定的植物被用来清除受污染土壤及水体中特定的污染物。这一过程会花费相当长的时间（数月，数年甚至是几十年）。
- 地下水修复：通常包含了生物、化学以及物理技术[见泰晤士河坝公园（Thames Barrier Park）]。

经过修复之后，土壤缺损可能会需要额外的补充来源[见特茹公园（Tejo park）]。干净的表面种植层可能会使用进口的干净填充物、干净的场地表层土壤或替代底层土壤作为种植介质（见伊丽莎白女王奥运公园）。因此，设计团队将很有可能依据场地现状，将场地划分为不同的等级、梯度以及土壤条件，以决定土方工作的量。设计很可能发生在修复之前，因而可能会需要基于新的场地调查后（并很有可能导致延期）的再度设计（尤其是细节设计和施工图纸绘制）。

图 3.12a

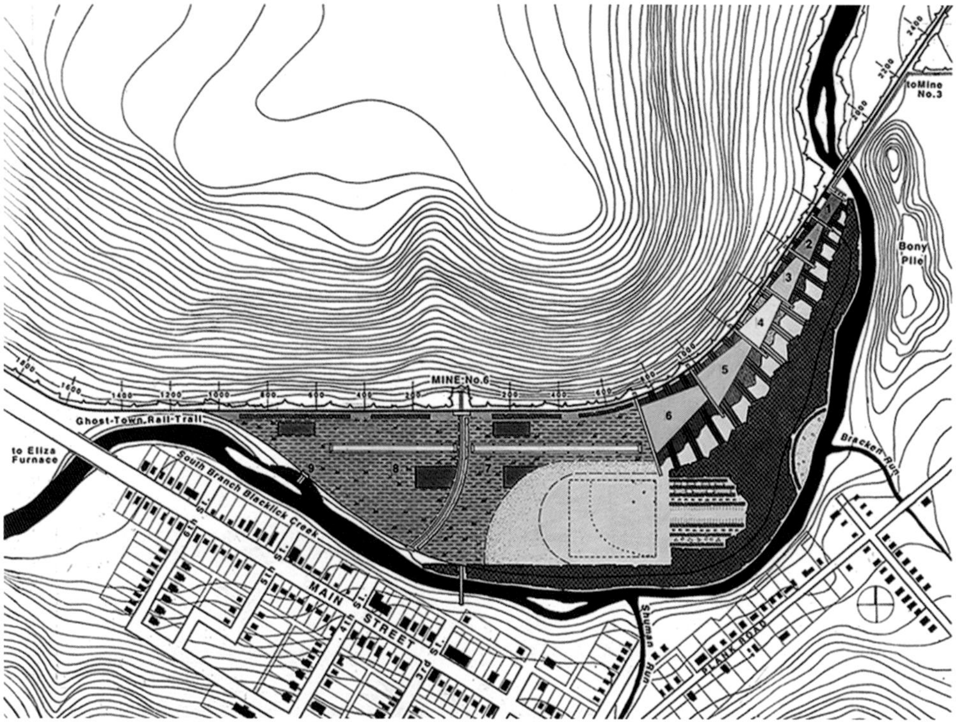

图 3.12b

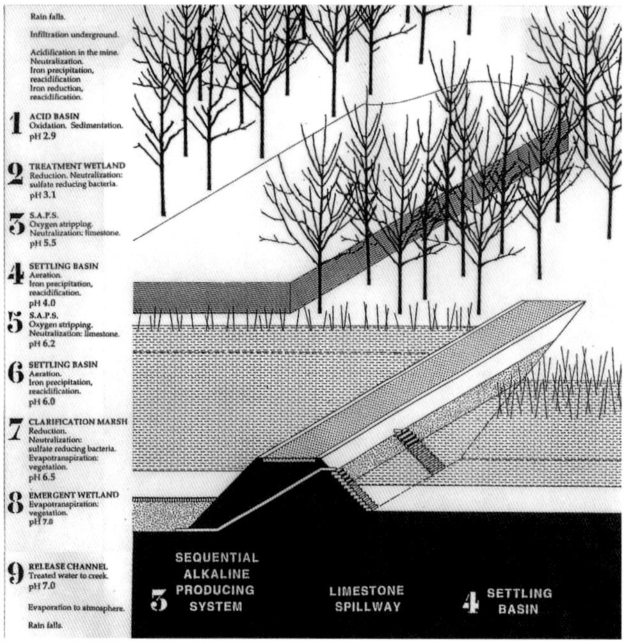

图 3.12c

图 3.12a（改造前）
图 3.12b
图 3.12c
图 3.12d
图 3.12e
图 3.12f

维顿达尔公园（Vintondale Reclamation Park），DIRT工作室，维顿达尔（Vintondale），宾夕法尼亚州，美国，1994–2004

维顿达尔公园坐落在一片 35 英亩（14hm^2）污染了的涝原之上。这里主要是受到此前在这的文顿矿煤（Vinton Colliery）的酸性矿山排水（AMD）影响。环境保护局（EPA）将 AMD 列为东部山区最严重的环境问题。重金属污染水中的橙色沉淀物阻塞了河床，毁坏了底层食物链以及整个流域。

这个项目将包含了设计师、艺术家、科学家和社会学家的团队以及政府机构和当地团体集结在一起来面对受到破坏的环境，被社会遗弃的众多后工业遗址。该战略的重点是通过被动水处理系统和可见的 3hm^2 栖息地湿地使之修复的过程。设计通过 4 英亩（1.6hm^2）的多功能娱乐区，公园，艺术设施以及用 13 种原生树种（根据秋色叶颜色进行选择）来表现水处理湿塘各自的净化程度。这些手段，让园艺、水文学及美学结合在一起，让科学与艺术达到平衡。

一旦得到净化及变得“合法”，水体就会被释放到具有一万种原生植被的湿地之中。其周边为鹿、林鸭（wood duck）、鹅、海狸和狐狸等动物提供的栖息地。

图 3.12d

图 3.12e

图 3.12f

图 3.13a
图 3.13b（建设中）
图 3.13c
图 3.13d
图 3.13e
图 3.13f
图 3.13g

千禧公园（Millennium Parklands），PWP 景观设计事务所（pwp landscape architecture），HASSELL 事务所，布鲁斯·麦肯齐事务所（Bruce Mackenzie Design），悉尼奥林匹克公园，澳大利亚，1999-2000

千禧公园（现悉尼奥林匹克公园，在 2000 年为筹备悉尼奥运会得到扩建）面积 450hm^2。公园内含的长约 15 英里（24km）的海岸线在 19 世纪曾是污染严重的屠宰场。20 世纪这里曾是制造业和海军军需品的储存地。修复提升这一区域的文化及自然特性是设计的重要考虑点。设计强调了可循环材料，本土物种以及如传真土（facsimile soil），太阳能发电以及雨水回收之类的新技术的使用。

公园以 124 英亩（50hm^2）的残次林，林地，红树林，绿廊和动物及鸟类保护区为特色。并将侯姆布什湾（Homebush bay）低地修复为由多条水道及湿地构成的区域，为超过 180 种本土鸟类提供了栖息地。

生物修复塘净化了污染的水体并为灌溉及再利用提供了循环水。场地内有超过 65% 的区域都需要修复。这些区域在经过挖掘后为场地净化做准备，并在空间地形上得到体现，通过教育课程得到宣传。

公园将悉尼西部的郊区与其重要的河道联系了起来。经过设计，诸如道路之类的基础设施对公园将是有益的。它变成了巨大的慢行体系网络，能够满足每年 250 万次游客在公园内一边在海滨的木栈道和保留的历史海军基地及砖坑（Brick Pit）之上漫步，一边体验当地的生态环境及开阔、起伏的地形。

图 3.13a

图 3.13b

图 3.13c

图 3.13d

图 3.13e

图 3.13f

图 3.13g

"要解决的大问题是让所有的东西都融入整体的和谐中，哪怕仅仅是微不足道的细节。"

卡米耶·毕沙罗（CAMILLE PISSARRO），勒·阿弗尔（LE HAVRE）（1904）

图 3.14a

图 3.14b

图 3.14a（改造前）
图 3.14b（建设中）
图 3.14c
图 3.14d
图 3.14e
图 3.14f
图 3.14g
图 3.14h

伊丽莎白女王奥运公园，LAD 景观设计事务所（Landscape Design Associates，简称 LDA）和哈格里夫斯事务所（Hargreaves Associates），阿特金斯集团（Atkins），奥雅纳工程顾问公司（Arup），奥运交付管理局（Olympic Delivery authority），斯特拉特福德（Stratford），伦敦，英国，2005-2008

这座面积为 $102hm^2$ 的伊丽莎白女王奥运公园是自维多利亚时代以来伦敦建造的最大的现代城市公园。奥运场馆在最初使用后，可能因缺乏使用目的而陷入衰退的境地。作为东伦敦斯特拉特福德城市更新的催化剂，这座公园体现了风景园林在作为主导策划者时的有效性，为持续的社会、环境和经济可行性提供绿色基础设施和生态系统服务。它的前身是受到严重污染的工业废弃地，包含了战后弹药转储地，众多电池及火柴工厂，52 个输电塔，因杂草而堵塞的水道以及一座“冰箱山”（Fridge Mountain）。而现在，它是沿开挖出的利河（River Lea）沿岸超过 3.1 英里长的栖息地丰富的公园以及林地和沼泽地。它被转化为一系列湿地斑块（有着 30 万株植被），构成了有效的雨洪管理体系（设计了将近 $100hm^2$ 的开放空间用以减弱雨洪威胁，并从"危险"登记册中减少了 5500 个家庭）。得到改善的河岸通过由詹姆斯·科纳景观事务所设计的“南园广场”（South Park Operation）将“荒野风格的”北部与“城市风格的”南部区分开来。而这些河道也是赛后规模削减的一部分。北园中的许多人工草坪，曾是观众观赏大屏幕上的比赛及表演的场地，但在会后被改造成物种丰富的草甸（图 3.14a-e 展示了多年生草甸）。场地内的土壤“医院”净化了将近两百万吨的土壤（英国目前最大的土壤清洁工程），有效地节省了 90000 次的外部货车运输，并且有 95%-98% 的场地材料在公园内得到循环。同时还放置了超过 650 只鸟类及蝙蝠的人工巢箱，许多物种也重新回到这里。另外，为了满足生物多样性行动计划（the Biodiversity Action Plan）中为保护关键物种（包含水獭、翠鸟、河鼠、蝙蝠、雨燕、堤燕、多种两栖动物、爬行动物以及一系列无脊椎动物）所规定的 $45hm^2$ 新栖息地需求，种植了 4 千株半熟龄树。其他可持续倡议还包括建材的循环利用（例如再度使用石笼挡墙中的混凝土）；在后工业基址上的棕地重新建立栖息地；可持续排水系统（SuDS）；构建物种丰富的草坪，而不是单一物种的草坪。“遗址总体规划”在毗邻 5 个社区中设立了 8000 座新住宅、12 所学校、1 座图书馆、多个商业区以及其他正在规划中的项目。项目还引入了大范围的新人行道、自行车道以及道路交通网，用以联系现存靠近公园的社区。这些交通网的建设由伦敦遗产发展公司单独负责。

图 3.14c

图 3.14d

图 3.14e

图 3.14f

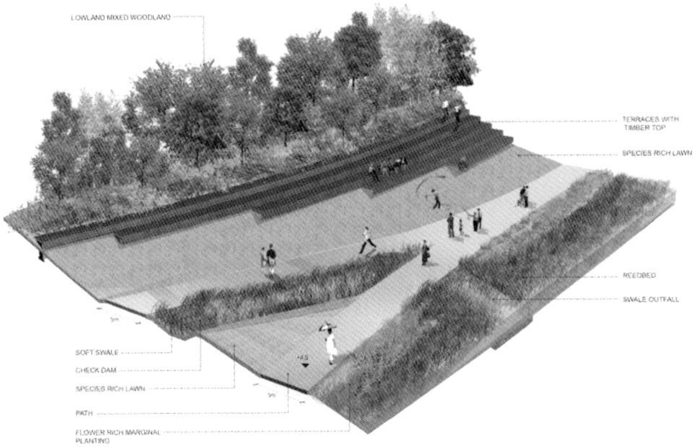

图 3.14g

图 3.14h

图 3.15

图 3.15

特茹河和特兰考河公园(Parque do Tejoe Trancao)(Tejo and Trancao Park)，哈格里夫斯事务所与 PROAP 公司，里斯本，葡萄牙,1994-2004

本项目是由当地公司 PROAP 实施了哈格里夫斯事务所于 1998 年在世博会方案竞赛获奖的方案。222 英亩退化了的后工业用地（包含构筑、垃圾填埋场以及高指数的污染）中的 64hm^2 已经得到了城市及环境修复。设计内容是旨在建立一个可以娱乐、欣赏水景之美以及具有环境教育意义的项目。来自特茹河河床的 575000m^3 已退化的土壤以及冲下来的石头共同构成了 3m 厚的，隔绝污染地及公园新土表的隔离带。与此同时一系列环礁湖重新保证了水位并起到灌溉公园的作用。

图 3.16a

图 3.16a

图 3.16b

泰晤士河坝公园（Thames Barrier Park），Groupe Signes 事务所，帕特尔·泰勒（Patel Taylor），奥雅纳（Arup），伦敦码头区（London Dockland），英国，1998-2000

这片场地的前身是遭到废弃和污染的 14hm² 土地，这里是 50 年来在伦敦建设的第一个河岸公园。始建于 1998 年，修复工作首先抽干了已经遭到污染的水体，清理了遗留在那里的焦油及石油（移出场地），并且在污染物上覆盖了防水层。第二步构建了景观，观景亭，水景，硬质铺装以及种植。而下沉的绿色码头是对之前的摄政王码头的重现，并为更加精美的庭院提供了遮阴和小气候。

图 3.16b

图 3.17a
图 3.17b
图 3.17c（建设中）

复兴公园（Renaissance Park），哈格里夫斯事务所，100 制造厂商路（100 Manufacturers Road），查塔努加（Chattanooga），田纳西州，美国，2006

这个占地 $9hm^2$ 的工业遗留地，耗资 800 万美元建为公园。这里曾在土表及地下水中泄漏了许多污染物，导致了田纳西河的污染。方案摒弃了直接将污染物转移至垃圾填埋场的方式，转而让污染物在经过化学及生物技术的提炼，在其化学稳定之后，将 $2600m^3$ 的污染土安全的密封在了独特的地形之中。同时还对场地内 $13750m^3$ 的混凝土进行了回收利用（节省了 108 万美元的造价）。

设计过的湿地系统收集和净化了 $70hm^2$ 的城市流域，将洪泛平原的蓄水能力提升到了 $11500m^3$，让那里的生态系统服务得到了显著的提升。场地内独特的植被护坡系统通过埽工及现场堆垛，构成一系列石笼结构和碎石支架，让先前受到侵蚀的溪流变得稳定。湿地、草甸种植及保留下来的洪泛平原林地可量化地提升了栖息地价值 [在美国环境保护局（USEPA）快速生物评定中，该区域的评分由 2002 年的 60 提升至了 2014 年的 122]。

这座公园每年会吸引 145000 位到访者，从而振兴了当地的商业。并通过展览及公共艺术的方式为社会参与、健康生活方式以及环境教育提供了平台（包括为诸如解放奴隶营地之类的历史项目提供场地）。

图 3.17a

图 3.17b

图 3.17c

图 3.18a

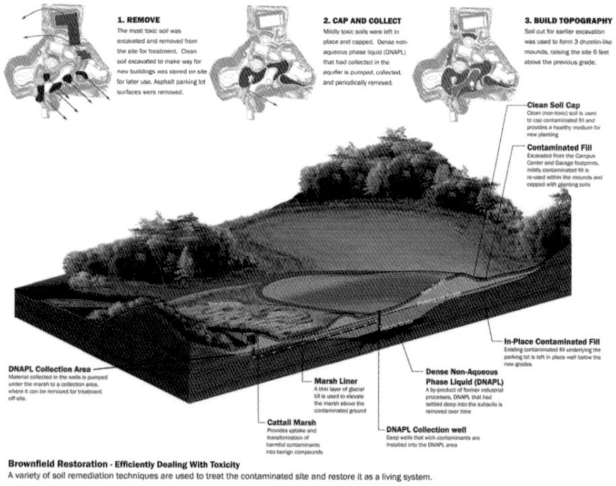

图 3.18b

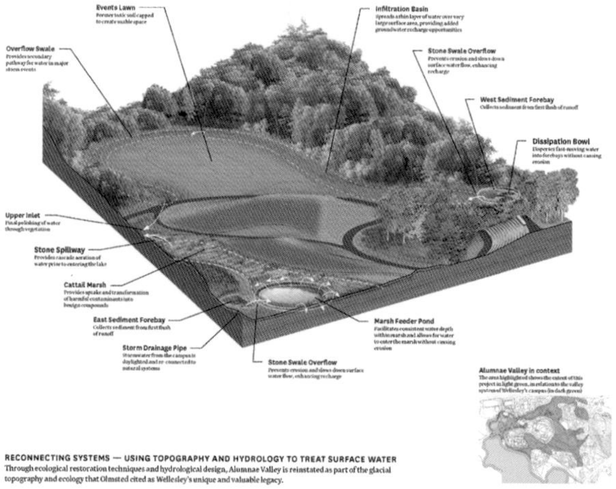

图 3.18c

“树木贡献了陆地上一半的光合作用……它们将氧气和矿物质带入海洋；制造雨水；让土壤里的水银、硝酸盐以及其他有毒物质变得不再有害；固定并中和二氧化硫，臭氧，二氧化碳以及其他形式的有毒物质；创造栖息地，提供材料；提供庇护；提供药物；还生产了各种各样的坚果和水果。它们……对于地球上的生态系统中的所有生物而言是至关重要的。”

吉姆·罗宾斯（JIM ROBBINS），《植树的人》（THE MAN WHO PLANTED TREES）（2012）

图 3.18a
图 3.18b
图 3.18c

韦尔斯利学院校友谷景观设计（Alumnae Valley Landscape Restoration），迈克尔·凡·沃肯伯格景观设计事务所（Michael Van Valkenburgh Associates），韦尔斯利学院（Wellesley College），韦尔斯利，麻省，美国，2001–2005

小弗雷德里克·劳·奥姆斯特德在1902年调查韦尔斯利学院的时候，他着重强调了那里的属于冰川地貌的自然地形，山谷草甸以及得到保护的乡土植物群落。在项目的建设过程中，基于景观的校园结构，挑战性地选择了更加和谐的，深受哈佛及普林斯顿大学喜爱的四边形作为基本形态。随着校园的不断建设，这座山谷变成了当地的物理厂房，天然空气的抽送泵用地，以及建设在有毒棕地上的停车场。该基地的重新概念规划，涵盖了对其历史的欣赏，利用地形履行了生态设计方案和增强体验的双重角色。得到修复的校友谷（Alumnae Valley）如今恢复了它在自然水文系统中的地位，这一系统组织了校园的结构。设计通过升华它的本质使其成为当代校园生活的一部分而非简单地回归奥姆斯特德的总规，延续了它对正统景观传统作出的挑战。

植物修复

植物修复对于风景园林师而言，是逐渐兴起的一种实践，这归因于它是利用植物（并与微生物群，土壤改良以及农艺技术相关）来将土壤和水中的有害物质降低到合适的水平。通过植物提取及根系过滤，特定的植物（45个科中有超过400种被认为是超富集植物）有能力将有害物质吸收到它们的生物量中（植物促进）。在那里这些有害物质会经过微生物过程得到降解，达到安全的等级。

时间规划

一些植物受到了污染之后被交付给了垃圾填埋场进行焚烧而再度引起污染。植物修复的成功便取决于时间的规划，污染的等级以及农艺技术。场地被清洁到合法的安全等级需要耗费数年甚至数十年的时间，因此对于以商业为导向、要求周期较短的客户来说并不合适。并且目前在城市基地来说并不是很普遍。随着人们对长期项目规划认识的增强，植物修复可以在规划、设计及施工项目和工业后清洁中起到更加关键的作用。

图 3.19a
图 3.19b
图 3.19c
图 3.19d
图 3.19e
图 3.19f
图 3.19g
图 3.19h

弗莱士河公园（Freshkills Park），詹姆斯 · 科纳景观事务所，史坦顿岛（Staten Island），纽约，美国，2001–

弗莱士河公园是纽约 100 年以来建成的最大的公园。詹姆斯 · 科纳景观事务所对于修复关闭的 405hm² 的垃圾填埋场以及受到影响的 182hm² 土地的完整的生态系统的观念，将会创造一个 890hm²、价值 6.5 亿美金的公园。在这样大的公园长达 30 年的建设中，呈现出了复杂的组织、管理以及政治方面的挑战。

公园设计包含 5 个主要的区域，保证了 304hm² 内的主动和被动的娱乐、活动区域以及数英里沿途可以享受曼哈顿城的优美道路。草甸、种植、栖息地以及各项计划的网络能够反映不同程度的坡度，水保梯度，太阳能以及其他相关内容。

可持续的发展计划包括：堆填气体发电（年度收益 1200 万美元，并且能为约 22000 个家庭提供足够的热能）；新型能源技术；再造林；包括新草甸、盐田，包含海岸栖息地及海岸线稳定在内的栖息地修复；应对气候变化及海平面上升的弹性计划；水质提升工程；土地生产；城市农业；种子收获及苗圃；科学研究以及技术路线和利用山羊放牧促进生态恢复。

JCFO 在最初的 2001 年赢得了竞赛奖项的计划及后续总体规划中提出了创造性的、前沿的图形技术。这个计划准确有力地表达了具有策略性的生态修复方法，同时体现了景观的时态变化。其结果是自然及工程的结合，产生了美与性能的并存，提出了超越理论话语的景观都市主义新兴领域。

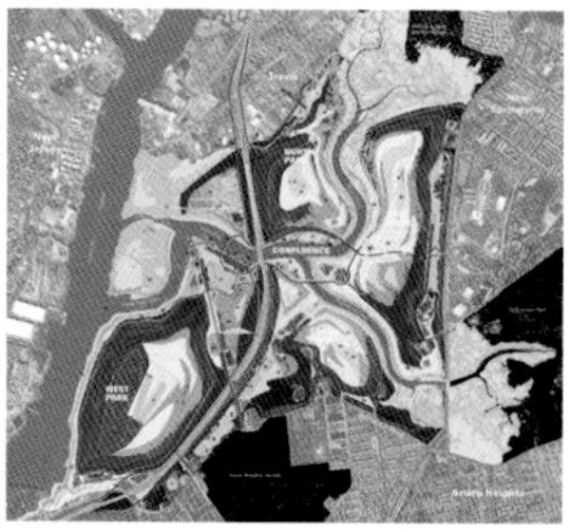

图 3.19a

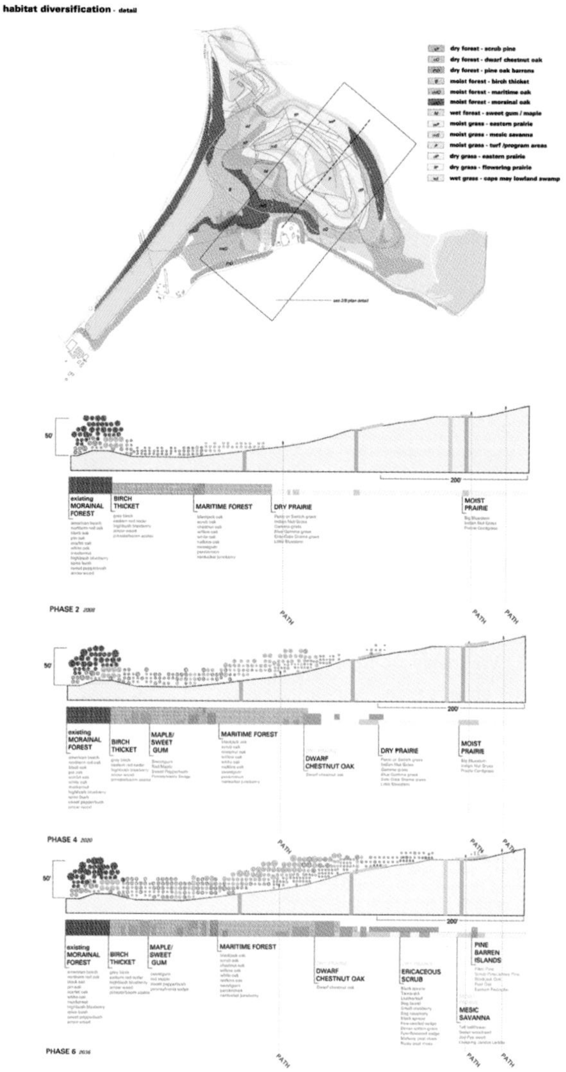

图 3.19b

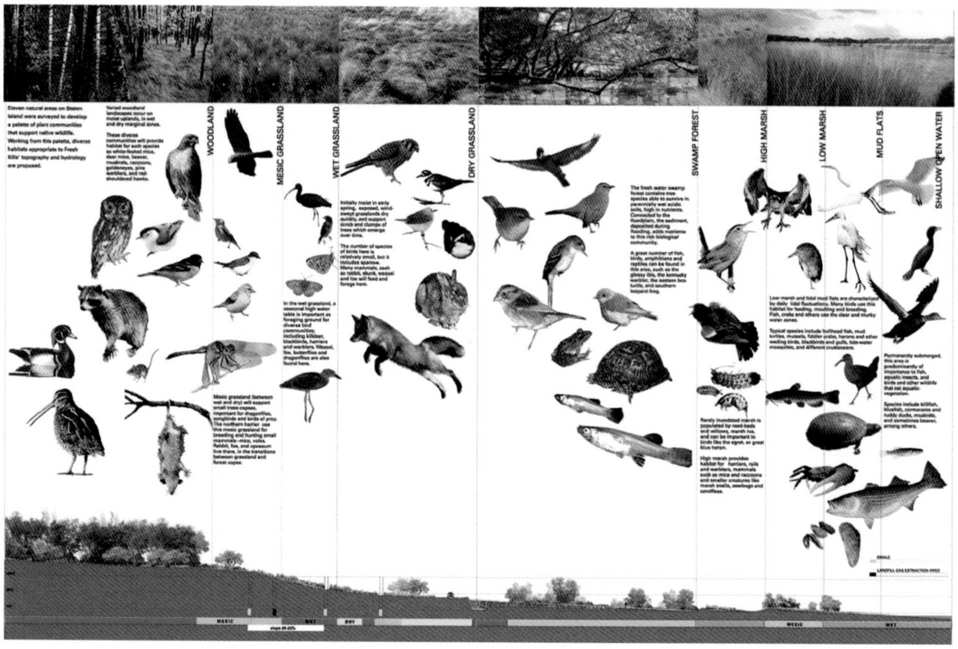

图 3.19c

图 3.19d

图 3.19e

图 3.19f

图 3.19g

图 3.19h

图 3.20a（改造前）
图 3.20b
图 3.20c
图 3.20d

前英国石油公园（Former BP Park），麦克格雷戈·考克斯（McGregor Coxall），沃弗顿（Waverton），悉尼，澳大利亚，2005

悉尼港是一片正寻求新用途的后工业遗址集合地。前英国石油公园是为悉尼人民导回港口海滨的行动中极具代表性的一个。它将重要的场地遗产置入了环境责任伦理之内。这个面积为 2.5hm^2，位于悉尼港的前英国石油公园有着 60 年的石油储存历史。而它的 31 个储油罐及其他设施在这些年间源源不断的向当地多孔砂岩地质中泄露了污染物，从而导致很难将其彻底清理修复。麦克格雷戈·考克斯的设计将植物修复和综合 WSUD 雨水收集及过滤系统结合，以持续净化场地，将水流导入滞留池，经过水生植物净化后再排入悉尼港。这创造了一个全新的，可供蛙类、鸭子、鸟类生存的栖息地，体现了其成功的净化过程。在修复过程中，现存的土壤与有机物质得到了混合，并在场地内进行重新使用而不是直接转移到垃圾填埋场。植物种子的来源是在临近的球头（Balls Head）地区进行采集，并在基地内重新生长的原生植物中进行传播。

极具技术水平的细节设计重新连接了被摧毁的工业构筑，让这些被遗弃的、极具历史的零件在修复过程中获得了重生，将它们与更新后的灌木丛中的当代建筑进行对比。低成本、耐久的镀锌钢以及场地内原有物在砂岩悬崖上，共同形成了步行平台、瞭望板和阶梯，一直延伸到对野生动物极具吸引力的水敏性生态系统。

图 3.20a

图 3.20b

图 3.20c

图 3.20d

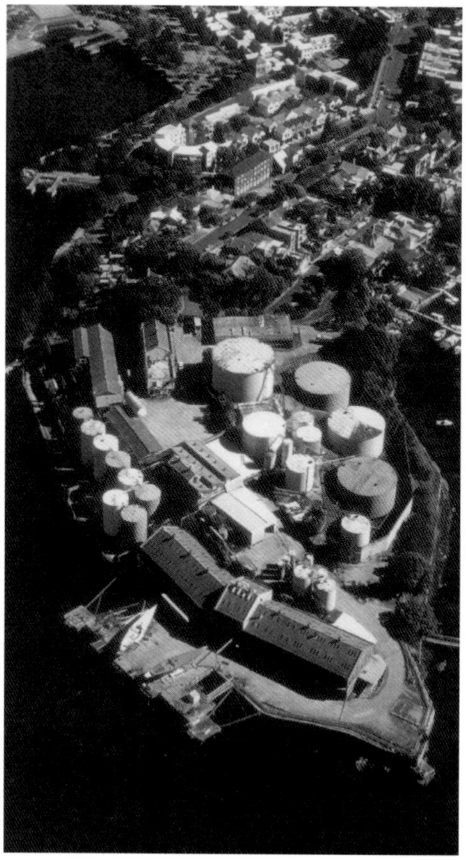

图 3.21a

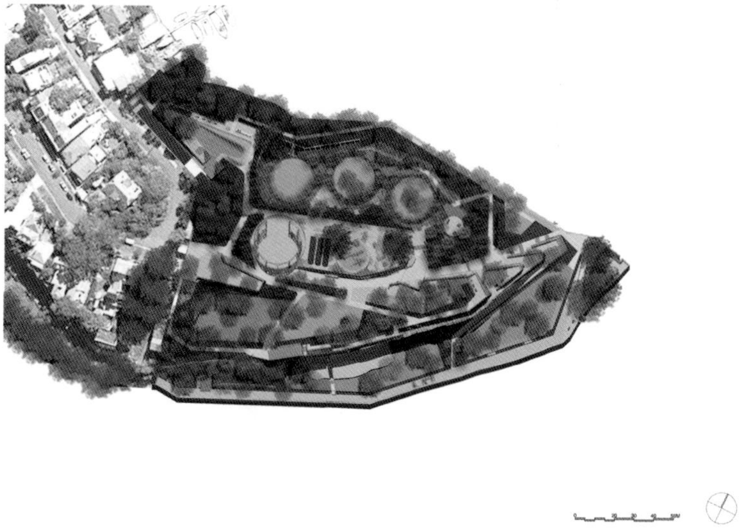

图 3.21b

图 3.21c

图 3.21d

图 3.21a（改造前）
图 3.21b
图 3.21c
图 3.21d
图 3.21e

岬角公园（Ballast Point Park），麦克格雷戈 · 考克斯，悉尼，澳大利亚，2006-2009

这片 2.5hm² 的滨水公园坐落于原来受到污染的悉尼港。这座公园拥有丰富的历史——曾被土著占领，19 世纪 60 年代曾是海上别墅（“梅内维亚”），船舶压载的砂岩采石区，以及从 20 世纪 20 年代开始到 2002 年之间，一直是加德士石油公司的石油蒸馏区。工业遗址的保留及其解释性倡议表明了其作为文化遗产的属性（见第七章）。环境方面的倡议包括可循环使用的材料（见第九章），建立 8 个立式风力发电机，WSUD，和超过 55000 株用于生态修复的原生植物。

图 3.21e

土地价值

土地价值通常是耗资巨大的修复过程的驱动力。所以，规划机构以及地方市政当局通常会受到来自政府（由开发者投票选举出来的）的压力，让他们去开发更加便宜的绿地。有价值的场地 [例如类似柏林的克罗伊茨山（Kreuzberg）一样位于城市内部增长区] 可能在经济上证明修复是合理的，并仍可以带来开发利润。如果一个场地有可能被当作绿色开放空间重新得到利用 [见 BF 以及岬角公园（Ballast Point Park）]，那么当地市政府就有可能为它去筹集资金或者负担它的花费。而场地的清理也许不应该由污染这片区域负责的公司来支付。

图 3.22a（改造前）
图 3.22b
图 3.22c
图 3.22d
图 3.22e

迁安三里河绿道（Qian' an Sanlihe Greenway），北京土人城市规划设计股份有限公司（Turenscape），迁安市，河北省，中国，2006-2011

图 3.22a 场地在 2006 年时的情况，因为污水及这里之前的垃圾堆受到了严重的污染。

图 3.22b 这个项目创造了一个以水为中心的公共空间，用以进行雨洪管理，栖息地修复，满足娱乐和艺术来促进城市发展。

图 3.22c 现在郁郁葱葱的上层绿道中心，下有溪流，河岸上有慢行道路体系。

图 3.22d 像折叠纸一样的设施包含了廊架、坐凳、宽阔的道路以及灯光照明，同时为现状植物所围绕。场地内种植的菊科植物可以用作中药材，而且只需要粗放管理。

图 3.22e“岛屿”周边保留的现状树。

这个 13.4km 长，100-300m 宽的绿道是穿越迁安市的滦河的分支。这里的水力磨粉机建造于 1917 年，但在 20 世纪 70 年代河流却因为持续的工业发展和人口增长所带来的污水和垃圾而受到严重的污染。当地市政府将三里河河流生态廊道项目委托于土人景观，让他们完成了生态修复、城市设计、污水和垃圾治理的规划设计。

包含上游水源，城市以及下游湿地公园的设计策略包含保留沿连接岛屿、慢行体系的木栈道两侧的现状树的保留，艺术整合以及绿河治理的策略。现存的混凝土水渠被移出，取而代之的是一系列可以调节雨洪、缓解城市雨水径流和创造野生动物栖息地的水道、河岸湿地。这条绿廊促进了城市的长足发展，证明了消极的生态如何可以在短时间内重新更新为绿色基础设施以及能提供生态系统服务的多维景观。

图 3.22a

图 3.22b

图 3.22c

图 3.22d

图 3.22e

图 3.23a
图 3.23b
图 3.23c
图 3.23d

拉维琼垃圾填埋场改造（Vall d' en Joan Landfill），BATLLE I ROIG Arquitectes 事务所 & Teresa Gali-Izard，格拉夫（Garraf），贝格斯（Begues），巴塞罗那，西班牙，2001-

图 3.21a 这一系列鸟瞰航拍图展示了场地在 1956、1994、2000 和 2014 年间的变化。

图 3.23b 这一系列场地全景图展示了场地 2004、2005、2007 和 2009 年间的变化。

在 30 年间，巴塞罗那这个 60hm^2 的垃圾填埋场已经达到了 80m 的深度。垃圾的渗透液穿过多孔石灰岩地质，污染了卡斯特尔德费尔斯（Castelldefels）的含水层。而填埋场产生的温室气体（尤其是甲烷）占整个巴塞罗那温室气体（GHG）排放量的 20%。

设计寻求解决处理垃圾填埋场和恢复已经失去的自然景观价值所带来的困难。地表水系统（梯田和地块系统，周边水渠及灌溉网络）跟垃圾填埋场污水收集得到了分离，以阻止污染，减缓径流和侵蚀并辅助植被恢复。渗透液处理缓解了渗透问题，简化了垃圾填埋场覆盖屏障，同时地下储存池和净水设备会使污水在排放之前得到净化。这个垃圾填埋场的表面覆盖使用了防水卷材、一米厚的排水砾石层以及一层土工过滤材料，以及最上层的表层土。

场地内种植了需水量低的植物（松树，常绿槠，灌木及草本），用其建立植物群落。当地豆科的农作物则被用来更新土壤。

由 150 个井建立的沼气系统对沼气进行收集，并将其泵入一个处理站，从而生产平均 12500kW 的电力。

设计团队增加了委托方并没有要求建设的公共参观空间。这些空间包含了信息中心（改造于场地现存建筑），停车场以及连接毗邻的格拉夫自然公园（Garraf Natural Park）的梯田。由废弃材料填充的石笼将会在人们的注视下随着植物成长而降解，起到了提醒场地历史的作用。

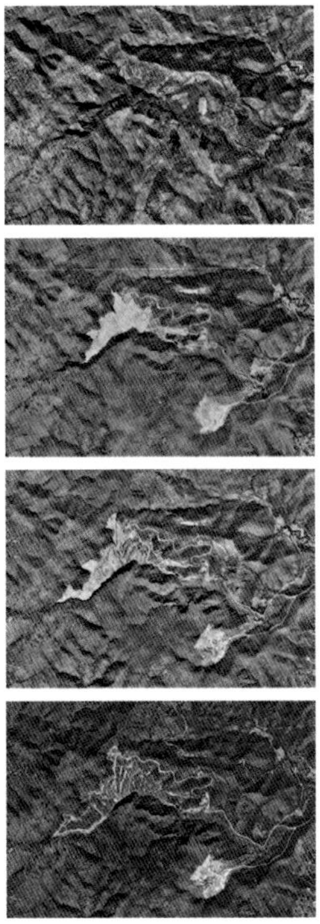
1956
1994
2000
2014

图 3.23a

2004
2005
2009
2014

图 3.23b

图 3.23c

图 3.23d

“你们要待下游的人，像从前待上游的人一样。”

温德尔·贝里（WENDELL BERRY）

环境水循环管理

尽管环境水循环管理属于环境以及水文工程的子学科，风景园林师的工作仍时常涉及。不同的地区会用以下三种专业术语来描述十分相似的实践活动：

1. 水敏性城市设计（Water sensitive urban design，WSUD），应用于澳大利亚以及中东地区（及其他地区）；

2. 可持续排水系统（Sustainable drainage systems，SuDS），多用于英国［有时候也会称之为‘可持续城市排水系统’（sustainable urban drainage systems）］；

3. 低影响开发（Low impact development，LID），在北美普遍用来形容改良的雨洪管理措施。

虽然 WSUD 及 SuDS 这两个术语都提到了“城市”这一概念，他们同样都囊括了乡村以及完整的水系统管理。WSUD 可以说是包含了最大尺度的内容，并且因此在今后用于指代所有的相关措施。而这些措施的广泛的好处包括：

- 利用自然过滤介质（石材，与碎石混合的土媒，砾石，砂，木炭）以及合适的植物物种（水生的以及短生植物）来净化雨洪及废水的水文过滤系统（见湿地及生物过滤器项目）；
- 机械过滤系统（紫外线过滤，过滤膜）可以与自然系统共同作用，例如在面积缩减的城市场地（见阿德莱德植物湿地）；
- 通过减缓雨洪流速及降低外溢来防洪减灾；
- 不断增加的地下水补给；经过过滤设施，可渗透表面以及蓄水层储存和回采（ASR）；
- 通过减少流入污水系统的雨洪来实现污水的削减，并从而减少大量的污水处理过程；
- 通过湿地、生物过滤器，进行灰水及污水处理／循环进行污染物净化；
- 包含景观特征，道路绿化及种植在内的视觉美化；
- 为野生动物提供栖息地植被及水源的生物多样性价值；
- 过滤雨水储存提供的饮用水；
- 由蓄水层储存和回采（ASR）水体，蓄水池提供的非饮用水；
- 娱乐设施以及教育机遇。

"往往在水供应中普遍加入的30-40种添加物本身就是让社会日益敏感的部门对各种现代污染物产生过敏反应的污染源。这些添加剂正意味着技术修复的终结：污染是由更进一步的'污染'所修复的。"

比尔·莫里森（BILL MOLLISON），《永续栽培设计：设计师手册》（PERMACULTURE: A DESIGNERS' MANUAL）（1988）

"不幸的是，人们只有在经历了一系列与水相关的灾害之后，才能意识到现有的工程标准——管道、挡墙以及防洪堤——并不是处理水唯一的或是最佳的方式……各个城市都在想方设法将绿色基础设施用作更好地解决雨洪问题及调节雨洪，增加生物多样性和提供清洁水和空气的方式。"

马克·霍夫（MARK HOUGH），《都市主义与风景园林师》（URBANISM AND THE LANDSCAPE ARCHITECT）（2013）

自然的设计？

目前的水系统结合了自然的和高超的工程技术。保护水体用的大坝、水库和河流系统提供了高质量的支持[见卡茨基尔（Catskill），第七章]；管道及分水渠为远距离的流域供应水源；电力支持了过滤、杀菌、泵送和分流过程；工业化学品（其中有一些在超过一定浓度后被认为是污染物/致癌物）可以应用于消灭病菌并且改善水体外观。另外脱盐过程（见第一章）是一种强力的、工业的、不可持续的方式，它绕过淡水资源，利用能量将海水转化为饮用水。

洪水管理遗产（Flood management legacy）

20世纪水文以及土木工程方面的雨洪管理（'灰色'水文系统）通常包含通过开挖排水管道、在小溪和河床上筑起混凝土渠道来排洪。这非常高效地减少了洪水事件的发生，并且解决了大量的水的需求，以促进城市发展。然而，这种对环境有害的过程（它的视觉冲击通常很残酷）与生活系统和生物多样性相违背，缺乏地下水补给，导致水质差（因为没有任何自然的过滤设施）并且对水生系统非常的不敏感。从20世纪70年代开始，更加协调的WSUD方法改善了水文和设计结果[见索尔兹伯里湿地（Salisbury Wetlands），第二章，土人景观项目]。

WSUD的机遇

城市为实行WSUD措施提供了许多机会和可能。例如光照及拆除暗渠和地下水道；拆除水体硬质边界；在雨洪管道的旁边设置生物过滤设施及湿地来过滤大型城市硬景观集水区的水；运用WSUD的街道树池和生物滞留池来净化道路及停车场表面的径流并促进植物增长；采用地下蓄水池来储存清洁水源以再度使用；为栖息地和休闲设施创造湿地；采用蓄水层储存和回采（ASR）来提供根据季节优化调节的循环水供应；支撑供水密集型城市工业（见Parafield Wetland，第七章）；水产养殖和城市农业，（第五章）。通过使水文系统多样化和分散化，WSUD有利于更大的基础设施（例如饮用水过滤和污水处理厂）（见第四章）。

维护

为了保证 WSUD 体系高效地运作，相较于灰色水文系统它几乎总是需要高度的维护管理。这也正是跟那些追求低养护管理的委托方之间产生隔阂的地方 [尽管它有争议地提供了“绿色”的就业机会（“green” job creation）]。而修改完善水立法，标准及法规（例如不断增加的最小滞留时间以及场地水质排放要求）能够促进 WSUD 的加入并规范维护机制。

替代资源

世界范围内有大量的城市已经开始了节水工程（虽然还并不普遍，但比起使用政府通常更重视供应）。在一些区域（例如澳大利亚的部分区域）授权或者运用循环水系统 [双网（dual reticulation）] 来提供两类供水（饮用水及循环水），减少将饮用水用于冲洗马桶及灌溉的这种不必要的消耗。然而，很少有对雨水的有效利用以及对屋檐落雨进行收集并储存的案例。如能得到正确的处理，雨水可以供应非常可观的城市用水需求。例如，避免蚊虫滋生，运用初期雨水处理系统过滤掉主要污染，优化水箱大小和提供适合的过滤（如果是作饮用水之用）。

处理强度

与海水淡化相比，雨洪及废水处理的强度相对较小。世界范围内的各个地区和城市都利用处理过的废水补充部分饮用水供应，不论是有计划的 [美国得克萨斯州奥兰治郡（Orange）、新加坡、伦敦汉普顿（Hampton）、昆士兰南部和堪培拉（Canberra）] 还是无计划的 [在这些地方上有废水排放后，下游供应再从中提取：英国伦敦、美国密西西比河、澳大利亚阿德莱德（Adelaide）]。但因为尽管这些措施比海水淡化更加的可持续，却鲜少有公众关注，所以决策者很少或者使用。

营养恢复（Nutrient recovery）

可观的是，水系统正越来越多地被看作是“循环的资源”。许多城市将废水处理成污泥（欧盟超过 30% 的国家）或者生物固体（澳大利亚的大部分地区）并运用于农业。这些产物的捕集方式可以运用于不同阶段。对于这些营养物质 / 营养水的运用，减少了营养的流失，缓解土壤耗竭并控制有问题的废水排入水域生态系统。例如在阿姆斯特丹（Amsterdam）附近，当局将水处理与废物处理和能源工厂相结合（见能源景观，第四章），以期增加多功能效益和协同效益 [见水网（Waternet），第九章]。

湿地项目

自从人们在 20 世纪的后半叶认识到了湿地的价值，便在世界各地数不清的地方开始了湿地建设。尽管建设湿地的目的不尽相同，就其益处而言包括：防洪减灾；野生动物栖息地；通过植物修复、沉积和污染物捕捉进行水体净化；休闲及娱乐功能；同样还有保留传承原场地景观特征和风貌。近年来，湿地在越来越多的城市环境中建立起来，且具有相应的美学内涵。而它们需要细致的工程和技术细节，以确保他们的优化。相较于生物过滤，湿地需要较大的表面积以满足水体过滤服务。然而它们所提供的休闲、栖息地及城市降温等益处完全可以掩盖掉这一缺陷。

图 3.24a（建设前）
图 3.24b

水园（Waterworks Gardens），洛娜 · 乔丹（Lorna Jordan），连顿市（Renton），华盛顿，美国，1996-1997

这是一座调蓄雨洪的艺术公园。它的用于净化水体单元通过设计形式语言表达出来。

图3.24a

图3.24b

图 3.25

图 3.25

波茨坦广场(Potsdamer Platz),德国戴水道设计公司(Atelier Dreiseitl),柏林,德国,1997–1998

这个 $1.3hm^2$ 的场地是比较早期的"城市"湿地案例(具有建筑和都市设计美学,与非环境自然主义设计相反)。

图 3.26

图 3.26

达尔哥 · 诺玛公园（Parc Diagonal Mar），AECOM[包括后来的易道（EDAW）]+EMBT 建筑事务所 + 罗伯特 · 斯特恩建筑师事务所（Robert A. M. Stern Architects），巴塞罗那，西班牙，1997-2002

作为西班牙首个公共 / 私人可持续发展协议的成果，达尔哥・诺玛公园（Parc Diagonal Mar）坐落于前身是一片铁路站场的区域。精心设计的湿地能净化水体并提供灌溉用水，可渗透道路铺装减少了雨水径流，乡土植物为原生鸟类提供了栖息地。伴随着公园周边的高楼和购物中心的建设，随之而来的是良好的商业发展。

图 3.27

豪德河河岸——地区可持续景观设计（Haute Deule River Banks-New Sustainable District），AtelierdesPaysagesBruel-Delmar，黑格尔（Quai Hegel），里尔（Lille），法国，2008-2015

这个项目延续了豪德河河岸的记忆线索，净化了雨洪径流，在内河航运基地提供了一个欢乐的空间，形成了布兰科斯区（the Bois Blanc district）的特色。（这里展示的）水花园充当了净化及储蓄设施，随着降雨节奏的变化，成为新地区的标志性区域。

图 3.27

图 3.28a
图 3.28b

吴淞滨江区，SWA，昆山，苏州，中国，2009-

中国昆山（因靠近上海）前所未有的人口和经济增长，导致了环境的恶化和滨江区特征的丧失。SWA 为这片 96hm^2 的试验区提出的总体规划方案着力于修复并创造一个全新的滨江区，为野生动物提供栖息地，并为人们提供科普教育及生态系统服务。现状的雨水管道出口，以前直接向内湾排放污泥和工业污水，现在被重新定位成“中枢”处理系统、生态湿地，并在交替的含氧和缺氧环境中沉淀、过滤、通气，并利用生物过程处理污染物。

图 3.28a

图 3.28b

图 3.29a
图 3.29b

圣雅克生态公园（St Jacques Ecological park），Atelierdes Paysages Bruel-Delmar，35136 圣贾可德兰德（saint jacques de la Lande），维莱讷省（35 号省）（Ille-et-Vilaine），法国，2007-2013

占地 99 英亩的城市公园拥有大面积的湿地，创造了基于地理、历史、经济和土地利用的混合生态。

图 3.29a

图 3.29b

"没有人知道可持续的人类住区应该是什么样子，或是它是怎样运作的。例如有人说中世纪的欧洲小镇或者史前村庄是"可持续的"；然而，这两个模型都基于同样的不可持续范式：人们从环境中获取资源，又同时将废物扔回环境中。这两个模型看起来都很小，所以让这些人类住区看起来是"似乎是可持续的"，因为对自然环境造成的干扰比较小。"

米格尔·鲁亚诺，《生态都市主义》（ECO URBANISM）（1998）

图 3.30a

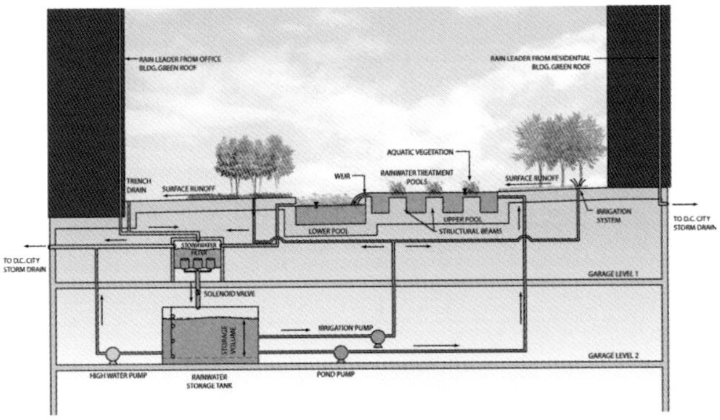

图 3.30b

图 3.30a（建成前）

图 3.30b

图 3.30c

图 3.30d

通衢广场（The Avenue），Sasaki 设计事务所（Sasaki Associates），休斯敦，得克萨斯州，美国，2011

通衢广场占地 3.5 英亩，是一个以公共交通为导向的开发（TOD），周边是白宫西北 6 个街区。场地内有一个 17.6m 宽的活跃的街道景观（34 棵行道树，每棵都有 25.5m^3 的结构性土壤），台地，372m^3 的绿色屋顶和数个庭院。大部分景观由绿色屋顶组成，覆盖五层地下停车场，每年从 3700m^2 的区域收集 28.8 万 L 雨水，过滤后储存在地下，用于灌溉和补充水源。另外更广泛的综合体还包括高效灌溉系统和横跨公共和私人绿地的耐旱植物。

图 3.30c

图 3.30d

图 3.31a

图 3.31b

图 3.31a

图 3.31b

阿德莱德植物园生态湿地景观（Adelaide Botanic Gardens Wetland），保罗·汤普森（Paul Thompson），戴维景观设计事务所（David Lancashire Design），阿德莱德，澳大利亚，2010–2014

耗资 1000 万澳元的 2.6hm^2 湿地多维设计，结合了物理、生物、机械和水文过程，为城市生态系统服务提供了一个范本。它修复了先前受到污染的场地，改善了雨洪问题并净化水体，创造了栖息地，同时还将风景园林与工程和艺术结合在一起。在雨洪进入大型植物池之前，会被分散到沉降池中，通过细黏土得到沉淀。蓄水层储存和回收系统随后将过滤后的水注入蓄水层，在需要时可进行灌溉。蓄水层储存和回采（ASR）系统为占地 25 英亩的植物园提供灌溉网络（届时，预期可以满足 100 个巨型泳池和相当于 40 个奥林匹克游泳池的水量）。

生物过滤，生物滞留和雨水花园项目

渗透塘，生物滞留池，生物过滤 / 生物过滤池以及雨水花园都属于陆地（相较于水生的 / 湿地）雨水处理装置。它们通常被设置成有特殊土壤垫层的洼地，并通过分级来收集不透水城市地区的雨水径流。正因为它们为过滤城市雨水径流提供了一种有效的空间手段（相较于湿地需要的空间较小），因此在世界各地的城市都很流行。生物过滤器需要优化其排水 / 土壤介质孔隙度，以确保它们的排水不会过于自由或过于缓慢而变成“沼泽”。根据不同的意图，雨水径流被引入生物过滤池，并停留数小时到数天，以收集沉积物和污染物，并减少其地下水系统和流域内的洪水风险。生物过滤池还可以将过滤过的水输入贮水池（通常是地下的）和表面水体并储存，以满足诸如灌溉和冲厕所等非饮用水需求。如果添加了另一种处理方式，如紫外线和 / 或化学处理，可将再生水用于发生“主要”公众接触的水体景观和其他情形。但这需要由地方水务局的监管人员和 / 或定期的现场监测确定的。

更多的生物过滤器项目也已收录于第四章的“绿色街道项目”中。

图 3.32

悉尼大学，TCL & Design FLow，悉尼，澳大利亚，2010

项目将生物过滤器 / 生物滞留池 / 雨水花园与城市湿地相结合，是更广泛的校园重建项目的一部分。虽然生物过滤器可以起到更多的过滤作用（基于面积比较），但湿地为永久性水体提供了所需的舒适性。设计将二者置于分级的洼地之中，将过滤水排入地下蓄水池，然后用于整个校园的灌溉。

图 3.32

图 3.33a
图 3.33b

联邦大道学校支持服务中心（Federal way schools Support Services Center）,SITE 工作室与巴萨第建筑事务所（Site workshop & Bassetti Architects），联邦大道（Federal way），华盛顿，美国，2012

项目在 Hylebos 水域内，设置了一系列蓄水池、沉淀池和雨水花园，来收集和处理贯穿场地的雨水径流，并辅以当地的树木和植物提供栖息地。建设材料选择、节能减排设计，水和空气质量控制等环节被细心地整合到项目的设计过程中。

图3.33a

图3.33b

土人景观项目

土人景观在中国河流和水文系统领域的工作令人印象深刻，在很大程度上展示了理论和概念的试验和实现，而这在西方国家大多没有实现。他们的项目跨度囊括了从大型河流系统到人类尺度的范围。

图3.34a

图 3.34a（建成前）
图 3.34b

永宁江公园（漂浮的花园），台州市，浙江省，中国，2002-2005

在这个项目中，土人景观说服了甲方，放弃了水泥硬化河道，并使用生态的洪水控制及雨洪管理措施。因此，这个 21.3hm^2 的公园由两个层面组成：上层是一个自然方阵（湿地及可以适应生态系统过程及雨洪的当地植物），下层是人工方阵（树木，道路和景观盒）。设计回应了场地对保证可达性的需求，并且包括了本地植物和通常在该地区被忽略的普通树木。

图3.34b

图 3.35a

图 3.35b

图 3.35c

图 3.35d

图 3.35a（建造前）
图 3.35b
图 3.35c
图 3.35d

桥园公园，天津，中国，2005-2008

这个公园将 22hm^2 的垃圾填埋场转换成了可供周边 20000 居民使用的低养护管理的绿地。公园的特色包含:（1）21 个池塘“泡泡”，它们有的湿润，有的干燥，直径为 10-40m 不等，深度为 1.1-5m 不等，用以调节雨洪;（2）使用了 85m^3 回收铁路连接件而建成的观测平台;（3）保留了地域性土壤、植物和石灰石；以及描述自然物种和过程的科普性标识。丰富的季节性植被创造了一种故意“凌乱”的美感，其中 99% 都是原生物种（58 种多年生植物，占 40%，5 种木本植物，占 34%）。公园建成后，草本植物从 5 种增加到 58 种，开放两年后增加到 96 种，随后在这里观察到刺猬、狐狸、鸭子、鹅和黄鼠狼。

图3.36a

图 3.36a（建造前）

图 3.36b

后滩公园，上海，中国，2007-2015

这座位于黄浦江岸的公园，利用生态基础设施提供多种社会及生态服务，以治理受到污染的江水，恢复已经退化了的棕地再生景观。恢复性的设计建造了湿地；生态的水体治理及洪水控制体系；保留了工业构筑及材料；城市农业；以及可生产性景观。设计的目的是唤起过去的记忆，同时展示一种新的基于低维护和高性能的景观美学。

图3.36b

图 3.37a

图 3.37b

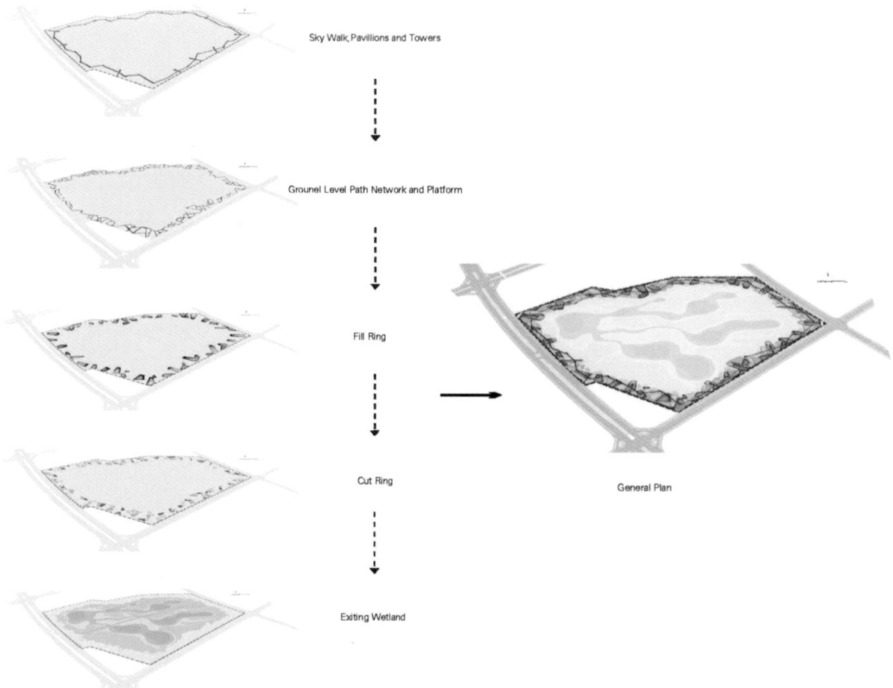

图 3.37c

图 3.37a
图 3.37b
图 3.37c
图 3.37d
图 3.37e

群力雨洪公园（Qunli Stormwater Park），哈尔滨，黑龙江，中国，2009-2010

建成于 2006 年的 2733hm^2 的群力新城的建设发生在仅在 13-14 年的时间里，3200 万 m^2 的建成区，却只有 16% 的区域是绿地。在场地中间有一个 34.2hm^2 逐渐衰亡的湿地。而土人景观将它转化成了一个提供多种生态系统服务，可以应对城市雨洪公园的“绿色海绵”。这里年降雨 567mm，主要从 6 月持续到 8 月。而在此期间会发生洪水及涝灾。湿地的四面被道路和密集的开放区所包围。

在现有湿地周围没有人工湿地系统和人工地形体系形成了湿地环和地形环，以提供一个净化缓冲带，在城市雨水流入湿地前均匀分布和过滤城市雨水径流。

道路网络、平台和观景台、原生湿地植物、草甸和原生桦树林创造了多种空间体验和生境，让这个公园得以成为国家城市湿地公园。

图3.37d

图3.37e

图3.38a

图3.38b

图3.38c

图3.38d

图3.38e

图3.38f

图3.38g

图3.38abcd（建造前）
图3.38e
图3.38f
图3.38g
图3.38h

明湖湿地公园，六盘水，贵州，中国，2009-

作为城市环境改善运动的一部分，这个90hm^{2}的公园设计旨在恢复河道化的水域，提供生态基础设施、改善水质、创造有弹性的公共绿地。经过三年的设计和建设，这条河的一大部分已经恢复成为城市的生命线。为了恢复场地内的自然驳岸及水道，设计对混凝土驳岸（建造于1975-1980）予以拆除。它们被整合到雨水管理和生态净化系统中，使河岸生态恢复活力，并最大限度地提高自净能力。一系列像丝带一样的梯田创造了可以减缓水流、沉积污染物、应对季节性变化以及促进植物生长的湿地。低养护的原生植物及野花、步行道和自行车道穿过了这条15-20m宽的绿道，而科普性的标识让游客了解到景观的再生和文化意义。

图3.38h

以一种不涉及场地历史和过去的方式进行设计是不诚实的吗？这在居住区、商业区及工业区中会有不同吗？

为什么开发商或者当局并不想展现场地过去的用途呢？这是道德的吗？

保存历史建筑 / 市民建筑与历史工业建筑 / 构筑物有何分别？为什么是 / 为什么不是？

你最喜欢的后工业或者适应性再利用的项目是什么，为什么？

在您所在的城市 / 地区中，有什么机会进行适应性再利用？

是把污染物留在原地，还是转移到别处更好？什么样的环境或者因素会有影响这一选择？

有哪些类型发生植物修复的例子？

影响植物修复时间的因素有哪些？

在你所处位置，有哪些适合的植物能有效地去除土壤和水中的污染物？

以风能为动力的海水淡化厂是一个可持续的项目吗？（例如在悉尼，澳大利亚）？并讨论。

湿地和生物过滤池，哪一种应对暴雨更有效？为什么？

除了有效性，还有什么别的考虑因素呢？

雨水适宜饮用吗？什么因素会对其造成影响？为什么雨水没有得到更普遍的利用？

废水可以转化为饮用水吗？哪些城市正在开展此类项目？

WSUD 遇到了哪些共同问题？如何将这些因素考虑到设计过程中？

拓展阅读

Barbaux, S. (2010) *Jardins Ecologiques: Ecology, source of creation*, France: ICI Interface.

Berger, A. (2006) *Drosscape: Wasting Land in Urban America*, New York: Princeton Architectural Press.

Dreiseitl, H. and Grau, D. (2010) *Recent waterscapes: planning, building and designing with water*, Basel: Birkhäuser.

Dunnett, N. and Clayden, A. (2007) *Rain gardens: managing water sustainably in the garden and designed landscape*, Portland, Oregon: Timber Press.

France, R. (2008) *Handbook of regenerative landscape design*, Boca Raton: CRC Press.

Howe, C. and Mitchell, C. (2012) *Water sensitive cities*, London: IWA.

Hoyer, J. (2011) *Water sensitive urban design: principles and inspiration for sustainable stormwater management in the city of the future*, Berlin: Jovis.

Jorgensen, A. and Keenan, R. (2012) *Urban wildscapes*. Oxon, UK: Routledge.

Kennen, K. and Kirkwood, N. (2015) *Phyto: principles and resources for site remediation and landscape design*, Oxon, UK: Routledge.

Margolis, L. and Robinson, A. (2007) *Living Systems: Innovative Materials and Technologies for Landscape Architecture*, Switzerland: Birkhäuser.

Robbins, J. (2012) *The man who planted trees: lost groves, the future of our forests, and a radical plan to save our planet*, New York: Spiegel & Grau.

附加案例

You might also like to look for further information on the following projects:

Candlestick Point State Recreation Area, Hargreaves Associates, San Francisco, USA

Seattle Art Museum's Olympic Sculpture Park, Weiss/Manfredi & Charles Anderson Landscape Architecture, Seattle, Washington, USA, 2007

Henry Palmisano Park, site design group, Chicago, Illinois, USA, 2004

Cultuurpark Westergasfabriek, Gustafson Porter, Amsterdam, the Netherlands, 2004

Schöneberger Südgelände Park, Group Odious, Berlin, Germany, 2008–2009

Hunter's Point South Waterfront Park, Thomas Balsley Associates & Weiss/Manfredi & ARUP, Queens, New York, USA, 2013

Tanner Springs Park, Atelier Dreiseitl, Portland, Oregon, USA, 2005

Water Park, Alday Jover & Christine Dalnoky, Ranillas Meander, Zaragoza, Spain, 2005–2008

Kitsap County Administration Building, SvR, Site Workshop & Miller Hull Architects, Port Orchard, Washington, USA, 2002–2006

Thornton Creek Water Quality Channel, SvR Design Company, NE Thornton Place, Seattle, Washington, USA, 2003–2009

Edinburgh Gardens Rain Garden, GHD & DesignFlow, Melbourne, Australia, 2010–2012

Menomonee Valley Redevelopment Plan and Community Park, Wenk Associates, Milwaukee, Wisconsin, USA

Taylor 28, Mithun, Seattle, Washington, USA, 2004–2009

Kroon Hall Quad, OLIN, New Haven, Connecticut, USA, 2009

Waitangi Park, Wraight Athfield Landscape + Architecture, Wellington, New Zealand, 2002–2005

访谈：托尼·王（Tony Wong）

王教授任职于莫纳什大学（Monash University）土木工程系，且兼任水敏感城市合作研究中心行政总裁（澳大利亚和新加坡）。王教授因其在可持续城市水管理和水敏感城市设计方面的城市设计项目、研究和战略建议多次获奖而获得国际认可。他曾在澳大利亚总理科学工程与创新委员会（Science Engineering and Innovation Council）的“城市用水”部门（Water for Cities）中任职，其工作并被称为“一种将创造力与科技严谨相结合的城市环境设计的新范式”。

城市水管理 / 水敏性城市设计（WSUD）/ 低影响开发（LID）/ 可持续排水系统（SuDS）是什么时候开始出现，并且为什么出现呢？

不论是 WSUD，LID 或者是 SuDS，可持续城市用水管理都是开始于一种环境保护的视角。这三个术语之间的差别很小——水敏性城市设计 WSUD 注重城市一体化设计，以实现可持续的城市水资源管理，提高城市的可持续性（或者弹性）。而在此过程中，WSUD 不太关注简单的技术应用。在澳大利亚，WSUD 最早在 20 世纪 80 年代以一个新型的规划框架被提出，但并没有得到过多的关注（我认为很大程度上是因为，那些第一次提出这个想法的人没有能力表达出能够满足当时社区和行业需求的具体成果）。在 20 世纪 90 年代早期，菲利普湾港（Port Phillip Bay）的保护是州政府最关心的问题 [继美国保护切萨皮克湾（Chesapeake Bay）免受雨水污染的重大举措之后]。几乎是在同一个时间，莫纳什大学流域水文学 CRC（合作研究中心）开展的研究活动开始探讨人工湿地的作用。随后在 20 世纪 90 年代后期，开始探讨生物过滤在雨洪净化中的作用，并将这些功能纳入城市景观。与此同时，美国也在调查雨洪的最佳管理实践（BMPs）。随后这一视野被融入城市开发当中，形成了低影响开发（LID）。这一个实践注重水的渗透和过滤。在英国，渗透也被广泛研究和形成了可持续排水系统（SuDS）。

水敏性城市设计（WSUD）的关注点是什么？

水敏性城市设计（WSUD）的关注点是对城市水的管理（不论是雨水还是废水）。这种管理是基于这些不同水流的资源潜力：它们在减少洪水发生的频率和严重程度的潜力，它们增加城市在面临干旱时的弹性的潜力，以及近期除了水，还可以从污水中获取能源的潜力（例如能源和营养物）。并通过城市设计及建设（包括建筑及景观）让这些潜力得到实现。我们通常会认为水敏性城市设计 WSUD 是实践，而水敏性城市（或者区域）是结果，水敏性城市设计 WSUD 可以在很多不同的形式中得到表达，从可以清洁灰水，并将处理后的水用作自身灌溉用水的建筑绿墙；到沿生态景观进行雨水处理，形成城市蓝色和绿色廊道的一部分；而这些蓝 / 绿廊道也是防洪和安全通道；到循环再利用处理过的废水，以作像冲厕用水那样的非饮用水用途；以及保持城市的绿色景观，同时保持高质量的饮用水。生态景观可以促进多种生态和生态系统效益，创造一种乡土感，并为城市提供重要的便利。在这里我的主要观点是公共场所的空间是公共设施的基本特征。然而，城市景观在提供空间设施之上，还必须具有功能。我们对开放空间和景观特征的传统“价值”的认识需要通过理解城市景观的“生态功能”来加强，这些生态功能能够捕捉到可持续水资源管理、微气候影响、碳汇的促进和用于粮食生产的本质。

水敏性城市设计似乎促进了视觉和创造性问题的解决，技术和科学的严谨，以及实际应用和实现的融合。那这一切的关键是什么呢？

这个城市是我们今天面临的许多挑战的大熔炉，而这其中有很多路径，通过这些路径许多不同的实践学科可以解释弹性。从当代城市水资源管理的角度来看，弹性作为其原则需要包括生物物理和社会 / 机构弹性。另外基础设施和制度的可适应性是基本的。从城市水管理的视角来看，城市水系统需要在其能力（包含生物物理和社会上的）上具有一定的稳定性，以适应主要系统“干扰”（例如洪水，干旱，热浪和水道健康衰退）和从这些干扰中创造创新和发展机会，甚至追求新轨迹的适应能力。在过去十年中，气候事件屡破纪录，无论是洪水、干旱还是气温，最近的事件都集中在政治语言上的弹性。对社区和政府来说，自里约热内卢峰会以来过去的 20 多年里，“可持续性”显得比以往任何时候都还要紧迫。当然，现实情况是，正由于我们未能有效地将可持续性纳入主流以促进经济发展，我们的确已经达到了这种紧迫程度。

在融合视觉和创造性解决方案方面，成功的关键实际上是在城市设计实践中——将跨学科的创新解决方案融入城市形态的实践。我一直对城市设计的实践非常着迷，这些实践通常由建筑师，最近更多的已经是由风景园林师主导。我认为工程师在这一过程中可以扮演具有重要影响的角色。而成功的项目通常有城市设计师也参与其中，并且认识到了技术，陆地与水的生态，以及建成形式之间的协同作用。

我们需要过渡到后碳时代的时候，为什么政府要建造海水淡化厂而不是雨水和废水系统来提供更可持续的供水？

建立海水淡化厂的许多决定都是在危机期间做出的。脱盐水是一种可靠的水源，但却是所有可能的水源中最昂贵的——但它提供了一种确切性，而在危机当中，政府需要这种确切性来做出决定。许多更可持续的解决方案需要在社会中酝酿更长的时间，因为它们的实施是分散的。事实上，澳大利亚的许多海水淡化厂（除了珀斯）都是在大坝蓄水的时候投入运营的，这无疑让这些项目黯然失色。然而在一些城市中，这些设施对于水供应安全具有战略重要性——它们在未来20年左右的时间里创造了一个稳定的供水安全的时代，或者采用更大更全面的水资源管理发展战略来确保这些城市的可持续性和弹性。如果城市仅仅因为它们现在有了一座海水淡化厂，而选择不投资培育更可持续的解决方案，那将是一个严重的错误。人口增长、水资源消耗的增加，以及更为严重的干旱现象意味着，如果我们不利用现有的时间来开发和实施更可持续的解决方案，我们将面临需要建造另一个海水淡化厂的情况。

水敏性城市设计在很大程度上依赖于强制执行的立法吗？

在城市发展和再发展中采用对水敏感的办法需要通过授权的立法和条例加以支持。这里面应该包括明确的结果——但不是为达到目标而制定的手段。仅举几个例子，规定的结果包括：（1）雨水在排放到接收水之前要达到的水质标准。（2）利用其他可替代的水源替代传统饮用水源的水平，这种替代水源（利用雨洪以及循环废水）在何种情况下可能被处理为饮用水标准。（3）在一系列的洪水情况下减少高峰流量。（4）城市河流的生态价值。（5）由于水敏性城市设计城市热量管理导致的局部温度下降。

水敏性城市设计对维护的依赖程度如何？这是客户需要愿意接受的吗？

水敏性城市设计在公共场所的特色是绿色基础设施——关键字是基础设施。这些资产必须作为社区资产进行管理，并有明确的维护和运营规定。我们必须超越公共场所，将其视为一个为当地社区提供舒适和娱乐的简单场所。事实上，如果我们真的要认真对待绿色基础设施，我们需要从一开始就清楚地说明，期望从这个基础设施中获得哪些功能。洪水的滞留和安全通过，雨洪的净化和收集，促进城市热量的减轻，生产性的景观和维护城市生物多样性等，应当从一开始就确定具体的功能。有了这些，我们就能充分认识到绿色基础设施所能带来的所有经济和社会效益。那时也许可以说我们真的开始认真对待绿色基础设施了。

澳大利亚正在越来越多地实施循环水供应的“紫管”（Purple-pipe）系统。其他区域是否正遵循或开展这些类型系统的实践？

是的，为非饮用水提供循环水，是减少我们所有用水（例如传统水源）完全依赖水管中饮用水的一个重要步骤。目前世界上许多城市正在经历严重的干旱——仅列举两个当前热点：圣保罗，曼谷。然而，这些城市中的许多城市仍然没有考虑到总的水循环，因此错失了充分发挥水敏感城市水资源管理方法的潜力。此外，引进“紫管”（Purple-pipe）是一项需要实施多年的大规模操作，而且不一定能解决当前的干旱危机。

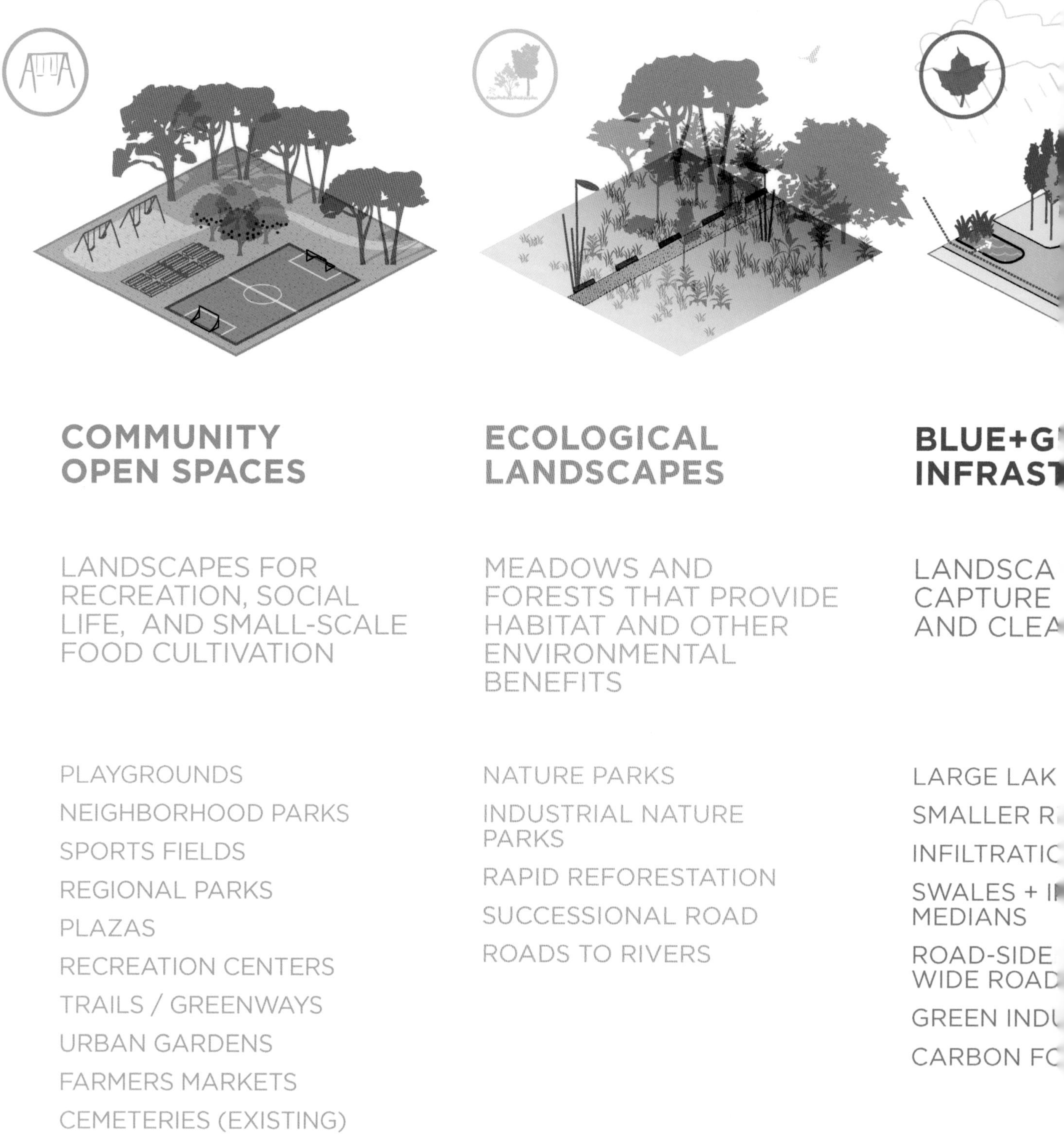

COMMUNITY OPEN SPACES
LANDSCAPES FOR RECREATION, SOCIAL LIFE, AND SMALL-SCALE FOOD CULTIVATION
PLAYGROUNDS
NEIGHBORHOOD PARKS
SPORTS FIELDS
REGIONAL PARKS
PLAZAS
RECREATION CENTERS
TRAILS / GREENWAYS
URBAN GARDENS
FARMERS MARKETS
CEMETERIES (EXISTING)
ECOLOGICAL LANDSCAPES
MEADOWS AND FORESTS THAT PROVIDE HABITAT AND OTHER ENVIRONMENTAL BENEFITS
NATURE PARKS
INDUSTRIAL NATURE PARKS
RAPID REFORESTATION
SUCCESSIONAL ROAD
ROADS TO RIVERS
BLUE+G
INFRAST
LANDSCA
CAPTURE
AND CLEA
LARGE LAK
SMALLER R
INFILTRATI
SWALES + I
MEDIANS
ROAD-SIDE
WIDE ROAD
GREEN INDU
CARBON FO

图 4.1

底特律未来城市（Detroit Future City）

底特律人口持续减少，为应对需求量的下降，底特律提出，将过多的“灰色”基础设施系统调整为更具生态性和成本效益的绿色基础设施网络。

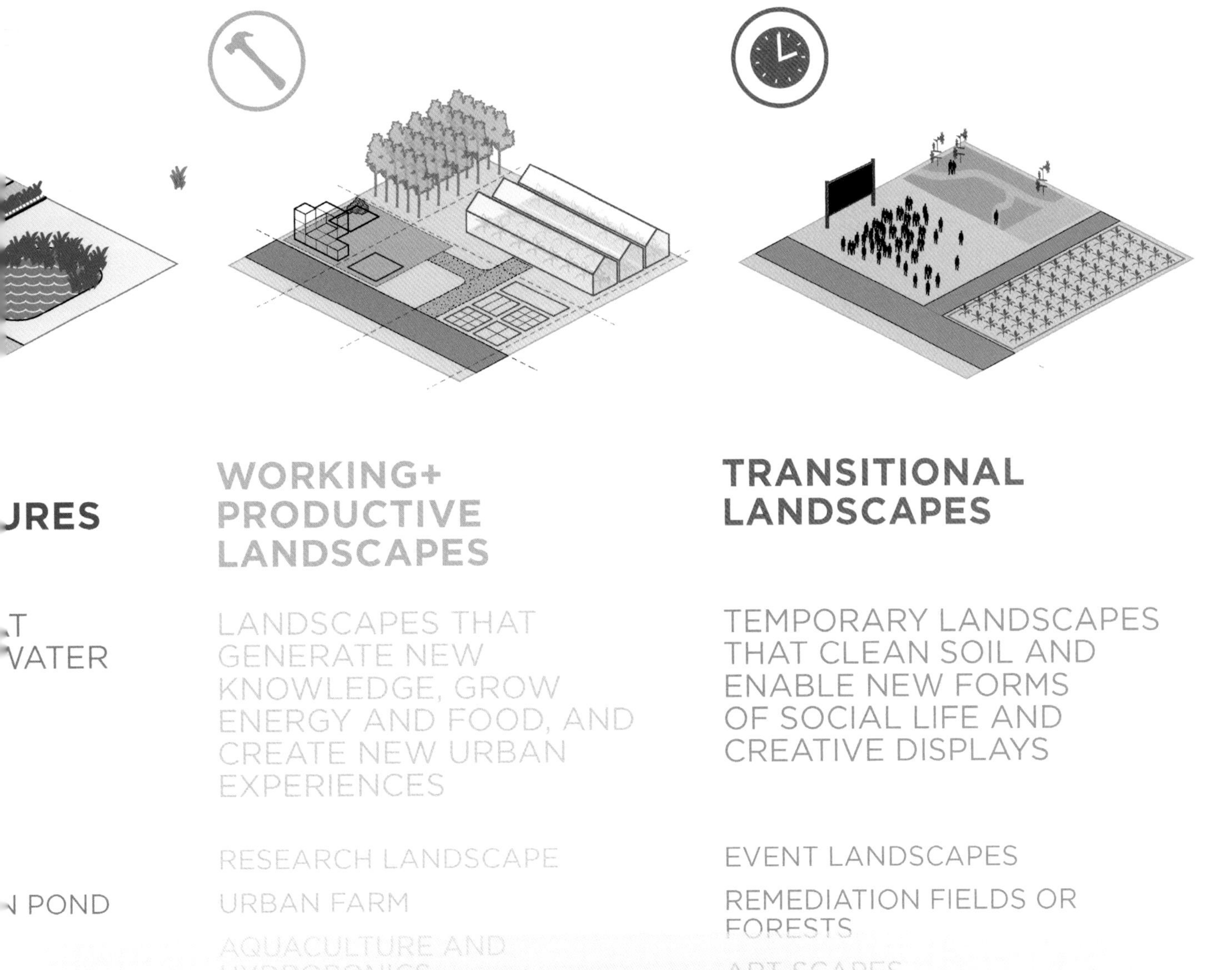
WORKING+
PRODUCTIVE
LANDSCAPES
LANDSCAPES THAT
GENERATE NEW
KNOWLEDGE, GROW
ENERGY AND FOOD, AND
CREATE NEW URBAN
EXPERIENCES
RESEARCH LANDSCAPE
URBAN FARM
AQUACULTURE AND
HYDROPONICS
TRANSITIONAL
LANDSCAPES
TEMPORARY LANDSCAPES
THAT CLEAN SOIL AND
ENABLE NEW FORMS
OF SOCIAL LIFE AND
CREATIVE DISPLAYS
EVENT LANDSCAPES
REMEDIATION FIELDS OR
FORESTS

第四章　环境基础设施

风景园林师能否通过更多地使用环境基础设施（EI），来减缓不可再生的灰色基础设施网络对环境的危害？环境基础设施如何在融入多种社会效益的同时针对气候变化等新型环境压力提供解决方案？要解答这些问题，景观设计的新形式实践必须超越当前“绿色基础设施”的概念［生态规划（第二章）和蓝绿网络（第二章和第三章）的结合］，以及总是取得适得其反效果的视觉、特征和环境影响评估。风景园林师可以利用其空间规划，协调沟通和其他跨学科技能，使最终呈现的设计成果不仅仅具有视觉观赏性，而且具有展示性和可再生性。环境可持续性可以通过抵消和减少能源消耗、废物处理和交通运输（和水——第三章）等基础设施所消耗的化石燃料来辅助实现。虽然如今小型项目变得越来越重要，但要使环境质量得到实质性的提升，只能通过在大尺度上重新整体配置基础设施网络来实现。

灰色基础设施的遗存

重要性和压力

基础设施系统支撑着人类的文明。这些经常不可见或不引人注意的设施系统，为人们提供了前所未有的舒适、高效和健康的生活环境。人们已经对这些日常服务习以为常（如卫生 / 污水 / 废水处理；饮用水供应；洪涝灾害防御；交通；电力；天然气；以及电话 / 数据 / 数字 / 卫星技术），甚至感受不到它们的存在，直到它们发生故障或是彻底失效。然而，这些基础设施的稳定性正面临着逐渐增长的压力，并且经常受到极限考验。

长期缓慢增长的压力包括人口增长，零部件老化，缺乏维护 / 更新以及气候变化影响（如海平面上升）等。

短期快速增长的压力通常是自然灾害和极端气候事件的结果，如洪水，风暴潮，飓风 / 台风 / 旋风，极端高温 / 低温，野火 / 丛林大火和山体滑坡——所有这些都会因气候变化而增加。

集中式灰色基础设施的局限性

传统意义上，基础设施（分配大量水、电和天然气，处理垃圾和污水废物）及其集中式布设网络是工程师的工作领域（如土木，水文，机械，结构，电气和环境）。

环境可持续性问题

这些依赖化石燃料的大型基础设施反映了独立（或密切相关的）学科间相互隔离的工作方法，而不是多专业团队协作的结果：

- 它们的设计几乎不考虑生态和社会维度 [如缺乏对生态系统服务的考虑，硬化处理水系统（第三章）抑制了生物多样性，或是阻挡公众进入其中或与之接触的机会]；
- 它们遵循能量输入到废物输出的单向线性资源利用路径，而不做循环再利用的安排（如不利用热能发电，不使用可再生资源代替化石燃料）；
- 它们仅具有单一的功能和维度。

社会可持续问题

在民主政府领导下，国有的集中式基础设施系统能够有效运作。尽管由于这些大型设施[如淡水供应系统，管道（石油，天然气）和核电站等电力基础设施]数量较少，使得它们可能更易受到网络故障，恐怖主义袭击和极端气候事件的影响，但迄今为止它们仍被证明是可靠的。从 20 世纪 80 年代开始，经济管制的放松和私有化的增加，导致基础公共服务、基础设施资产和/或其正在进行的运营合同逐渐转变为私有企业所有。由于商业的功利性（第 7 章），基础设施私有化可能会给设施运营带来隐患，私有企业可能会减少它们的维护和长期投资资金。

"美国土木工程师学会"（The American Society of Civil Engineers）在 2007 年表示，美国在维护其公共基础设施方面已经远远落后了……以至于要花费超过 1.5 兆美元才能在五年内使基础设施恢复到达标水平……可以想象，在未来，城市中将有越来越多脆弱且长期遭到忽视的基础设施被灾害破坏，然后被人们放弃，任其衰败，它们的核心服务功能再未得到修复或恢复。与此同时，富裕阶层将退缩到封闭式社区里，由私人供应商提供定制服务满足他们的各项需求。

内奥米·克莱恩（NAOMI KLEIN），《冲击学说：灾难资本主义的兴起》（THE SHOCK DOCTRINE: THE RISE OF DISASTER CAPITALISM）（2014）

"设计师必须认识到与城市系统设计相关的等级概念，仅从业人数就表明了学科间的等级关系……2010 年的专业会员包括 26700 名风景园林师，38400 名城市和区域规划师，141000 名建筑师，551000 名施工经理和 971000 名工程师(包含土木，机械，工业，电气，环境等专业)。"

皮埃尔·贝兰杰（PIERRE BELANGER），《景观基础设施：工程外的城市化》（LANDSCAPE INFRASTRUCTURE: URBANISM BEYOND ENGINEERING）（2012）

"公共部（The public sector）有自己的公共工程部门：这里或那里的道路、公园和河流、水供应和卫生……都是些零散的项目，缺少整合性的战略。我们需要景观基础设施与城市化更紧密而牢固地结合，将场地营建、空间体验与生态过程相互融合，整合成一个系统。"

乔瑟夫·布朗（JOSEPH E. BROWN），"访谈：凝视未来"（PEERING INTO THE FUTURE）（2009）

"美国国防部（The United States Department of Defense）是世界上最大的承包商和土地开发商。尽管其预算超过 5000 亿美元，拥有近 3000 万英亩的土地和设施，但这个军事——工业基础设施既没有明确的制图目录，近期也没有任何学术机构对美国或是世界范围内的军事基地及其相关行业现状进行可视化分析。"

皮埃尔·贝兰杰（PIERRE BELANGER）和亚历山大·阿罗约（ALEXANDER S. ARROYO），《国防地貌：军事地理和城市化高度》（LANDSCAPE OF DEFENSE:MILITARY GEOGRAPHIES AND ALTITUDES OF URBANIZATION）（2016）

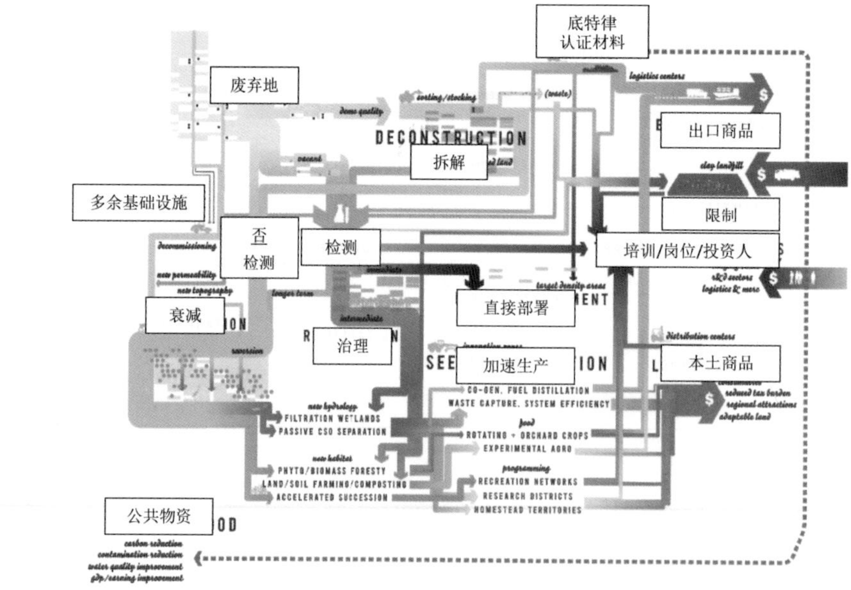

图 4.2a

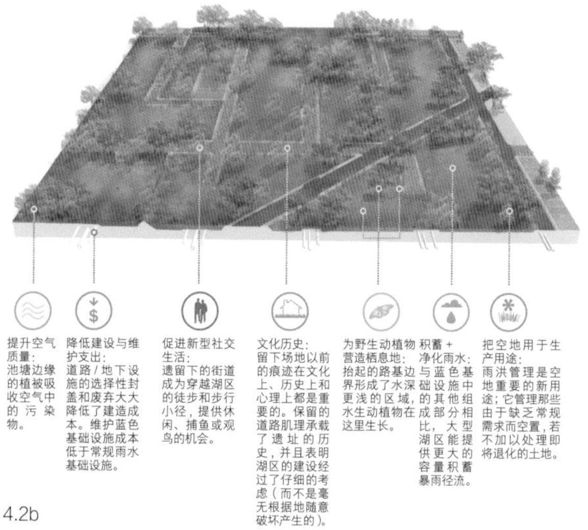

图 4.2b

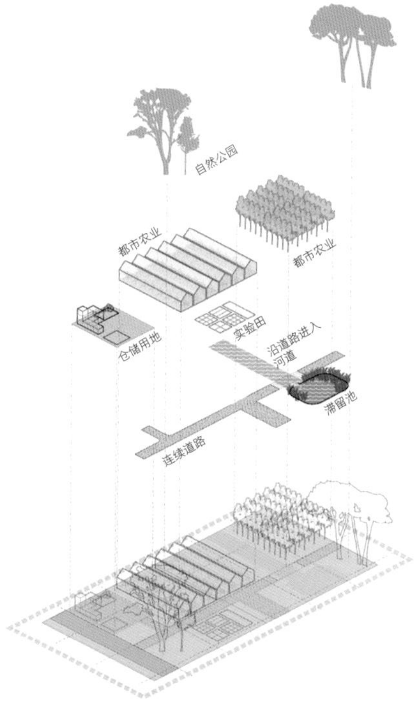

图 4.2c

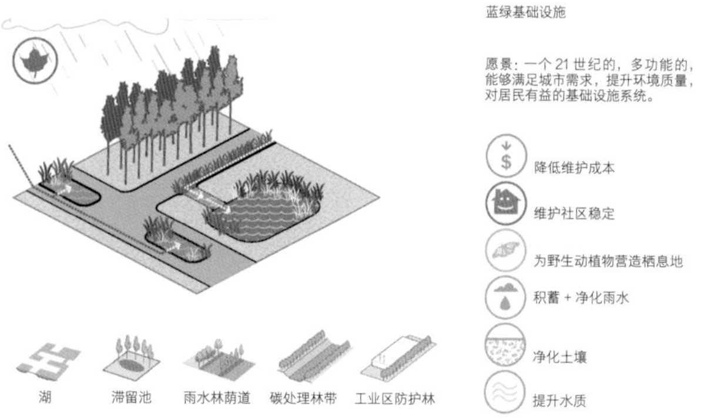

图 4.2d

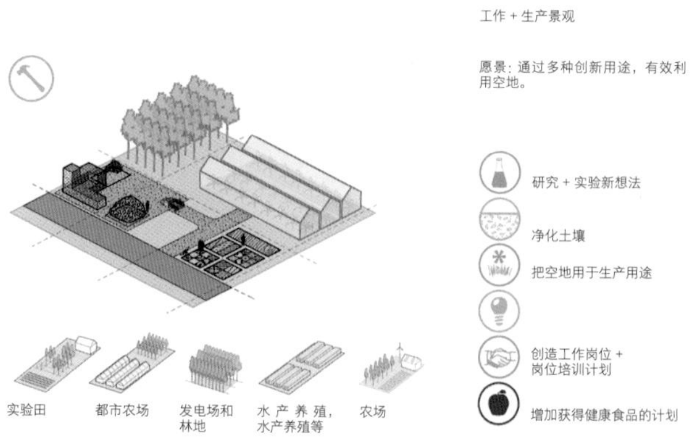

图 4.2e

图 4.2f

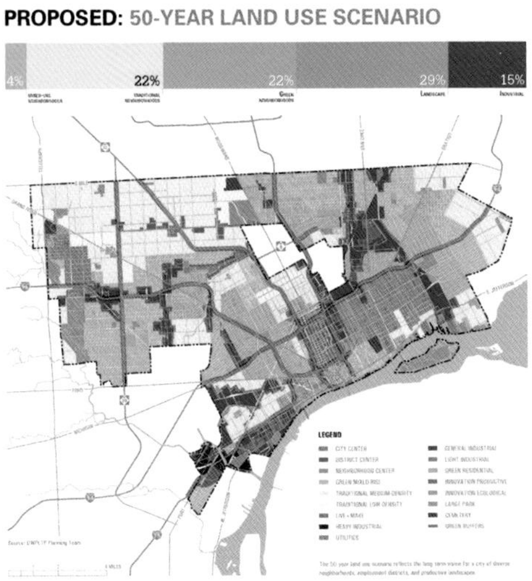

图 4.2g

景观扮演的角色

尺度

在传统观念中，风景园林师在灰色基础设施方面的作用仅限于以下方面：

- 整合和掩盖大型灰色基础设施（水，电和废物处理厂，道路和铁路，工业废弃地和垃圾填埋场，通常位于城郊和非城市地区）的视觉影响（见能源景观和康涅狄格州设施，第二章）；
- 小微尺度视觉管理（选取雨水井和变压器的放置位置）；
- 外部装饰：美化和装饰灰色基础设施的外表面；
- 废弃基础设施场地的改造（第三章）。

环境基础设施系统

景观设计可以促进建设具有可再生性，分散布设的基础设施。这与风景园林专业所谓的“绿色基础设施”（第二章和第三章）有所不同。后者指的是创造相互交叉连接的“蓝绿”走廊及景观地表处理、静态游憩网络和水敏性城市设计（WSUD）系统，通常用于大型、不可持续的灰色基础设施，如道路扩建和无序扩张的开发用地（见第四章和第七章访谈）。虽然“绿色基础设施”展示了其在维护自然法则，提升生物多样性，防治空气污染及其他方面的各项优点，但相对于灰色基础设施对资源的消耗，这些效益有点微不足道。环境基础设施（EI）是对灰色基础设施系统的再定义和结构重塑，使之成为可再生，环境可持续的多维支持系统，因而更能发挥实质性效果。这些系统在宏观和微观尺度上都与社会联系紧密，并结合美学，渐渐进入大家的视野。

图 4.2a
图 4.2b
图 4.2c
图 4.2d
图 4.2e
图 4.2f
图 4.2g

底特律未来城市，STOSS，底特律，密歇根州，美国，2011-2012

底特律战略框架（The Detroit Strategic Framework）率先承认底特律无法重新获得其高峰期近 200 万人口的可能性。在土地使用和经济增长之外，该战略框架依据公民人口需求和公众参与来探讨城市未来发展问题。经过长达 24 个月的公众参与，STOSS 制定出了底特律 50 年后的城市愿景，旨在创造并提升社会、经济和环境系统之间的相互协作。该战略框架注重景观、生态、开放空间、蓝绿基础设施和都市农业，利用景观生产力来提升城市生态，经济和健康水平。

“观察从整体中分离出来的物体并不能发现它真实的样子。”

福冈政信（MASANOBU FUKUOKA），《一根稻草的革命：自然农业简介》（THE ONE STRAW REVOLUTION: AN INTRODUCTION TO NATURAL FARMING）（1978）

挑战

成功实施环境基础设施的主要挑战包括：视觉上的质疑（参见能源景观），现状灰色基础设施偏好（及公司为维持其持续运转强有力的游说和政治捐款），以及用地和管辖范围限制。这些遭到人工干预的地块任意处理与生物区、自然特征和区域基础设施（如流域，公共交通网络，道路系统，海岸线和水道）的关系，因而通常与更大尺度上的生态和区域相违和。跨越多个城市的项目可能难以协调和整合，导致零碎、无效或与环境脱节的规划、战略和设计成果[参见欧洲景观公约（European Landscape Convention）]。边界还强化了私有土地所有权和圈地意识形态，并且可能产生与许多其他如土著或原住民相关的地权等社会问题（第七章）。

图 4.3

欧洲景观公约（European Landscape Convention），欧洲理事会成员国，2000 年 04 月，意大利托斯卡纳（Tuscany）奥尔恰谷（Vald'Orcia）

欧洲景观公约组织欧洲各国在景观问题上跨越国家界限的合作。它的工作促进了景观的保护、管理和规划，提高了人们对自然景观价值的认识。该公约于 2000 年 10 月 20 日在意大利佛罗伦萨通过，于 2004 年 3 月 1 日生效（欧洲委员会条约系列第 176 号）。它对欧洲委员会成员国开放签署，欧洲共同体成员和非欧洲成员国申请加入。这是第一个专门关注欧洲各维度景观（包括日常和退化景观）的国际条约，涵盖自然、乡村、城市和城郊地区。此图片展示了意大利托斯卡纳的奥尔恰谷地区，该地区于 20 世纪初因其自文艺复兴时期起对景观思想的重要文化意义而被列为联合国教科文组织世界遗产（UNESCO World Heritage）。

图 4.3

多尺度基础设施

环境基础设施反映了从单一学科工程向多功能基础设施系统的转变。然而，除了功能之外，环境基础设施还需要多尺度层面的多维操作，才能形成多样的优势。例如，我们如何优化如机场、港口和道路系统等大型基础设施，使其在城市和人的双重尺度下都能合理运作？直到最近几十年，许多港口都是人们工作和社交的活动中心。但现在，港口的高度机械化和其过大的规模，使其与社会尺度脱节 [参见阿迈厄工厂（Amager Plant）]。如果仅以吨位和产出的经济价值衡量基础设施的价值，就会错失其在社会尺度的意义。同样的，灰色基础设施常常寻求排斥、抑制和控制生态系统的解决方案，毫不包容人类以外的生命形式。通过结合经济、社会、生态和生产等多个方面，环境基础设施能否实现更高的弹性和复杂性？

图 4.4

埃利奥特湾海堤重建项目（Elliott Bay Seawall Replacement），J.A. 布伦南工作室（J.A. Brennan Associates），华盛顿州西雅图市

西雅图长 2.4km 的密集城市滨水区景观将成为一个拥有卵石海滩、近海珊瑚礁的生态友好环境。通过模拟自然水生栖息地日间照明，还可以增加水生动、植物种群数量，促进鲑鱼迁徙。

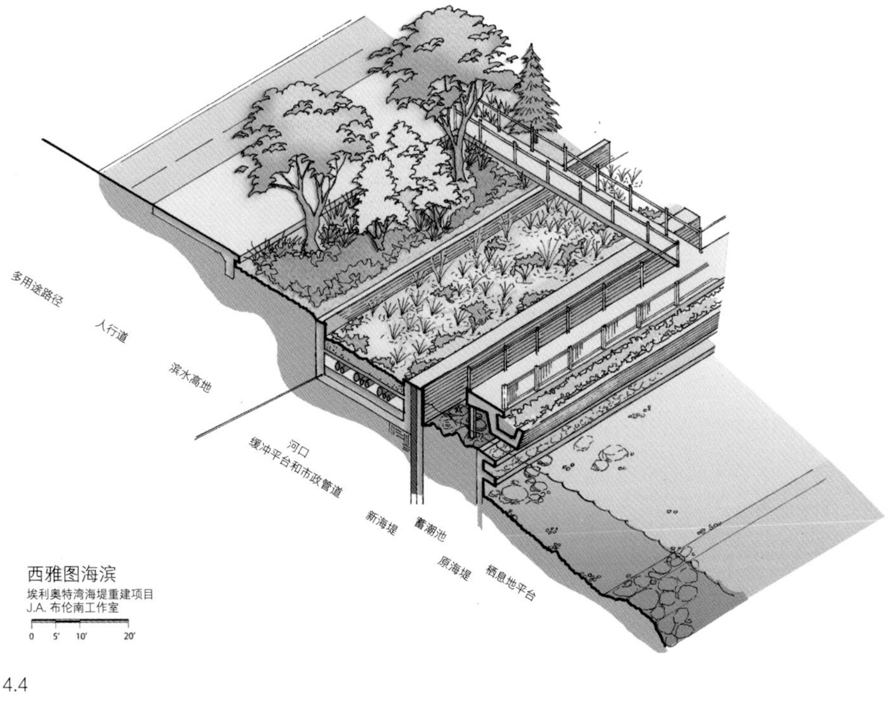

图 4.4

分散的，小尺度基础设施

在个别地点和项目尺度上，设立分散基础设施的势头一直在稳步增长。虽然目前看来，与庞大的灰色基础设施相比，分散的小尺度基础设施产出较小，但各分散措施的组合更有助于提高整体弹性；如果经过精心策划和执行，还能够提高设施系统整体的可持续性和环境绩效。可再生环境系统包括（微型）风力涡轮机、太阳能光伏板、太阳能发电、供热供暖、灰水和/或黑水回收系统、雨水和再生水蓄水池、地热热泵、废物和养分回收，以及堆肥等组成部分。其中一些适用于分散的结构/建筑物（如从屋顶收集雨水）。不过有些建筑物的改造费用昂贵，不妨加建新的设施（如地热井和地下储水池）来组成系统。这些可再生技术越来越多地被大规模生产，因而采用成本更低，或者可以通过政府激励措施（如购买补贴；“绿色贷款”；可再生能源发电电价补贴政策）得到资助。将可再生基础设施接入集中式设施网络，通过平衡供需来提高效率，通常能达到互利效果（如并网光伏电池板能在产生收益的同时避免蓄电池的使用）。

图 4.5

汉堡绿色网络（Hamburg Green Network），德国汉堡（Hamburg），2010–

虽然汉堡市中心不打算禁止汽车（就像被误传的那样），但该市正在改善可供选择的交通方式。覆盖全市 40% 的新“绿色网络”将在未来 10–15 年内完成，届时可以从网络中的任意一点开始骑行/步行。绿色网络建设将部分涉及拥挤的 A7 高速公路的地下部分，以绿色空间促进斜坡连接（另见马德里，第四章）。

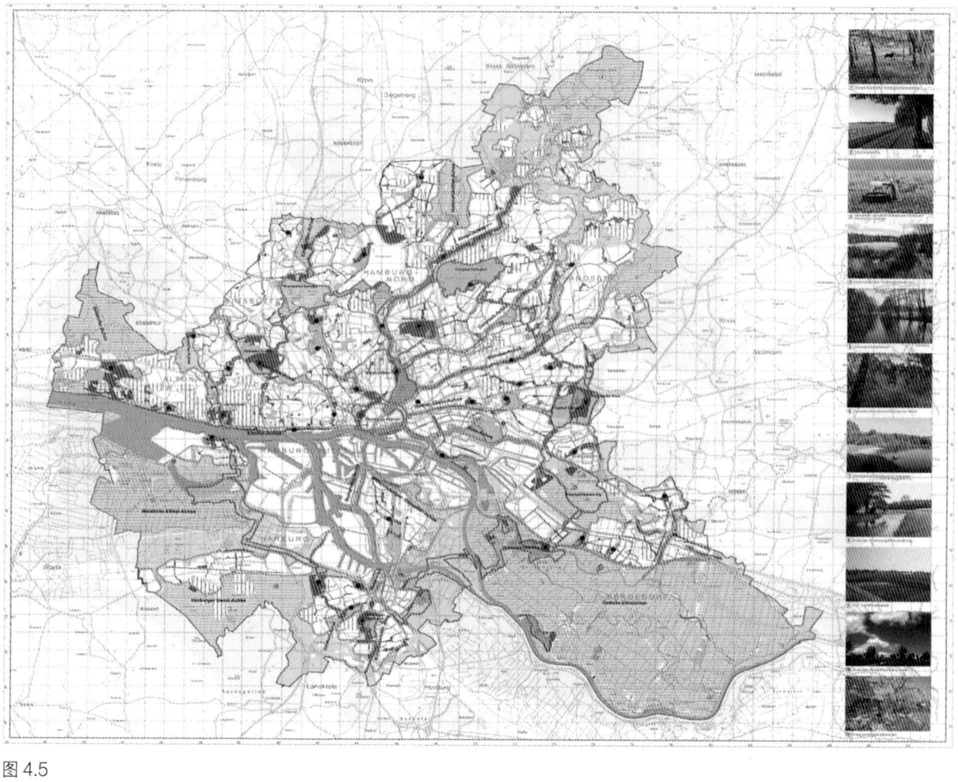

图 4.5

观众

从业者需要继续争取到大型项目的领导角色，以更有效地倡导环境基础设施的建设。如果风景园林师和具有环境系统思想的人在政府中处于有利位置（见第七章），或者能够有效地将愿景和战略传达给客户、市政当局、投资者、利益相关者和公众，那么就更有可能达成显著的结果（见第四、七、十章访谈）。

环境规划机制的缺点

环境影响评估 / 声明（Environmental Impact Assessments/Statements, EIA/EIS）是用于识别和评估拟议项目的环境影响的规划工具。它们通常由寻求批准大型基础设施方案的开发商发起。EIA/EIS 通常只关注场地建设本身对环境造成的直接影响，而不关注后续场地活动对环境造成的影响（如，机场的持续影响远远超过其施工建设期间的影响）。由于评估人员的背景以及民主和政府流程的完整性，EIA 的效力可能会被削弱（例如，发布 EIA 的咨询人员也经常是发起项目的开发商 / 客户团队的一员）。因此，评估的公正性可能会受到不利影响。EIA/EIS 是被动响应性的而不是主动的，并不鼓励创新的环境基础设施。虽然通常可以提交公众意见，但 EIA/EIS 不考虑替代方案（如用风能、太阳能或潮汐替代核电站或煤电站）。因而，EIA/EIS 对决策的影响可能微乎其微。

图 4.6

慕尼黑绿屋顶（Munich Green Roof）

地方、州和国家政府可以强制要求在新建筑物上设置绿色屋顶，以提高能源效率和产量，减少城市热岛效应，减缓雨水径流，增加生物多样性——这些效益在城市尺度上变得非常重要。1997 年，德国慕尼黑市要求在所有面积超过 $100m^2$ 的平屋顶上种植绿化。在下列城市也制定了类似的规定：瑞士巴塞尔（2002 年，在人均绿色屋顶方面世界领先）；加拿大多伦多（2009 年）和丹麦哥本哈根（2010 年）。一项法国律法（2015 年）要求商业区内的新建筑屋顶必须覆盖绿化或设立太阳能电池板。

图 4.6

弹性应对气候变化

环境基础设施（EI）需要具有弹性并且能够适应未来的压力。一些风景园林师最近开始为居住区及其基础设施的气候变化提出应对策略。这是一个充满挑战的过程，并没有什么简单的解决方案。在有问题的地点进行的开发会受到额外的压力，且更加脆弱。例如位于洪水易发地区、低洼的沿海地区和河口 [见奥斯谷（Ouse Valley）]，或是不适合的土壤 / 地面条件的聚居地，著名的例子有美国新奥尔良 2005 年卡特里娜飓风造成 810 亿美元的损失 [见对话荷兰（Dutch Dialogues）]；荷兰的大部分地区，近一半的国土地表低于海平面 1m；和其他易受影响的聚居地 [如伦敦附近的坎维岛（Canvey Island）]。

"令人遗憾的是，城市似乎低估了制定适应战略的紧迫性——尚未发现任何已知的具有法律约束力的与气候相关城市设计指南。"

贾娜・米洛索维娃（JANA MILOSOVICOVA），《气候变化的城市设计》（URBAN DESIGN FOR THE CLIMATE CHANGE）（2012）

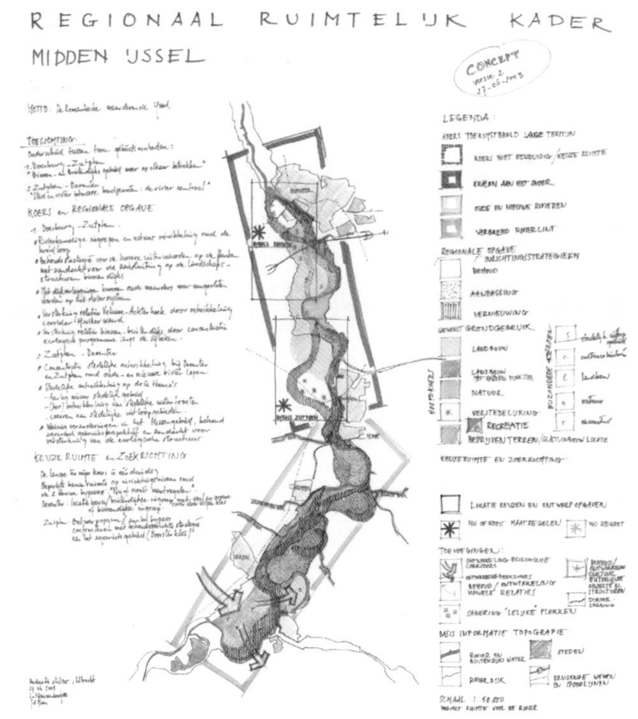

图 4.7a

图 4.7b

图 4.7c

图 4.7a
图 4.7b
图 4.7c

给河流以空间，H+N+S 景观事务所（H+N+SLandschapsarchitecten），荷兰，2002-2003

“给河流以空间”项目由政府发起，将荷兰河流沿岸地区的防洪问题、环境提升和景观特征三者统一考虑，并给出解决方案。这项为期 12 年的战略旨在寻求独立的河流防护措施和堤防迁移，保障新滞留区和降低的洪泛平原之间的安全性和一致性，并提出适应 2050 年气候变化和更高峰值排水流量的长期规划。概念性战略措施提出了独特的新水文地区的概念。“串联的珠子：集中和动态”集中并连接动态区域的河流，在此过程中激发“强劲而自然的，新旧河流”洪泛区的扩展。“加宽的河流条带：线性和平衡”通过大量挖掘洪泛平原和堤防迁移，公平地分散了大规模改造的困难。

图 4.8

对话荷兰，H+N+S 景观事务所（H+N+SLandschapsarchitecten），荷兰，2007-2011

为了理解可能影响整个地区的力量，需要进行区域和流域尺度规划。在遭受卡特丽娜飓风的破坏性影响后，H+N+S 与多学科团队（包括水管理专家、工程和城市规划师、政府机构和新奥尔良居民）合作，制定了更具弹性的解决方案。

一系列研讨会和正在进行的项目，明确了项目采用城市综合设计和工程的方法，目的是减少洪水风险并减轻热带风暴影响，并且重点关注水资源如何协助经济重建问题。

图 4.8

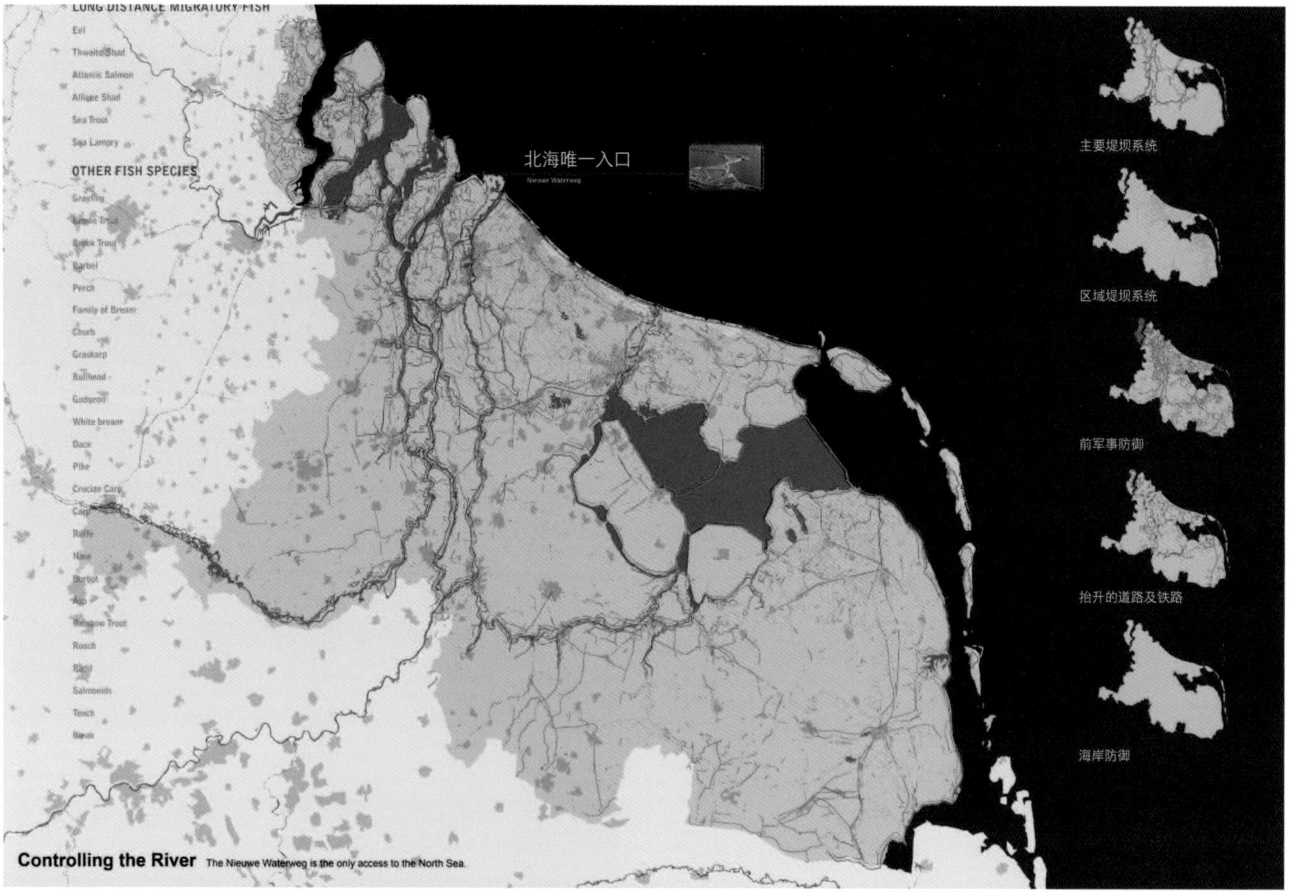

图 4.9a

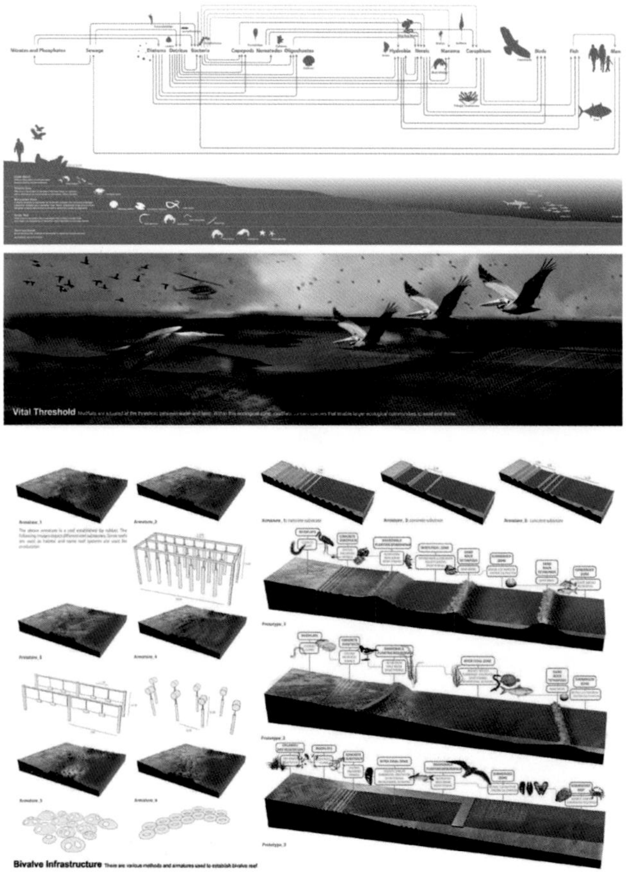

图 4.9b

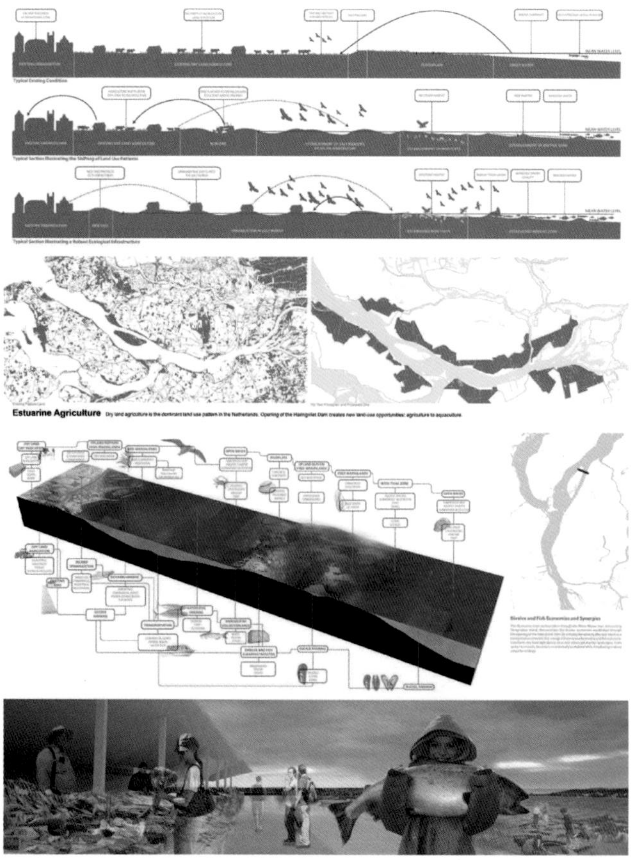

图 4.9c

图 4.9a
图 4.9b
图 4.9c

荷兰三角洲大坝去除计划（DeDamming the Dutch Delta），由尼娜－玛丽·莉斯特（Nina-Marie Lister）和皮埃尔·贝兰杰（Pierre Belanger）带领的哈佛GSD工作室，学生金伯利·加尔扎（Kimberly Garza）和莎拉·托马斯（Sarah Thomas）的作品，荷兰多德雷赫特（Dordrecht），2009-2010

这个哈佛大学的学生项目，考察了生态相对健康的多德雷赫特（Dordrecht）莱茵默兹三角洲区域（Rhine-Meuse Delta）的景观生产力。设计结合了自然潮汐流动，将洪水作为反复如期出现的，具有经济和生态价值的景观条件（来自梯度波动和淡、盐水混合而产生的生物生产力），将堤坝和水坝的景观基础设施，从坚硬顽固的设施系统解构重组为依赖于生物基础设施的、具有适应性的灵活系统。

气候危机

易受影响的聚居地的经济和文化价值（以及由此产生的政治压力）将决定对其采取的措施，通常是“撤退”“适应”或“保护”。聚居地的气候变化影响很难通过传统的工程方法解决（或者可能过于昂贵）。目前，（取决于当地或国家的财富）资源通常被分配用于试图一劳永逸的工程（如更高的堤坝，更大的防洪流域和更深的引水渠）。已经有部分太平洋低洼国家采取“撤退”措施，“气候难民”随之产生。随着气候变化影响的加剧，这一情况将变得更加普遍。如果没有及时按计划协调和采取分阶段措施，紧急情况（如风暴潮或大洪水）可能会造成灾难性后果。有时，市政当局（及直言不讳的纳税人）可能不愿意将资金转移到昂贵且可能徒劳无功的保护措施上［就像在澳大利亚拜伦湾（Byron Bay）易受风暴潮侵蚀的脆弱沙丘上曾经建造的一系列昂贵的房屋一样］。在易受影响的地区，工程和自然系统的弹性通常受益于绿色基础设施战略全局，横向的解决策略。而这些策略可以通过横向景观设计思想轻松实现［参见荷兰三角洲大坝去除计划（DeDamming Delta）］。

图 4.10

适应气候变化：下奥斯河谷（Lower Ouse Valley）的辩论，LDA设计团队（LDA Design），英国苏塞克斯（Sussex）奥斯河谷（Ouse Valley），2014

艺术家提出对保护西福德海滩（Seaford beach）和盐沼的海岸防波堤形态的畅想。

气候变化复杂，影响不确定，响应方式也不尽相同。由LDA领导［并与沿海期货集团（Coastal Futures Group），社区，和气候／洪水／海岸专家合作］，这个咨询和规划项目超越了传统的洪涝防护项目，规划了48km^{2}的区域。它旨在识别出未来150年内长期的气候变化和海平面上升的风险和概率，以资源有限的社区成员可实现的行动为基准的预备响应过程，规划未来防护战略。项目过程中，公众参与和沟通的形式多样，有景观可视化，历史案例研究，公共展览中场景展示，研讨会和在线咨询等。

图 4.10

交通运输

郊区

在20世纪的基础设施发展之前，许多城市地区局促狭小、疾病多发、人民贫困。理所当然地，农村被视为理想和健康的地方。如埃比尼泽·霍华德（Ebenezer Howard）田园城市这样的概念模型，旨在通过建造通往城市设施的独立住宅，将城市和乡村的优点结合起来。随后，独立和低密度住房的兴起创造了世界上占地面积最大的区域形态之一——郊区。这种模式与私人机动交通和化石燃料行业密不可分，并由四通八达的沥青路网提供服务。随着人口的持续增长和石油储量的减少，无序扩张的郊区及其拥挤的主干道已经失去了一些市区的青睐。这些市区现在由高质量的基础设施，丰富的社会设施和高效的公共交通系统提供服务。到目前为止，在这场低/中/高密度哪个更具有可持续性的辩论中没有绝对的答案，然而，次优条件通过非常低密度（易产生隔离，覆盖范围过大）或非常高密度（易产生阴影，大风问题）及其相应依赖的能源密集型基础设施相互组合而产生（如高密度与垂直交通，低密度和远距离交通机械系统的组合）。

"城市发展的方式，蔓延的方向，不怎么取决于用地规划或房地产活动或土地价值，重点是高速公路。"

J.B. 杰克森（J.B. JACKSON）（1909-1996）

"警惕汽车；绝不能让它占据这片土地。"

克里斯托弗·亚历山大（CHRISTOPHER ALEXANDER），莎拉·石川（SARA ISHIKAWA），穆雷·西尔弗斯坦（MURRAY SILVERSTEIN），《一种模式语言》（A PATTERN LANGUAGE）（1977）

图 4.11

图 4.11

菲斯巴里（Fes-al-Bali），菲斯（Fes），摩洛哥

占地 300hm^2 的菲斯，有超过 10000 家零售企业，超过 13000 座历史建筑和 55 人 /hm^2 的人口密度，全境无车。菲斯和意大利威尼斯（建造在泥滩上，每年有超过 2000 万的游客量），都是联合国教科文组织世界遗产，被认为是世界上两个最大的连续无车区域。

图 4.12

空气中的低密度蔓延，亚利桑那州

在美国亚利桑那州凤凰城（Phoenix）的低密度住房类型区域，流行着这样的说法：买一品脱牛奶要用一品脱汽油。

图 4.12

机动车的统治

世界上现役的机动车辆超过 10 亿辆。在不到一个世纪的时间里，机动交通基础设施已经成为公共城市景观最主要的特征。除了停车场，过道 / 地下通道和服务于车辆的建筑物（以及由此产生的污染，噪声，危险，对环境和动物的影响）之外，广阔的道路系统占据了大量城市面积。私人机动车数量的爆炸导致许多地方公共交通基础设施和服务的消失或减少。同质化程度的提高（全球通用路边“大型零售连锁店”的持续发展）进一步影响了区域特征、地方特色以及更多面向社会的空间和交通模式，如大街 / 高街区域和有轨电车正在消失 [尽管在某些地区，这些如新都市主义，以公共交通为导向的开发项目（TOD）和智慧城市的理念正在复苏]。

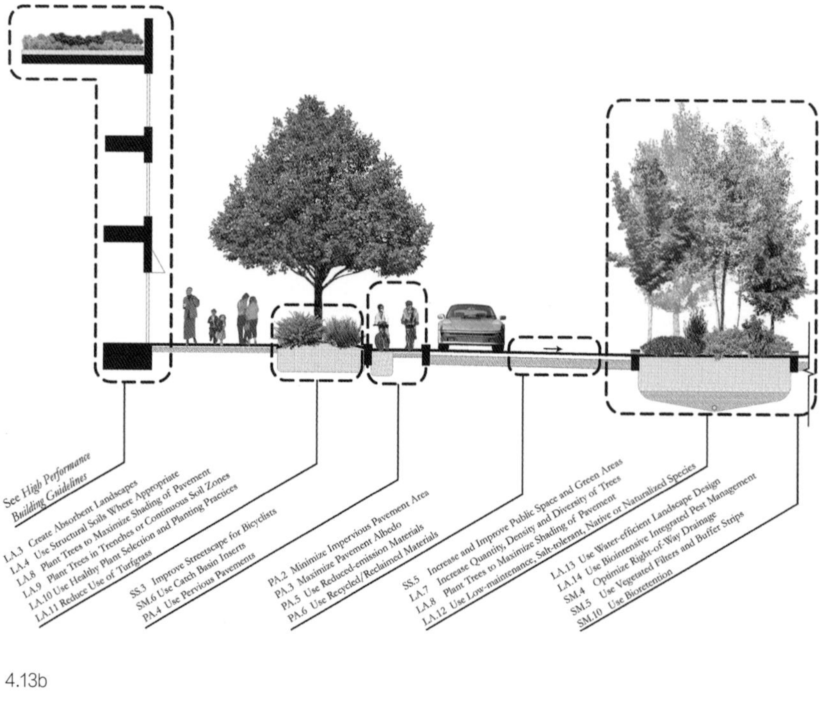

图 4.13b

“我们美国城市的郊区环境未来前景不佳。因此，它们代表了一场巨大而悲惨的投资失误，或许是世界历史上最大的资源错配。很难说这些郊区土地资源如何被再利用或者改造，但其中一些，或许很大一部分，最终可能会成为一个综合废品回收场和纯粹的废墟。”

詹姆斯·昆斯勒（JAMES KUNSTLER），对未来城市的反思（A REFLECTION ON CITIES OF THE FUTURE）(2006)

“如果你为城市的汽车和交通做规划，你会得到汽车和交通。如果你为人和场所做规划，你会得到人和场所。”

弗雷德·肯特（FRED KENT），《公共空间项目》(PROJECT FOR PUBLIC SPACES)

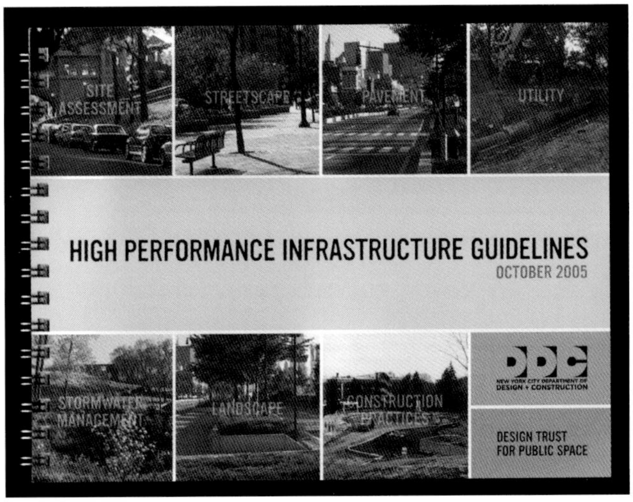

图 4.13a

图 4.13a

图 4.13b

高绩效基础设施指南：公共通行空间最佳实践措施（High Performance Infrastructure Guidelines: Best Practices for the Public Right-of-Way），设计信托（Design Trust）和纽约市设计与建设部（New York City Department of Design and Construction），纽约，美国，2005

本手册详细介绍了城市街道、人行道、公用设施和城市景观的可持续性实践，对于参与构建、运营和维护通行空间的规划、设计、工程师和公职人员来说，都是一个实用的参考。

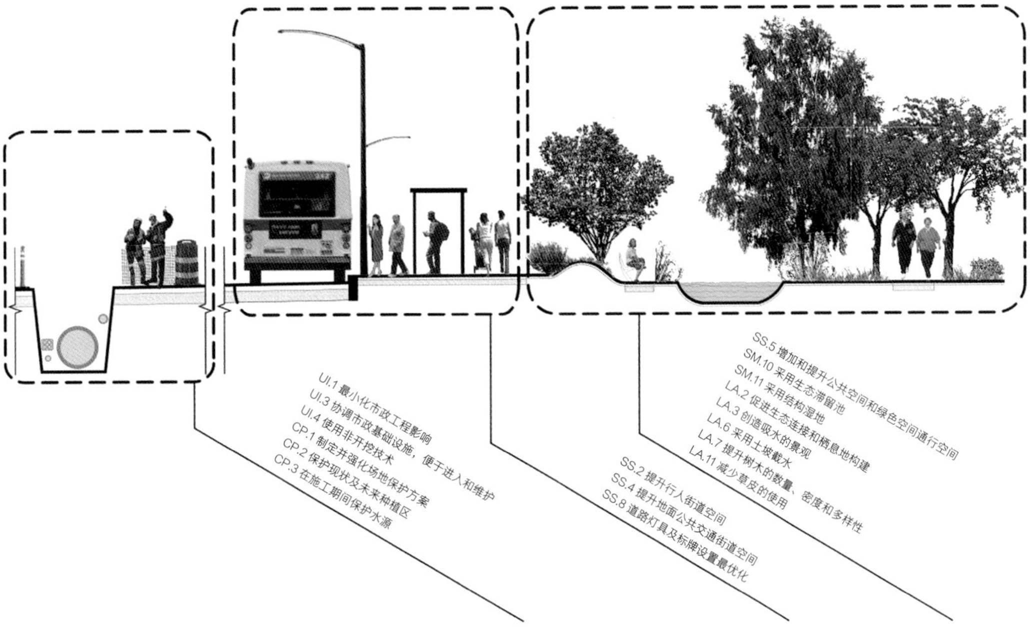

我们将去向何方?

服务于化石燃料动力车辆的基础设施系统主导了 20 世纪的城市规划和设计，正如其迅速的崛起一样，它们也可能在下个世纪改变形式甚至彻底消失。当我们根据后碳议程（post-carbon agendas）、资源稀缺性及对更安全，更具社交性空间的需求，对基础设施进行再利用，上述情景就会发生。减少对汽车的依赖并创建价格合理，集成高效的公共交通系统将是 21 世纪规划和设计的重要组成部分。因此，我们需要不断进步的、多维度交通解决方案。

图 4.14

库里提巴，巴西

库里提巴（Curitiba）的快速公交（BRT）系统被认为是公共交通的典范。BRT 系统包括长 60km 的中间公交车道，每天运输库里提巴 70% 的乘客（约 200 万人）。从 20 世纪 70 年代开始，作为径向交通走廊，综合土地利用，和城市密度总体规划的一部分，创新的 BRT 系统为人们提供了高效、实惠和务实的服务（见第七章和第九章）。

图 4.14

“继续扩展新的道路和空中基础设施不再有任何意义。目前对未来三十年航空和陆路出行大幅增加的预测，完全基于历史数据，但这一预测结果可能很快因为石油消耗峰值的到来而变得毫无意义。新机场航站楼和干道的开发有可能变成昂贵而无用的‘白象’。相反，我们必须开始准备应对所有依赖原油的出行模式未来可能发生的收缩。”

油耗分析中心（OIL DEPLETION ANALYSIS CENTER），《准备迎接石油消耗峰值》（PREPARING FOR PEAK OIL）（2007）

“整体系统方法着眼于各种问题……当我们拘泥于工程思想，总是一次只考虑一个问题，我们就失去了成为真正优秀设计师的可能性……如果你……只关注如何最高效地移动最多的汽车，你会得到许多雷同的街道。如果你认为同一条街道在不同时段有不同的用途，比如步行、骑行、车行、逗留、会议，乃至服务于街道树木生态……你为上述所有人和事物做设计，最终会获得更丰富的环境。”

彼得·卡尔索普（PETER CALTHORPE），访谈：ASLA（INTERVIEW: ASLA）（2011）

图 4.15

电车轨道，南特（Nantes），法国卢瓦尔河大区（Pays de la Loire）

与许多欧洲城市一样，南特拥有高效的轻轨网络。早期全长 43km，途径 83 个车站的三条电车路线，在 20 世纪 50 年代被拆除。经 1985 年重建，它们成为更大的公共交通网络的组成部分。南特的公共交通网络在空间上和层次上优先考虑可持续发展计划，其功能包括：公共快速交通；分布在 100 多个车站的 1000 辆共享单车；数百公里的自行车专用道；最小化的停车场；狭窄的私家车道；行人优先权；以及扩大人行道和公共空间。

图 4.15

图 4.16a
图 4.16b
图 4.16c
图 4.16d

托伦斯河带状公园（River Torrens Linear Park），土地系统和 HASSELL 设计事务所（Land Systems & HASSELL），澳大利亚阿德莱德（Adelaide），1978-1997

总面积 30km^2，这个长 50km 的公园是澳大利亚第一个线性公园或绿道，是绿色基础设施的典范。自 1836 年人们在此定居以来，水坝改变了曾经的季节性泛滥的托伦斯河［卡乌纳语（Kaurna）叫作 Karra wirra-parri］。在经历 20 世纪中期的郊区城市化之后，景观设计在避免河流被改造成混凝土砌筑的地下雨水管道、减轻主干道下方的雨洪风险等工程项目上占据优势。

公园设计于 20 世纪 70 年代，将场地沿长轴方向划分为 26 个区段。公园于 1982-1997 年建设施工，共耗资 2000 万美元［不包括定制的公共交通走廊——欧邦高速巴士大道（“O-Bahn” express busway）］。州政府和地方政府将项目划分为征地、环境修复，以及交通走廊（州级）和道路系统及其持续维护（地方级）三个阶段。

公园的多维功能包括：洪水缓解、雨水过滤、湿地、植被重建、娱乐和运动，以及禁止车辆通行的人行 / 骑行系统。在宽阔的场地中进行植被重建，使得保留的树木茁壮成长，形成了一条有意义的绿色走廊：它穿越平原，将植被覆盖的阿德莱德山（Adelaide Hills）与海岸连接起来。最近，公园附近的一些地方政府实施了乡土灌木和地被植物的种植策略，以减少原始设计中需经常灌溉和修剪的草坪范围。

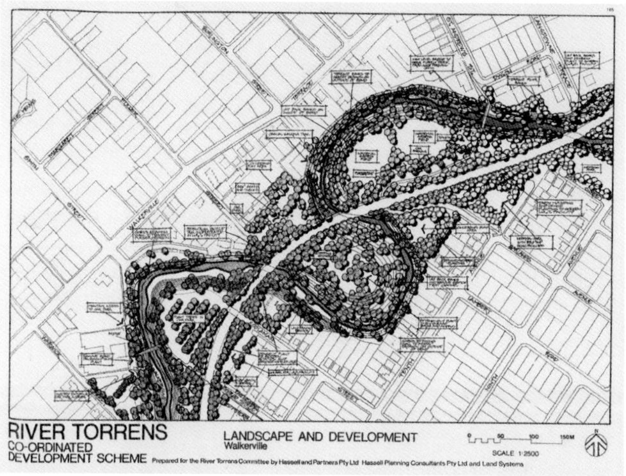

图 4.16a

图 4.16b

图 4.16c

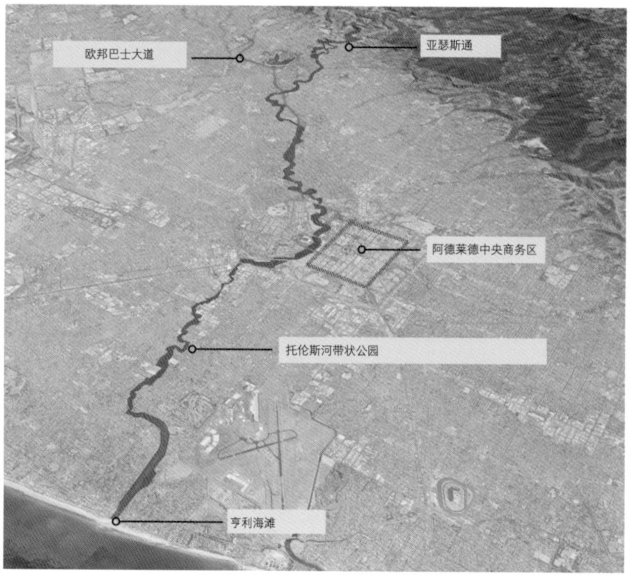

图 4.16d

图 4.17a
图 4.17b

清溪川（Cheonggyecheon Stream），首尔（Seoul），韩国

在高度城市化的地区，这个罕见的交通干道（16 车道）改造工程优先考虑环境舒适度及如何缓解环境问题，大大减少了城市热岛效应，并为 40 多种鸟类和 20 种鱼类提供了城市栖息地廊道。项目保留了前高速公路的少数支柱，作为曾经是全市污染最严重地区之一的记忆留存。通过改善公交网络，交通量进一步减少。场地曾经是一条河道，来自汉江的水被泵出、处理，在这里形成了引人注目的永久性水景，但是却失去了净化线性水道的城市径流和雨水的水敏性城市设计（WSUD）机会。

图 4.17a

图 4.17b

图 4.18a

图 4.18b

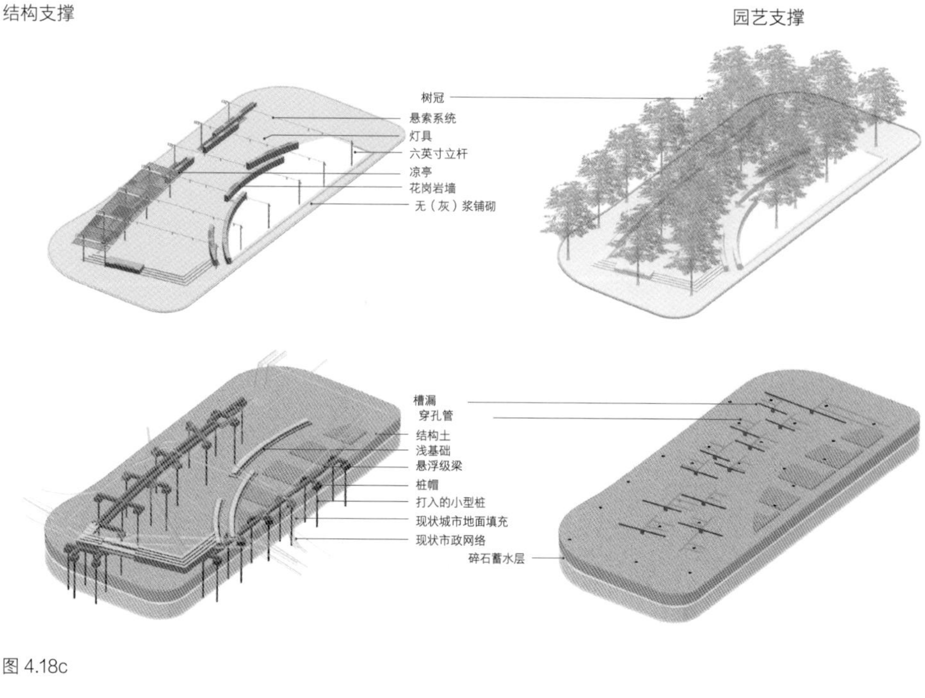

图 4.18c

图 4.18d

图 4.18a（改造前）
图 4.18b
图 4.18c
图 4.18d

中央码头广场（Central Wharf Plaza），里德·希尔德布兰德设计事务所（Reed Hilderbrand），美国波士顿马萨诸塞州（Massachusetts），2004-2008

伟大的城市应有伟大的树木。占地 4000 平方英尺的交通岛被改造成了 13000 平方英尺（$370m^2$/$1200m^2$）的广场。这里曾经是北美最繁忙的商业港口和 20 世纪中期的 CE 停车场。经过波士顿大开挖（Big Dig）和肯尼迪绿道（Kennedy Greenway）的实践，这个密集栽植了 25 个混合种类的橡树的岛屿与周边几乎没有树木的邻近区域形成对比，展示了高质量地下基础设施网络和城市树冠层管理的价值。

项目的主要效益包括：缓解城市热岛效应（地面温度平均降低 10.4 ℉）；可渗透 25 年一遇强度暴雨 24 小时内所有雨水径流（每年 140 万升）；年固碳量超过 1600 千克；树木生长率增加 57%（与典型的城市橡木相比，其中给每棵树都提供超过 1500 立方英尺的土壤）；行人使用率高（5.5 小时内观察到超过 1550 名行人，每小时约 280 名行人）。

落后的统治地位

目前，即使有“完整街道”（complete street）倡导者的参与，传统的交通规划和工程几乎总是优先于“为人而设计的城市”。风景园林师通常很难影响交通规划和街道景观设计，这些项目通常由交通工程师、强势又资金充足的汽车团体（motoring lobby）主导，而他们只关心车流量和车辆流动速度。当地商业可能认为车辆和停车场对它们的生存至关重要，然而，完整街道通常能展现出更多经济（和社会）的活力。

“并非所有可以计算的东西都是重要的，也不是所有重要的东西都是可以计算的。”

威廉·布鲁斯·卡梅隆（WILLIAM BRUCE CAMERON），《非正式社会学：社会学思考的简要介绍》（INFORMAL SOCIOLOGY: A CASUAL INTRODUCTION TO SOCIOLOGICAL THINKING，1963）

“似乎没有哪个城市设立了人、行人和公共生活部门，但我看到很多交通部门，它们掌管着很多我们的城市里有关汽车的统计数据。”

扬·盖尔（JAN GEHL），讲座：人民的城市（LECTURE: CITIES FOR PEOPLE）（2012）

"优质的街道设计有助于提高经济效益和公共价值……对设计质量的投资带来了可量化的财政收益，人们切实感受到街道环境的改善。仅仅通过改善街道设计就可以对市场价值产生重大影响。我们第一次发现最优秀的街道真的是以黄金铺就的。"

凯布（CABE),《黄金铺路：优秀的街道设计的真正价值》(PAVED WITH GOLD: THE REAL VALUE OF GOOD STREET DESIGN）(2007）

"在世界各地，高速公路正在被拆除，滨水区被重新改造；几十年来对汽车和城市的思考逆转；创造了新的公共空间。"

迈克尔·基梅尔曼（MICHAEL KIMMELMAN),《在马德里的心脏地带，曾经着火的高速公路上公园盛开》(IN MADRID'S HEART, PARK BLOOMS WHERE A FREEWAY ONCE BLIGHTED，2011）

"俄勒冈州波特兰市（Portland, Oregon）以1英里长的城市高速公路的成本，建设了近200英里的自行车道。这不是改造的问题；而是我们对最有价值的公共空间——街道路网看法的改变。长久以来，我们假设所有纳税人付款建造养护的道路只属于汽车，而我们其他人——骑自行车的人、行人、街边咖啡馆、小商贩等就应该争抢这狭窄的人行道。"

厄尔·布拉姆诺尔（EARL BLUMENAUER),《泥土》(THE DIRT, ASLA）(2009）

宏观与微观

为了实现从宏观的区域网络规划到个别街道景观详细设计的设计尺度跨越，需要有一个明确的、旨在改善交通规划的设计宗旨。否则，交通将变得混乱零碎，不能形成综合整体的系统。为了改变城市以满足车辆需求为导向的规划设计思想，本质在于需要逐步渐进地改造车辆主导的城市环境。因此明确的长期战略对于实现区域网络协调至关重要（见哥本哈根案例）。

图4.19

哥本哈根的自行车和行人网络（Copenhagen's Bicycle and Pedestrian Network），丹麦

40年前，哥本哈根的交通和其他任何城市一样。自20世纪60年代以来，该市开始了缓慢而精细的改造过程：减少停车位的同时增加汽车限制，设立步行区（及后来的）禁车区，设立抬起的街边自行车道，建造越野小径和桥梁。现在，哥本哈根是欧洲汽车拥有率最低的城市之一，它拥有360km的自行车道以及新近规划的骑行高速公路。有超过一半的人口每天骑行上班（大约是俄勒冈州波特兰的9倍，波特兰是美国自行车通勤人数最多的城市），所有市内出行的一半都以自行车为交通工具——所有这些都在一个对骑行具有季节性挑战气候的城市里实现。2014年，哥本哈根因其更广泛的成就被称为"欧洲绿色首都"，如清澈的海港和饮用水以及可达性良好的绿色网络（96%的居民可以在不到15分钟内到达一个大的绿地或水域）。

图4.19

图 4.20

格罗宁根（Groningen）的自行车网络，荷兰

虽然阿姆斯特丹以其自行车运动而闻名（其运河，建筑物和限制性道路尺寸在某种程度上迫使其采用骑行友好的方法进行规划设计），但是格罗宁根（19 万人口）常常被评为荷兰对骑行最友好的城市。自 20 世纪 70 年代以来，格罗宁根颁布了步行和骑行优先以及不鼓励汽车出行的政策。现在，在市中心的步行街和自行车道骑行通常是最快的交通方式，中央火车站的 1 万个自行车停车位可以在周末停满。

图 4.20

它在哪里运作良好?

这里有几个具有进步性的交通网络的例子（如哥本哈根中部，丹麦和西班牙马德里）。比利时根特（Ghent in Belgium）、英国牛津（Oxford）、阿联酋初出茅庐的马斯达尔（Masdar）等许多小城镇，以及威尼斯、意大利和摩洛哥菲斯等许多历史悠久的城市中心（建设早于机动车的发明）都保留有禁车区。一些城市在特定街道，周末或特殊活动期间采取临时限制车行措施（见生态出行）。这是一种可以逐渐促进更加长时间段的以行人为中心的空间和行为的策略。尽管如轻轨 / 有轨电车之类可供选择的交通出行方式建设缓慢、花费高昂且困难重重，但仍正在被广泛推广、恢复、安装和使用（著名的轻轨网络包括奥地利维也纳、捷克共和国布拉格、德国柏林、匈牙利布达佩斯（Budapest）、罗马尼亚布加勒斯特、加拿大多伦多，以及澳大利亚墨尔本）。由于郊区分散的特性，几乎无法设立有效的公共交通，因此，尽管面临挑战，轻轨、公交、自行车、共享车辆 / 电动车辆、拓宽人行道以提升行人安全性及舒适性，以及行人专用区的建设无疑发展势头良好。

图 4.21a

图 4.21b

图 4.21c

图 4.21d

图 4.21e

图 4.21f

图 4.21g

图 4.21h

图 4.21i

图 4.21j

图 4.21k

图 4.21a（改造前）
图 4.21b
图 4.21c（改造前）
图 4.21d
图 4.21e（改造前）
图 4.21f
图 4.21g（改造前）
图 4.21h
图 4.21i
图 4.21j
图 4.21k

马德里里约城市改造项目（Madrid Rio），West8 事务所，MRIO 建筑事务所（MRIO arquitectos），布尔戈斯（Burgos）和加里多（Garrido），波拉斯·拉·卡斯塔（Porras La Casta），卢比奥（Rubio）和阿瓦雷斯－莎拉（A-Sala），吉尼斯·加里多·科洛莫（Gines Garrido Colomero），西班牙马德里，2006-2011

这个雄心勃勃的项目由当时的市长阿尔贝托·路易兹·加拉顿（Alberto Ruiz-Gallardon）发起，目标是在一个任期内完成马德里的 M-30 环形高速公路和 43km 的地下道路（在此过程中产生了大量的基础设施债务）。West8 事务所的团队是 2005 年国际邀请赛中唯一仅通过景观设计手法设计隧道上方回填区域的团队。“3+30”设计将 $80hm^2$ 的城市发展划分为由市政当局，私人投资者和居民发起的初始战略项目三部曲，其中包括 47 个子项目。

项目总预算为 4.1 亿欧元，第一个子项目于 2007 年建成，2011 年 4 月整个项目完成并向公众开放。除各种广场、林荫大道和公园外，项目还修建了一系列桥梁，改善了沿河城区之间的连接。

虽然隧道增加了地面的舒适度，但仍然需要制定可持续的交通规划来减少车辆使用（以及减少隧道烟囱的负面影响），马德里正在实施减少私人车辆、扩大禁车区、完善负担得起的公共交通网络和重新设计 24 条最繁忙街道以供行人使用的措施。

图 4.22

图 4.22

首尔的自愿禁驾日，2003-

首尔市中心有1050万人口，是大都市区约2600万人口的一部分。这座城市承受着300万辆汽车所带来的拥堵和烟雾压力，二氧化碳排放量占大都市区总排放量的40%。首尔的自愿“禁驾日”鼓励车主主动登记电子标签，每周一次在分配的“禁驾日”（早上7点至晚上10点）将私家车留在家中。如果在“禁驾日”当日未识别到该汽车的电子标签，对车主的奖励包括：减少隧道收费（50%）、汽车税（5%）、拥堵税、保险费、停车费和汽油费，还有免费洗车服务和商业折扣。

首尔每10辆符合条件的汽车中，就有3辆自愿登记参与“禁驾日”活动（70万至90万辆汽车）。城市道路交通量下降了7%，运行速度提高了13%。每年的交通排放量减少了10%。这一适度却有效的提议引发了一系列次生效益（由大都会政府，非政府组织和私人赞助），例如改善了公交使用度，提升了空气质量和降低了噪声。首尔的这项倡议在全球许多拥挤的城市都可以轻易复制。

图 4.23

生态出行节（Ecomobility Festival），韩国水原（Suwon），2013

经过两年的规划，首届生态出行节终于获得支持，在水原的韩衮洞（Haenggung-dong）社区进行了为期一个月的禁车期。此前，这座城市的市长已经为城市环境做出了永久性的改善：例如加宽主要街道的人行道和增加新的口袋公园。在节日期间，电动车辆被用来进行邮政服务；1500辆汽车被转移到停车场，由班车和400辆临时自行车和踏板车提供接驳服务（一所骑行学校提供自行车教学）。节日结束后举行的公开会议上，大家讨论了一些更持久的变化，其中最重要的是将车速限制降低为原来的一半，仅30公里/小时。

图 4.23

图 4.24a
图 4.24b
图 4.24c

国家自行车网络（National Cycle Network），可持续交通慈善团体（Sustrans），英国，1995-

国家自行车网络（NCN）是一系列连接英国各主要城镇和城市，安静的禁车公路，全长 22500km，由可持续交通慈善团体（Sustrans）开发，最初由国家彩票拨款资助。仅 2014 年一年，它接待的客流量就从近 500 万人增长到了 7.5 亿人。由此证明了，高质量、便捷的步行 / 骑行路线可以鼓励更多的人徒步 / 骑自行车。

NCN 按照高标准建造，具有统一的标识体系，使用本地艺术品做里程标，并辅以纸质和数字地图和网络交互界面。与此同时，NCN 还间接提供了生物多样性廊道和栖息地基质。

图4.24a

图4.24b

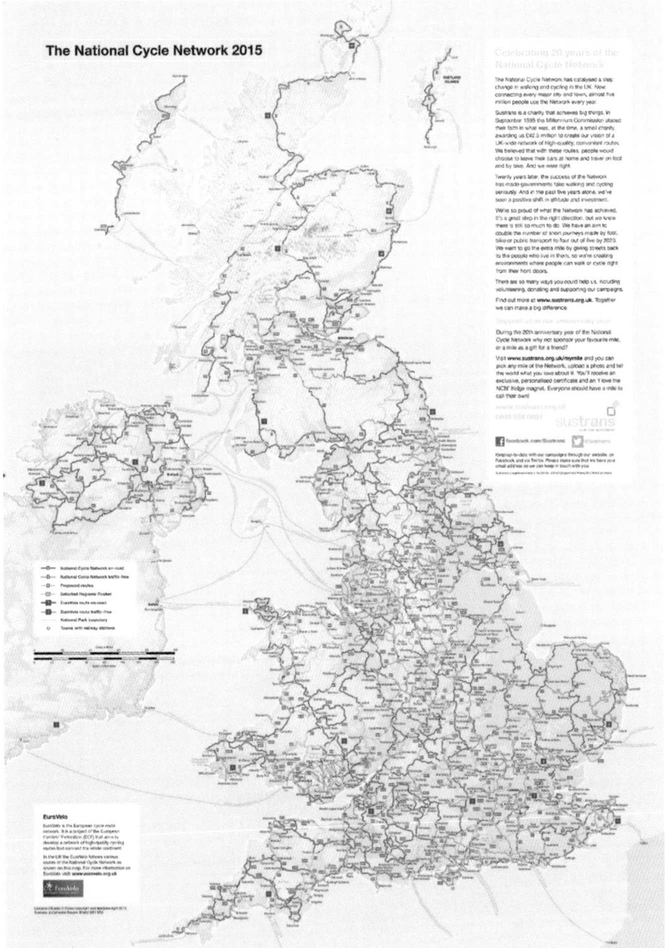

图4.24c

“任何对8岁儿童来说不安全的自行车道都不是自行车道。”

恩里克·佩纳罗萨（ENRIQUE PENALOSA），访谈：规划（INTERVIEW: THE PLAN）（2012）

图4.25a

图 4.25a
图 4.25b

堪培拉百年纪念路线（Canberra Centenary Trail），哈里斯·霍布斯景观（Harris Hobbs Landscapes）和新景观设计（Fresh Landscape Design），堪培拉，澳大利亚，2012-2013

2013 年，这个 145km 的步行 / 观光自行车道的建设，旨在庆祝堪培拉建城百年。路线环绕城市和乡村地区，沿路可欣赏原生草原、林地和河流的壮观景色。该项目重点关注将整段路线闭合成环而新建的长约 30km 的新路段。该路段经过精心设计和建造，能够符合当地生态要求。它包括一个露营地（非房车）、桥梁、拍照点、解释性标识牌，为当地社区带来健康和经济收益。

图4.25b

绿色街道项目

在增加大型交通网络可持续性的进程中，虽然重新配置街道可能仅展现出微小的收益，但这仍然是重新利用车辆主导的交通环境这一可喜变化的重要标志。由于场地空间有限，基础设施复杂且集中，要求街道景观设计高度关注细节。利益相关者和不同学科间的空间竞争，经常需要风景园林师进行整体协调以最终呈现出完整的街道面貌。

图 4.26

温哥华绿道和街道，加拿大

这些线性公共步行 / 自行车廊道与社区绿道和专用自行车道不同，它们连接公园、自然保护区、社区和零售区域。温哥华绿道规划（1991 年）由市长的城市景观特别工作组组织，由景观建筑师莫拉・奎尔（Moura Quayle）主持，设计出了这种“边界到边界”的街道系统，包括：人行道、坡道、交叉口控制、下渗的地形处理（infiltration bulges）、指路牌、公共种植、长椅、喷泉和公共艺术。

图 4.26

图 4.27a

图 4.27b

图 4.27c

图 4.27d

图 4.27a、b、c、d

街道边缘改造（Street Edge Alternatives）项目与西雅图自然排水系统，美国西雅图，1999-

西雅图的街道边缘改造（SEA）试点项目于 2001 年完工，旨在模拟在基础管道设施系统出现之前的自然景观。两年的监测表明，两年的监测表明，SEA 项目通过植草沟的设置，减少 10% 的不透水铺装，以及栽植超过 100 棵常绿树和 1100 棵灌木减少了 99% 的雨水径流。西雅图市政（Seattle Public Utilities）的下一个项目西雅图自然排水系统是与当地居民合作的雨水和水敏性城市设计（WSUD）计划的一部分，目前正在进行中。

图 4.28

图 4.28

维多利亚公园公共场地设计（Victoria Park Public Domain），新南威尔士州政府建筑师办公室（NSW Government Architects Office）+HASSELL+ 托尼 · 王博士（Dr. Tony Wong）与彼得 · 布莱恩博士（Dr. Peter Breen），澳大利亚悉尼，2002

这块公共场地占地 25hm^2，最初是一个泻湖和沼泽地，欧洲人在此定居后成为棕地。场地综合设计融合了人工生态和当代都市主义，利用了场地固有的限制——植物盆地（Botany Basin）砂质地层、不透水的古代沼泽泥炭河床、高水位，以及轻微倾斜的平坦地形——以克服积水、洪水和一整片沼泽地所带来的问题。

街道排水是倒置的，双车道从人行道边缘向中间排水，经过锯齿状路缘石，进入中央生态修复植草沟。水经过砂砾层、草和地面覆盖物过滤，去除了其中的颗粒物质和污染物。选择既耐干旱又耐水湿的植物，不仅有助于吸收含氮废物，植物根部还能给砂砾层提供支撑，保持沙砾层稳定并持续自由排水。生态植草沟系统处理初期径流，过多的径流通过跨越植草沟的人行桥下方的一系列堰口溢出。地下管道将洪峰径流引入中央公园的雨水滞留区，落入沉淀池及隐藏在白千层林中的湿地中。

图4.29a

图4.29b

图 4.29a

图 4.29b

杜勒河可持续街道项目（Haute Deule Sustainable District），布鲁尔德尔玛景观（Atelier des paysages Bruel-Delmar），黑格尔码头（Quai Hegel），法国里尔（Lille），2008-2015

该项目的街道展示了原杜勒河运河线和灌溉沟渠（第三章）的样貌。该地区的所有地表都采用了雨水收集和过滤措施。

图 4.30

图 4.30

塞马克路（Cermak Road），美国伊利诺伊州芝加哥，2009–2012

这条全长 3.2km 的“美国最绿的街道”[芝加哥交通部（Chicago Department of Transport），2013 年] 建设投资仅 1400 万美元，比传统的道路重建节省 21%。该项目采用了罗马教廷为保持其新教堂的清洁而开发的部分自洁水泥（二氧化钛与阳光反应，分解废气中的二氧化氮）。项目的绿色特征包括：采用 23%的再生沥青和混凝土（以及 60%在其他项目中回收的建筑垃圾）；透水铺装；风能和太阳能 LED 路灯；原生植物植草沟；行道树；改善公共交通；自行车道和自行车共享系统。

图 4.31

图 4.32a（改造前）
图 4.32b
图 4.32c
图 4.32d

德赤凯尔斯绿地（Dutch Kills Green），WRT 景观事务所，玛吉·鲁迪克景观事务所（Margie Ruddick Landscape），马皮勒罗·波拉克建筑事务所（Marpillero Pollak Architects），迈克尔·辛格事务所（Michael Singer Studio），27 大街和皇后广场（27th Street & Queens Plaza），美国纽约皇后区长岛市（Long Island City），2011

德赤凯尔斯绿地（Dutch Kills Green）（皇后广场步行和骑行改进项目）是纽约市高绩效基础设施指南（第四章）的两个试点项目之一。该设计融合了绿色空间、专用自行车道、206 种新乔木和草本、雨水过滤、公共艺术，连接皇后区和曼哈顿区的自行车道。它们都曾经是跨越沥青路面和停车场的高架火车和桥梁这类危险聚集多发的场地。

图 4.31

伦斯敦街改造项目（Lonsdale Street），TCL 和景观流景观设计事务所（TCL & Design Flow），澳大利亚维多利亚州墨尔本丹德农（Dandenong），2011

该项目是一项重要的街道重建项目的组成部分，优先考虑行人/骑行者，并沿着林荫大道建设包含灯光艺术品的花园空间。项目采用的水敏性城市设计（WSUD）措施包括：道路中央雨水花园、灌溉道路区域植被的循环处理水收集方案，以及人行道上用作生物滞留池的行道树树坑。

图4.32a

图4.32b

图 4.32c

图4.32d

“景观应被视为直接和间接创造价值的主要基础设施。”

法雷尔评论（FARRELL REVIEW）(2014)

能源景观

视觉管理

传统上，风景园林通过“视觉资源管理”/“视觉管理系统”或者如今叫作“景观视觉影响评估”（VIA/（L）VIA）和“全部周期循环评估分析”（LCA）参与能源基础设施建设，工作内容仅限于视觉和景观特征考量。考量的根本目标是隐藏或掩盖大型基础设施，如发电场、矿山、采石场、高速公路、港口、机场、工业区、铁路和农林业的工业流程。从地面/道路或住宅视野中移除这些“碍眼的东西”，可以营造和谐、令人愉悦的景观美，并增加经济/房产价值，促进旅游业。因此，成功的视觉管理创造了一种欺骗性的景象，隐藏了当代乡村景观大部分的工业化现实。但是近几十年来，越来越多的公众通过航空摄影（如谷歌地球/地图）将“隐藏的”基础设施尽收眼底。至此，景观的“隐藏功能”已经被部分抵消了。

虚假陈述

虚假陈述或故意隐瞒日常的、重要的景观过程，提供错误的信息（从而导致误解），这一切都将阻碍而不是协助环境提升。对现实的错误认知将进一步消解我们的生活方式与维持生活方式所需的能源之间的联系。减少温室气体（GHG）的可再生能源基础设施（太阳能，风能，潮汐发电场）需要大量的空间和土地，从而为电力生产作出有意义的贡献。然而，公众偏好通常会影响他们对景观的接受度，因为隐藏少量灰色基础设施是可行的，而隐蔽大型可再生能源基础设施则不然。因此，相比于分散布设的基础设施（如风/太阳能发电场），（L）VIA 倾向于最小化集中布设的基础设施（煤/气/核电厂）的视觉和特征“影响”，也就是说相比于能量生产密度较低的可再生资源，更偏好集中却有限的化石燃料。

视觉效果或环境基准?

由于（L）VIA 和 LCA 以当前特征作为基准来检测变化的程度，人们假设它们是理想的、更具针对性，或效果最佳的考量准则（某些地区，例如苏格兰，正在解决这个缺点）。它们主要应用于新建项目，而无处不在的现状基础设施（已建成的“难看的”输电塔，道路等）和文化单一、不生态的景观（工业化农业，牧场景观）可能因为人们潜意识的熟悉而逃过审查。虽然美学和可持续性的表现不一定是相互排斥的，但是将对景观美的主流观念移植到符合当前时代密切关注的问题（如减缓气候变化，减少有限的资源消耗和减少后代的危险废物负担）将改善可持续性项目的设计成果（第六章）。

“我们在建筑世界中看到的景观只是表面装饰。我们认为坚实的土地实际上是一系列经过设计的效果和解决方案。”

简·阿米顿（JANE AMIDON），《激进的景观：重建户外空间》（RADICAL LANDSCAPES: REINVENTING OUTDOOR SPACE）（2001）

“能量＝空间。如果没有来自地表下方的那些少量易采集的，集中分布的天然气、石油和煤炭储备，我们只能从地表来源获取能源。由于地面上的‘能量密度低’，这种转化在城市规划和建成环境发展的方面需要采取全新的思维方式。”

安迪·凡·登·多贝斯汀（ANDY VAN DEN DOBBELSTEEN），《城市的新陈代谢》（URBAN METABOLISM，2014）

“对于詹姆斯·科纳（JAMES COMER）来说，许多风景园林师所宣称的生态倡议的狭隘概念只不过是对假设中人类建设之外的自发‘自然’的后卫辩护。因此，对科纳，及许多其他风景园林师而言，当前的环境主义和田园观念在全球城市化面前都显得天真，甚至无关紧要。”

查尔斯·瓦尔德海姆（CHARLES WALDHEIM），《景观都市主义读者》（THE LANDSCAPE URBANISM READER）（2006）

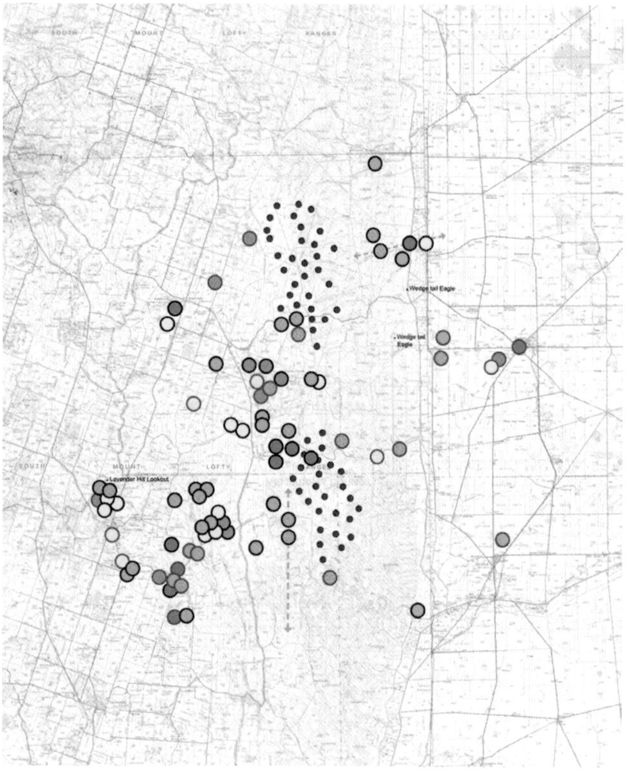

图4.33a

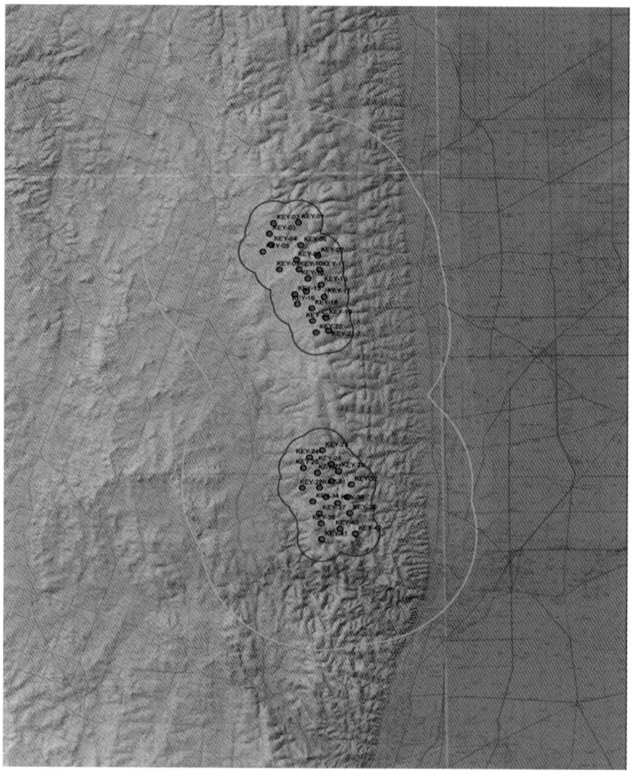

图4.33b

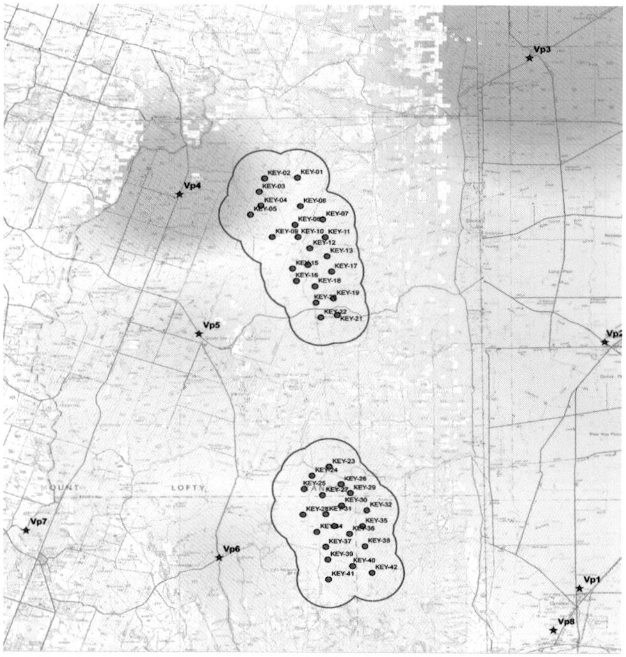

图4.33c

图4.33d

图4.33a
图4.33b
图4.33c
图4.33d

基农风电场（Keyneton Wind Farm），布雷特格林景观设计事务所（Brett Grimm Landscape Architect）和WAX设计事务所（WAX Design），南澳大利亚伊甸谷（Eden Valley），2011

对这座拥有42涡轮的风电场进行了景观特征和潜在视觉效果的视觉评估。评估内容包括：

a．社区认知地图：社区参与绘制景观价值地图，提供景观特征，敏感度和景观质量评估基准。

b. 数字地形模型：建立GIS地理模型，包含脊线、海岬、山谷和排水汇水区等与涡轮机布局设计相关的元素。

c. 视觉效果评估赋值：GIS地图用于提供距离加权的相对视觉冲击层。采用“GrimKe矩阵方法”评估各种视点的视觉影响并制图表现。

d. 照片蒙太奇：发布了GPS验证的蒙太奇照片来展示主要公共观赏点的拟开发建议。

图 4.34

德国生物能源村

云德村（Juhnde）是德国第一个生物能源村 [其他生物能源村有莫恩海姆村 Mauenheim，博莱维克村（Bollewick），费尔德海姆村（Feldheim），施特勒恩村（Strohen）和巴特奥尔德斯洛村（Bad Oldesloe）]。可再生生物质（木片，青贮饲料，动物粪便等）为居民提供热能和电力（热电联产），高效地产生了两倍于消费的能量。

图 4.34

言行一致

可再生能源装置可以使掌握空间技能的风景园林师脱颖而出，并尝试更有助于社会可持续发展的主张。我们急需摆脱对不可再生，污染性能源（石油，煤炭，天然气，铀）的依赖。此时，正需要风景园林师的管理、倡议和领导，以协调大规模可再生能源装置建设这一具有挑战性和政治性的过程。

图 4.35

土地功能堆叠以消减补贴开支

为了缓解城市地区用地紧张的问题，需要改善农村土地管理模式（第二章）。许多国家试图将乡村景象冻结在久远的过去，以传统意义上浪漫、田园诗般的场景定义“乡村”的概念。许多乡村景观文化单一，缺乏功能叠加的机会，例如在同一块场地综合叠加放牧 / 农业，生态 / 保护和风 / 太阳能电场等功能。将土地租赁给发电机的收入，可以抵消部分政府和纳税人对土地所有者将其土地用作单一放牧用途的补贴（如英国大部分地区所发生的那样，全世界许多政府也在补贴化石燃料发电用地）。为了进一步增强多方面的成果，农业补贴（如欧盟的补贴）将进行调整，纳入保护和生态恢复区域，而不是现行法规那样统一派发牧场补贴资格（像英国那样）。

图 4.35

斯旺西潮汐泻湖发电场(Swansea Tidal Lagoon Power Plant),LDA 设计事务所(LDA Design),英国斯旺西湾(Swansea Bay),2012–

这是从西海堤面向海湾所能看到的景色。这条长 9.6km 的海堤下将安装水下涡轮机。

这一拟建潮汐发电厂占地约 1185hm^2，据称是世界上第一个专门的潮汐能发电项目(在本文撰写时)。这个国家重大基础设施项目(Nationally Significant Infrastructure Project，NSIP)将成为航行和旅游目的地。它的设计寿命是 120 年，预计每年可产生 500GWh 的电力(能为 155000 户家庭提供电力)。LDA 在跨学科团队中主要参与的内容包括陆地和泻湖总体规划；制定目标和业务框架；协调项目设计和申请开发许可证；编写设计文件；为土地谈判提供规划支持；公众咨询和环境影响评估的战略审查。

谁是倡导可再生能源的领头军？

丹麦、葡萄牙、西班牙和德国等一些国家，太阳能和风能发电占总发电量的比例更高。相应地，海上和陆上风能和太阳能发电厂构成了当代沿海和景观视觉景观基质的一部分。当然这一结果不总是基于审美偏好或进步的环境观；也可能是由于这些国家国内化石燃料资源缺乏或不愿意进口能源。

废物能源转换

许多城市正在越来越多地建设“废物能源转换”(W2E)工厂，通过焚烧垃圾产生电力(有时是热能和天然气)。欧盟有超过 450 个 W2E 工厂投入运营(在土地面积有限的国家尤其普遍)。这些工厂是对古老的垃圾焚烧处理厂或者垃圾填埋场的改进。这些垃圾处理工厂不利用垃圾焚烧生产电力、热能或天然气；而将垃圾送到垃圾填埋场，这将直接导致地下水污染和甲烷释放 [甲烷是比二氧化碳更糟糕的温室气体，甚至在以甲烷生产能源的垃圾填埋场也无法防止大量甲烷逃逸到空气中，参见弗莱士河公园(Fresh Kills)，维尔丹琼(Vail d'en Joan)，第三章]。阿姆斯特丹的 W2E 已经和水过滤相结合以提高环境治理协同效应和能源转换效率(见水网项目(Waternet)，第九章)。虽然依然在不断改进中，但 W2E 仍然是单一基础设施的工程 / 技术的一部分，并且可能阻止回收等更具有可持续性的过程。因此，W2E 不太适合复杂的废物回收和堆肥分拣系统(如德国和一些欧洲地区)，或是一些市政府的“零浪费”计划 [例如美国部分地区(特别是旧金山)和澳大利亚]。“零浪费”计划可以提高资源回收率 [奥地利，德国，荷兰和比利时]，促进行为改变，同时创造大量工作岗位。

图 4.36a

图 4.36b

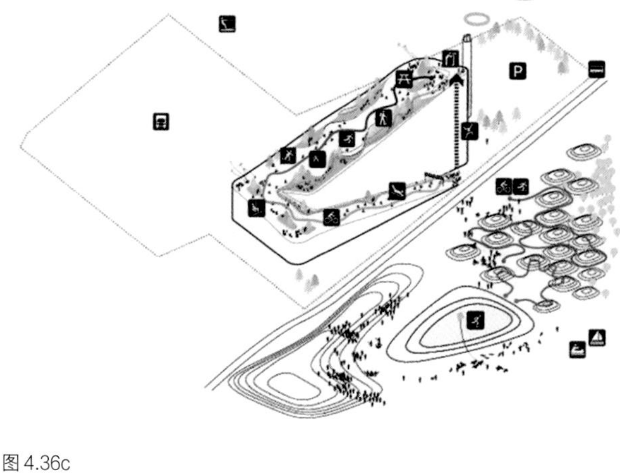

图 4.36c

图 4.36a
图 4.36b
图 4.36c

阿马格巴克废物能源转换工厂（Amager Bakke Waste to Energy Plant），BIG 建筑事务所（BIG Architects），托普泰克第一设计事务所（TOPOTEK I），丹麦哥本哈根人造陆地，2011-

哥本哈根现有的废物能源转换工厂是欧洲最古老的（将近 50 岁），每年燃烧废物量高达 40 万吨。BIG 设计的哥本哈根新工厂及其公共空间项目目前正在建设中。其中最著名的是 31000m^2 的滑雪坡通道，只需购买日间通行证即可进入滑雪。事务所还提议新增公共汽车路线和自行车道以改善工厂的可达性。

概述集中式和分散式基础设施系统的优缺点。通过什么方法能形成理想的解决方案？

对“绿化”基础设施进行头脑风暴。例如：

城市，郊区，城郊和乡村地区各有哪些机会？

我们是否应该将注意力从增加能源 / 电力供应转移到减少能源需求和消费的策略上？

可以采用哪些策略来推进对能源项目的探讨，使之不仅仅停留在视觉和景观特征的影响上？如何在评估中优先考虑其他因素？

制定改进 EIS（环境影响声明）流程的策略，加入替代解决方案或项目的讨论。

实现综合、系统的交通规划存在哪些障碍？有哪些可能的解决方案？

我们是否应该削弱私人机动车在城市中心的主导地位？为什么？为什么这被认为具有挑战性？

可以采用哪些策略向利益相关者证明：对行人和自行车友好的街道也有利于商业发展？

循证的、技术知识在街道景观规划和设计中是否重要？为什么？

找到下列理念的最佳实践措施及案例：

- “完整街道”（complete street）途径；
- 有多种模式的示范性公共交通网络；
- 骑行友好城市；
- 共享街道网络；
- 广泛采用水敏性城市设计（WSUD）/ 可持续城市排水系统（SuDS）设计的街道景观网络；
- 融入城镇 / 城市的可再生能源基础设施。

有哪些方法可以确保快速发展的城市和经济体不会重复许多发达城市正在努力纠正的错误？

Adger, W., Lorenzoni, I. and O'Brien, K. (2010) *Adapting to climate change: thresholds, values, governance*, Cambridge: Cambridge University Press.

Austin, G. (2014) *Green infrastructure for landscape planning: integrating human and natural systems*, Abingdon, Oxon: Routledge.

Benedict, M. and Mcmahon, E. (2006) *Green infrastructure: linking landscapes and communities*, Washington DC: Island Press.

Farr, D. (2008) *Sustainable urbanism: urban design with nature*, Hoboken, NJ: Wiley.

Gehl J. (2010) *Cities for people*, Washington: Island Press.

Landscape Institute (2013) *Guidelines for landscape and visual impact assessment*, Third Edition, Oxon, UK: Routledge.

Maas, W. (1999) *Metacity datatown*, Rotterdam: MVRDV/010 Publishers.

Pollalis, S., Schodek, D., Georgoulias A. and Ramos, S. (eds) (2012) *Infrastructure Sustainability and Design*, Oxon, UK: Routledge.

Rouse, D. (2013) *Green Infrastructure: a landscape approach*, Chicago, IL: American Planning Association.

Sarté, S. (2010) *Sustainable infrastructure: the guide to green engineering and design*, Hoboken, NJ: Wiley.

Sijmons, D., Hugtenburg, J., Hoorn, A. V. and Feddes, F. (2014) *Landscape and energy: designing transition*, Rotterdam: Nai010 Publishers.

Stremke, S. and Dobbelsteen, A. (2013) *Sustainable energy landscapes: designing, planning, and development*, Boca Raton, FL: Taylor & Francis.

Tumlin, J. (2012) *Sustainable transportation planning: tools for creating vibrant, healthy, and resilient communities*, Hoboken, NJ: Wiley.

附加案例

You might also like to look for further information on the following projects:

100 Resilient Cities, Rockefeller Foundation, 2013–

Bay Area Climate Change Education Needs Assessment Report, Institute at the Golden Gate, 2014

Climate Change Adaptation Toolkit, Net Balance, 2012

Landscape Succession Strategy, Melbourne Gardens, 2016–2036

Street Design Manual, New York City Department of Transportation, New York, USA, 2009 and 2013

Elmer Avenue Neighborhood Retrofit, Stivers & Associates, Los Angeles, California, USA, 2010

Desert Claim Wind Project, Jones & Jones, Kittitas County, Washington, USA

访谈：德克·西蒙（Dirk Sijmons）

德克·西蒙教授是荷兰第一位国家风景园林师（2004-2008），并担任代尔夫特理工大学（TU-Delft University）风景园林学主席。1990年，是H+N+S景观事务所（H+N+S Landscape Architects）的创始人之一，并于2001年获得了伯纳德王子文化奖（Prince Bernard Culture award），并于2002年获得鹿特丹——马斯卡斯特奖（Rotterdam-Maaskant award）。西蒙教授曾在多个政府部门和国家林业局工作，策划了IABR-2014，主题是"城市与自然同行"（Urban-by-Nature）。他的英文书籍出版物有《景观》（Landscape）（1998）、《来自欧洲的问候》（Greetings from Europe，2008），还有最近的《景观与能源》（Landscape and Energy，2014）。

是什么使得荷兰设立国家景观顾问或国家风景园林师职位？这在世界上其他大多数地方都不常见。

第二次世界大战后直到20世纪90年代初期，各种国家机构，如国家林业局（我在那里担任景观负责人），都存在一种强烈的、民主的设计方法。在全球新自由主义崛起的同时这种设计方式逐渐消失。在此时设立国家风景园林师的职位，既是为了弥补这种损失（以及工作项目要么来自私人业主委托，要么索性没有了），又能够向部长们提供建议，让议会知道我们风景园林师仍然参与并担心着景观问题以及他们的新事业。

虽然私有化和全球新自由化似乎是一个相当消极的趋势，但它产生了非常积极的结果。荷兰在建筑政策方面向来有强有力的传统：我们200年前就设立了国家建筑师的职位，为建筑政策建言献策。随着时间的推移，建筑政策从建筑本身发展到建筑和城市规划政策，再到包含建筑、城市规划和景观等各方面的政策。在这个越来越宽广的发展轨迹中，国家建筑师需要一些"右手"的帮助。我被邀请成为第一个国家风景园林师，同时有一位同事从事大型基础设施工作，还有一位同事从事文化遗产工作。

在担任国家景观顾问期间，您重点关注哪些主题？这些主题的范围是您自己确定，还是由您的上司/部长指派？

我在政府的直系上司（我自己的职位相对独立）是农业、自然事务和景观部长（the Minister of Agriculture, Natural Affairs and Landscape）。我能够主动提议，但也被要求就特定问题给出建议（例如，由于对农村工业化的担心而导致的奶牛养殖扩张）。我认为我们面临的两个最大挑战都与气候变化有关：第一，如何使我们的国家适应海平面上升（以及由此产生的河流变化），其次是减少二氧化碳排放（通过开发可再生能源）。

您是否遇到由景观的视觉影响引起的对改造项目或行动的集体抵制？

影响空间会引发各种各样的恐惧和情绪。我对最近澳大利亚等世界各地风力发电机组引发的巨大情绪反应感到非常惊讶。我认为这与人们认为我们处于被彼得·斯劳特戴克（Peter Sloterdijk）称作"石油表现主义时代"的末端有关。人们非常不确定将来会发生什么（甚至发展到了由风力发电厂引起新的身体疾病的程度——这种现象类似于19世纪中叶对火车旅行反应的记录——这些现象很快就消失了）。然而，直觉告诉我，如果深入思考一下，我们都需要习惯从前能源由远处巨大的煤炭或天然气发电厂生产，而我们只需要在家中轻弹一个开关就可以轻易获取；到现在能源变得分散，更接近我们直接生活环境的变化。这是一个非常新的现象。

您认为我们应该更多地关注能源分散和自给自足吗？

能源分散是人们掌握能量后的一种选择，也是一种实体资产：因此，不仅要分散电力，还要分散这些能源实体。最终，我们需要在自下而上的推动和自上而下的管理之间建立平衡，因为如果能源网络没有被整改，我们就做不了什么。由于生产波动，当部署的可再生能源超过25%时，我们还需要能够自由地削减或储存能量。一些基础设施将会很大，一些很小。特斯拉（Tesla）已经在生产家用氢电池，但这并不能完全解决问题，因为我们也需要规模经济。在我们所在的这片土地，风能将唱主角；而在南欧，主角将是太阳能。要达到这一结果，就需要在北海建设一座超大型集中式风力涡轮机发电厂。这一设想极有可能实现，而这也将是一次绝佳的投资机会。

传统观念上，这个发电场建设工程由工程师领导。不过与化石燃料开发主要利用地下空间不同，可再生能源开发利用的是地面空间，那么风景园林师和规划师是否会因此增加对相关工程的兴趣？

我认为作为风景园林师必须增加对可再生能源开发的兴趣，因为所有讨论都涉及空间、地面和空间质量，我们能发挥很大的作用。我们必须接受它、征服它，因为能源领域——无论是集中还是非常分散——都不会主动将他们友好的风景园林师邻居的电话号码放到他们的号码簿中，所以我们必须展现我们的专业可以为这个领域带来的额外价值。我绝对致力于征服这些对风景园林师而言新型的委托。

您认为我们能如何改善工程师等技术专家与风景园林师等空间专家之间的合作，以便专注于可持续发展计划？

首先，能源领域是一个非常技术性的领域。空间不是以定量的方式呈现的关键问题，或许生物生产除外，但这又是另一回事了。由于景观更具象征意义，在普遍的公众反应和抵抗中，空间突然成为了关键问题（例如，在阿姆斯特丹，我们有一个行动小组试图拯救传统屋顶，使其免受蓝色光伏电池的征服）。风景园林师可以从中调解，表明通过设计可以将一些“不美的”装置，如必须放置的风力涡轮机融入景观，从而表明好的和坏的设计之间存在差异。但是，我们绝不能过于野心勃勃地相信我们完全可以仅通过好的设计解决所有问题或终结讨论。我确实认为，在现场将受影响的人们和技术人员之间安排到一起参与讨论，将发挥我们作为风景园林师的重要意义。

当您担任国家顾问时，将这种庞杂的、相互关联的思想融入相对短期的政治和规划周期是否具有挑战性？

在能源领域，是的，我认为我们才刚刚开始。在我们的能源系统改造完成后，我相信风景园林师在“国家治疗”计划中除了空间规划设计，还能够发挥文化和情感作用。此外，我相信我们在提升适应性前沿的工作特别成功。一个关键的例子是通过大型国家河流计划(包括“给河流以空间”项目的34个子项目）将水文效应，水文稳健性和美学丰满性联系起来。作为一个国家顾问，在策划这个项目时我有机会拓展讨论范围，提出我们不仅需要提升水安全，还要有提升流域景观和增加土地利用功能的雄心壮志（如休闲娱乐，自然保护和城市规划等）。该项目的成功得益于气候变化对我们低洼国家和狭窄水道产生的影响的远期预测，关于空间质量的长期争论，以及水文工程师和风景园林师之间的合作。

作为风景园林师，在人类世中我们应该关注哪些其他关键问题？

保罗·克鲁岑（Paul Crutzen）引入和创造“人类世”（the Anthropocene）一词，原因之一就是全球土地利用的变化，不仅指城市化，还包括荒地的开垦。2014年我在策划鹿特丹国际建筑双年展（International Architecture Biennale Rotterdam）时，曾试图把关注点扩展到建成区以外的地方，包括食品生产、休闲、自然、露天采矿、机场等城市环境中，我们把它们看作大型工艺品，也许是我们最大的工艺品。这对风景园林师而言是一种新的工作类型。全球范围内城市密度正在逐渐减少，我们迫切需要找到可持续发展的方案。不过可能与风景园林师相比，这一趋势对于规划者来说更为致命。我们需要审查城市土地利用的“自发生长”，比如由于城市土地的高市场价值，农业转而开垦荒地。相反，我们需要找到城市景观的合理配置，其中净水生产、自然和休闲可以占有相对稳定的位置。风景园林师未来的委托项目很可能与欧洲和美国部分地区相似，例如设计解决淡水咸水断开问题。

您曾建议，规划需要对一些已经留给市场的经济问题有更多的控制权。您是否认为我们需要尝试重新控制城市发展？

我们再也不能回到荷兰所谓的“可塑性时代”的全盛时期了，当时，我们可以通过空间手段制造一切并解决我们所有的问题。当然在某种程度上来说其实依旧可以（我不确定这是属于风景园林师还是规划师的范围）。不过因为资本主义不太可能从根本上改变，我们必须在资本主义体系内完善市场。其中一个例子就是将增值税改为碳税，作为控制二氧化碳排放的方式。这些措施，如分散二氧化碳市场，是为了促进可持续发展，以及时完成积极转变。

这些关键问题是否越来越紧迫？

荷兰在应对气候变化方面的进展非常缓慢。在这方面，我认为荷兰位于拉脱维亚和保加利亚之间的第34位（可能部分原因在于我们关于化石燃料的游说非常有力）。在我的《景观与能源：设计过渡》（Landscape and energy: designing transition）一书中，我概述了为实现目标需要做些什么。我们来不及紧急撤离到任何离我们很近的地方，来保证我们生活地区的二氧化碳浓度低于4.5亿ppm——事实上，我们的二氧化碳浓度已经超过了4亿ppm。我们的所谓行动根本没有足够的行动力。

您的职业生涯非常成功——那么您对年轻的新兴风景园林师和规划师有什么见解或建议吗？

我建议他们不仅要观察空间的表现形式，更要“透过现象看本质”，发现生成这些形式的内在原因。逐一观察这些影响因素引发的景观表达，并思考如何影响它们。我观察到在景观形成过程中，有许多形式方面的问题只需要风景园林师轻挥魔杖就能解决。最后，景观是一个生物实体，风景园林师或规划师的角色是在其中不断地工作、维护和种植。

您认为风景园林师或其他专业组织应该更积极地反对化石燃料的游说吗？

一个学科的责任是有界限的，尽管在职业生涯中我经常推动这个界限，但是还不能完全确定逾越这条界线是否适合。风景园林师是否应该满足于仅仅接受并保质保量地执行客户的委托？这当然也是一种合法的专业观点。我个人一直认为风景园林师的工作是调解人与自然的平衡。这不仅仅是个象征性的表达，也是我们学科的核心。在此基础上，我们可能有合法的权利进入这些话题的讨论。

图 5.1

羊群在中央公园中散步，拍摄于 1935 年前后

直到近些年，食物生产系统都一直存在于城市内部。虽然小规模的农业生产已经重回许多发达城市，城市中的大中型的农业却大幅度减少或消失。

第五章　风景园林与食物

风景园林师、规划师和建筑师已经越来越热衷于参与重大事件、公共政策和立法机制。并在实践项目中考虑规划、安全、独立、廉政、地域性和设计食物系统及都市农业。与半个世纪前北半球的禁止与不鼓励的趋势相反，这些活动正在现有的社区花园、市民租种地和小型生产景观中开展起来。这些尝试在全球问题不断的粮食系统中，创造了提高食品安全、农业生物多样性和粮食主权的弹性方法。为了改善我们的粮食生产方法和地域，规划是必不可少的，同时风景园林师需要努力促进并实现食物生产在城市或城郊地区的介入，并扩展现有局限的装饰性种植政策。

食物生产系统

自 12000 年以前的新石器时期的革命开始，食物的生产和存储总是离得很近。直到 20 世纪中叶的农业绿色革命（Green Revolution）的冲击，这种情况才发生改变。20 世纪农业系统的空前巨变在我们赖以栖息和生存的地球上发生了戏剧性的变化。1960 年，世界人口徘徊在 30 亿左右，而今天已经超过了 70 亿。喂饱这增加的 40 亿人口是农业的一项壮举，但是其能否长期可持续发展和其对地球产生的大范围负面影响仍受到质疑。与此同时，高度发达城市中一系列政策与规划通过冰冷的法规、分区，没有对大都市中可用的农业用地加以保护，而使其任由开发或被其他用途占用。在一些项目中甚至受到污染或变得贫瘠。这些行为都极大地抑制了城市农业的发展。

"据说第一家超市出现在美国的土地上是在 1946 年。这距今并没有很久。在那之前，食物都在哪呢？亲爱的伙计，食物在家里、在花园中、在田野里、在树林中。食物离厨房很近，离餐桌很近，离什么都近。食物储存在储藏室、地下室或者后院中。"

乔·萨拉丁（JOEL SALATIN），村民，这并不寻常：一位农民有关快乐母鸡、健康人类和更美好的地球的建议

"好的水果是商品之花，它是地球上所知的美丽与实用最完美的结合。树上长满柔软的叶子，开花是春天的馈赠，最后成长出饱满的、光滑的、多汁的、美味的水果。"

安德鲁·杰克逊·唐宁（ANDREW JACKSON DOWNING），美国的水果和果树（1845）

"食物是能量。获取食物也需要能量。这两种作用共同构建并永远成为了人类人口的生物学限制。"

理查德·海因伯格（RICHARD HEINBERG），石油枯竭后我们吃什么（2005）

"可食用的，形容词：好吃，有益于消化系统。就像蛆虫之于蟾蜍，蟾蜍之于蛇，蛇之于猪，猪之于人类而人类之于蛆虫一样。"

安布鲁斯·贝瑞思（AMBROSE BIERCE），魔鬼的辞典（1911）

"有时人口数量增长过快，超过环境承载力所造成的负面反馈来不及阻止增长。如果人口超过了环境承载力，通常会因粮食的过量消耗造成负面作用而使死亡增多、出生减少，从而使人口快速回落到承载力以下。"

格雷·马丁（GERRY MARTEN），人类生态学：可持续发展的基本概念（2001）

"全球化，一项意图整合所有地区、区域和国家经济成为一个全球系统的运动。其要求适应本地均质化的农业被集中管理的、农药集约型、专精一种作物的工业化生产模式所取代。向世界市场输送少数易于运输品种的食物。"

海伦娜·诺伯格-霍奇（HELENA NORBERG-HODGE），土地之上：反思工业化农业（2001）

"一个物种怎么能为了消灭几种他们不喜欢的物种而使整个环境受到污染，并给他们自身造成死亡和灾难威胁呢？"

雷切尔·卡逊（RACHEL CARSON），寂静的春天（1962）

图 5.2

勒贝罗切· 米格（Lebereht Migge）

德国风景园林师、区域规划师、作家和自称“园艺建筑师”的勒贝罗切·米格通过小规模的家庭花园和社区园艺准则，成功实现了社区内食物自给自足。这张 1932 年绘制的平面图，描绘了在社区中家庭不断增长的情况下如何布置种植食物的花园。

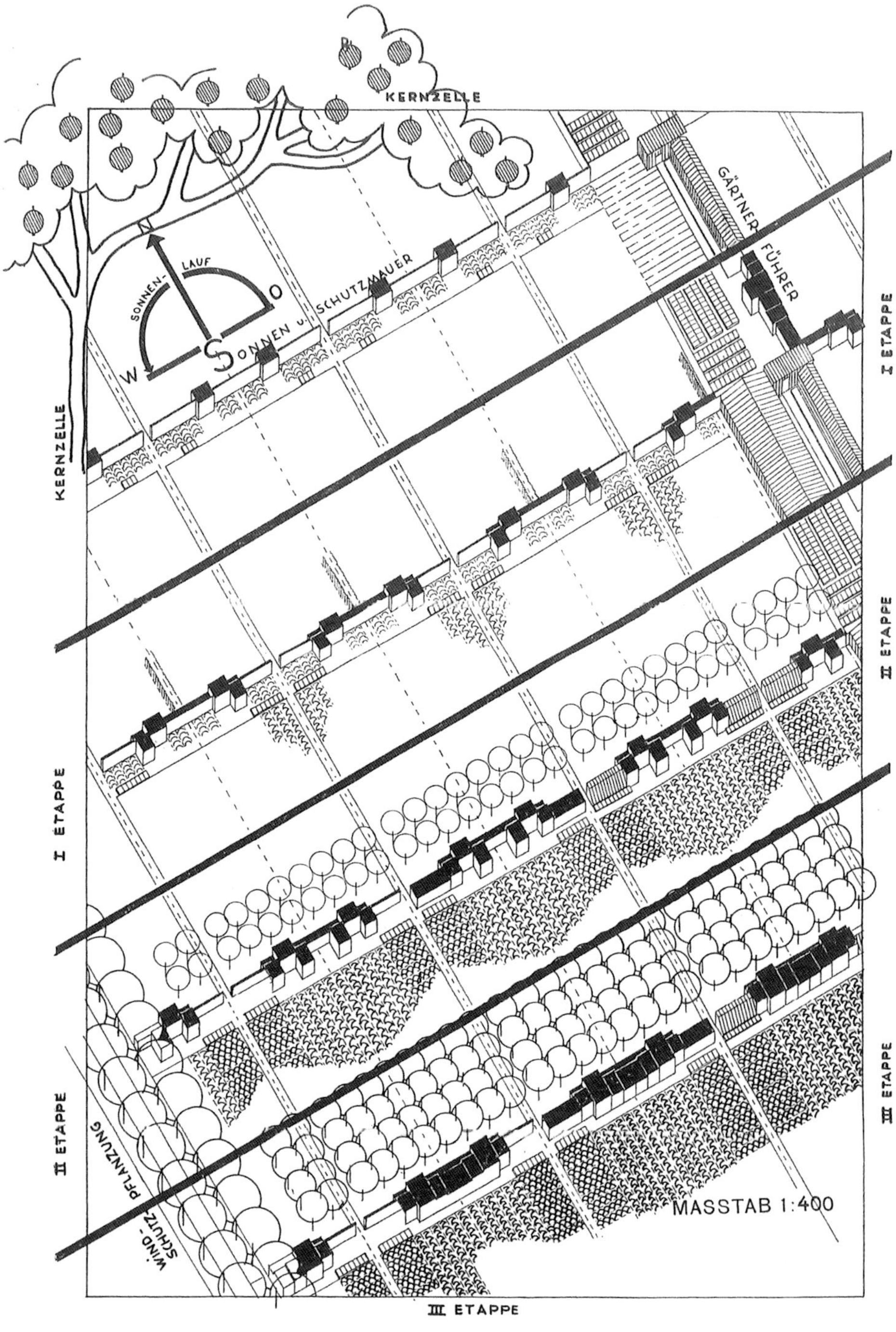

图 5.2

“现代食品生产系统每生产 1 卡路里食物产生能量需要消耗大约 10 卡路里化石能源产生的能量。”

理查德·海因伯格（RICHARD HEINBERG），石油枯竭后我们吃什么（2005）

“在某种意义上，每天生存需要依赖一个专家无法理解、管理人员无法管理的，或扩张或衰退的农业帝国——一个疯子机器——我们都是它的奴隶。而且这台机器还会以指数增长的速度吞噬掉地球上的资源。”

爱德华·艾比（EDWARD ABBEY），地球的留言：当代美国自然和环境作者的论文（1994）

“澳大利亚最常见的 19 种食物的总运输距离是 70803 千米。约等于绕地球两周或澳大利亚海岸线长度的三倍。”

苏菲·盖巴拉和艾什·比·亚伯拉罕（SOPHIE GABALLA & ASHA BEE ABRAHAM），澳大利亚食物里程：以墨尔本为例（2008）

“北美大草原中的所有物种和草类每公顷比现代农业产生了更多的碳水化合物和蛋白质。但是传统农业本身并不鼓励这种丰富的生态系统。”

威廉·麦克唐纳和迈克尔·布朗加特（WILLIAM MCDONOUGH & MICHAEL BRAUNGART），从摇篮到摇篮（2002）

绿色革命

20 世纪 40—60 年代见证了农业生产为增收而发生的变化。大规模机械化，高产的作物品种、人工合成的化肥和杀虫剂的使用，伴随着全球食物系统极大的变革，农业生产在变得高产的同时也造成了生态灾难。这一场农业“绿色革命”并不像它名字所表现出的那么“环境友好”。机械化的高效带来了少量人力投入，但化石能源的投入和其转化为食物能量的过程却十分低效。全球范围内大规模的农田扩张行为戏剧性地转变和破坏了自然系统。农业综合经营与传统农业相比，是一种更适合应对发达国家中大规模的食物种植、加工、运输和消费活动的形式。大多数情况下，传统农业的内涵已经丢失，食品成为了经过加工、销售和贸易以获得最大利润的经济商品。

"整整一代人都认为，地球的人口承载力与种植作物的土地面积和高效利用太阳能的土地面积相关。这是一个令人悲伤的骗局，因为工人吃的土豆不再是吸收太阳能成长的，而是一定程度上由石油培育出来的。"

霍华德·奥德姆（HOWARD ODUM），生态经济学（1971）

"简单来说，（我们）从20世纪就开始以不断加速的速度"吃"石油和天然气。如果没有投入大量的廉价汽油和化石能源的机器，就没有灌溉系统、卡车运输或是石油提炼出的除草剂、杀虫剂和天然气制成的肥料。（我们）将会被迫彻底改变食物生产方式，否则只能挨饿。"

詹姆斯·昆斯勒（JAMES KUNSTLER），漫长的危机（2006）

影响农业的因素

环境因素对农业的影响是十分巨大的：农业是全球最大的淡水消耗源，消耗了40%左右的地表水；农业造成了不断扩大的开垦活动；农业释放了大量污染物和化学物进入环境中；食物与消费者之间相隔了难以想象的距离（食物里程）；而发达国家中20%—50%的食物被浪费。与此同时，人口在持续不断的城市化（已经超过了50%），促使农业远离大都市区域。结果造成人与农业之间在空间和视觉上的割裂，城市里的人们越来越不了解食物生产。获得食物变得理所应当，但知识和技能却告诉我们食物的减少与否与人口规模有关。

"养活美国牲畜所花费的粮食足够养活84万以植物为基础饮食的人。"

戴维·皮门特尔与玛西亚·皮门特尔（DAVID PIMENTEL & MARCIA PIMENTEL），肉食为基础饮食与植物为基础饮食的可持续发展和环境（2003）

"成为一名素食者，是我们为了拯救地球与地球上的物种所能做的最重要最直接的改变。"

克里斯·赫奇斯（CHRIS HEDGES），拯救地球，马上从一顿饭开始（2014）

"在近一百年中，由于食物的工业化生产，使得世界上大量食物的基因多样性和人们的农耕知识消失殆尽。"

孔嘎协会（KOANGA INSTITUTE），我们的视野（2015）

食品安全

联合国将食品安全定义为关注日常热量与蛋白质摄入。广义的食品安全则包含了自然系统承载力、投入的长效性、为全世界人口提供所需食物之后的恢复力，及所构建的食品供给系统的安全，是一个集合概念而非一个孤立的定义。考虑到食品安全问题是包含了前面所提到的多方面内容的问题。世界上超过一半的人口赖以生存的粮食是使用合成氮肥料农业的产物。而这些合成氮肥是消耗了大量天然气生产出来的。天然气不但是一种有限的能源，同时也是导致气候变化的重要因素，而且氮肥破坏了土壤微生物和有机碳，导致了土壤酸化（降低了土壤肥力）和水体富营养化。

饮食的足迹

更多食品安全的细节检测，揭示出人们的饮食选择极大地影响了景观和能源消耗。如牛肉、海鲜和奶制品需要大量的生产加工空间，体现在对于能源消耗与劳动力消耗，例如消耗淡水、大量的粮食喂养牲畜和大面积围海养鱼。选择这类消费品，会相应地影响到自然风景和海洋。举个例子，一个大规模的城市公园也许只能为一小群牛提供充足的牧草，但是可以作为一个公共市场菜园，能提供更多的食物（和更多的社会价值、就业和培训）。

"20 世纪初期以来，大约 75% 的粮食作物基因多样性已经被农民们抛弃了。因为全球范围内的农民抛弃了多样的乡土品种，而选择了基因统一、高产的品种。……今天，世界 75% 的食物是由仅仅 12 个植物物种和 5 个动物物种而来的。"

联合国粮农组织（FAO），农业物种多样性发生了什么？（1999）

"大型机构不拯救种子，而人却用心从事这件事。"

格雷·保罗·纳布罕（GARY PAUL NABHAN）种子拯救者年会（2013）

农业生物多样性

生物多样性不仅仅指代本地生物多样性，根据它的定义，它包含多有生命形式。与本土植物或动物物种消失相比，农业生物多样性很少有人将其与生物多样性丧失这一问题联系起来。由于农业工业化，全球范围内失去了大部分食用植物的基因多样性，并因此大大减少了物种差异性和抗性。生物多样性公约（150 国政府首脑于 1992 年的里约地球峰会签署）的签约国，同样具有保护农业生物多样性的义务。但是，这一重要问题却被严重忽视或误解，并掩盖在高认知度的乡土物种多样性问题的阴影之下。虽然农业生物多样性可以帮助实现永久化丰富的农业实践活动，也能提供多样生态系统服务，减少环境外部效应和对非农活动的投入，也是确保种子收集、种子使用和在公司、专利控制下保护种质资源的交换的关键议题（见第七章，生产模式）。但许多国家没有解决甚至没有为农业生物多样性问题发声。这些因素均表明，目前，需要更为广泛的全球范围内食品工业化生产的社会文化、权利和经济因素的探讨（第七章）。

图 5.3

挪威斯瓦尔巴德岛全球种子资源库

全球最大的种子银行建立在挪威一座山坡的永久冻土层之下。其他种质资源库包括伦敦邱园内的千年种子库和美国科罗拉多州科林斯堡的联邦机构。美国爱荷华州的种子拯救者，运营着一项着眼于历史流传下来的濒危花园、食品作物种子遗产的可参与保护项目。

图 5.3

“我们要世界银行，我们也要国际货币基金组织，我们要所有大型基金，我们要所有政府。包括我，总统，承认这30年我们搞砸了。我们搞砸了。我们错在相信食物与其他国际贸易货物一样。我们不得不回到一种更加对环境负责、更加可持续发展的农业模式。我们需要回到食物最大限度自给自足的政策时代。”

比尔·克林顿（BILL CLINTON），联合国食品日发言（2008.10.16）

食品主权

“食品主权”考虑了人们定义、控制、参与自己的食物和农业系统的权利。它包含了食物的生产、分配、贸易和消费，同时包括考虑将健康和文化适合的食物以一种生态健全和社会可持续的策略生产出来。为确保食品安全和食品主权，政策和立法机制是极其重要的。因此，需有效规范如何、在何地生产食物。食品主权运动中有大量的分项目标和命题，如乡土食物、社区支持农业（CSA）、食品公正、合作社、慢食运动、市民农业、食品沙漠、健康食物、农民阶级、家庭和手工农业。但是除了一些发达国家城市农业中新兴的活动，目前在农业生产和食品系统中几乎没有获得就业的机会，甚至工资仅能保证最低水平，这就丧失了强化本地食品安全和丰富就业前景的机会。

自力更生

一些农业运动，例如永久农业、改变城镇和路网、宅地运动、自耕运动等，使得小菜地和社区菜园增强了人们对于食物主权需求的认知，人们也因此希望避免依赖无法独立控制食物系统弹性而产生的消费者弱点。这些运动虽然仍很边缘化，并与庞大的全球食品系统相比影响力微不足道，但是这项工作提供了一个重要而实用的对策，来应对石油峰值、能源稀缺、气候变化和忽略食物自给自足等，带来的挑战。

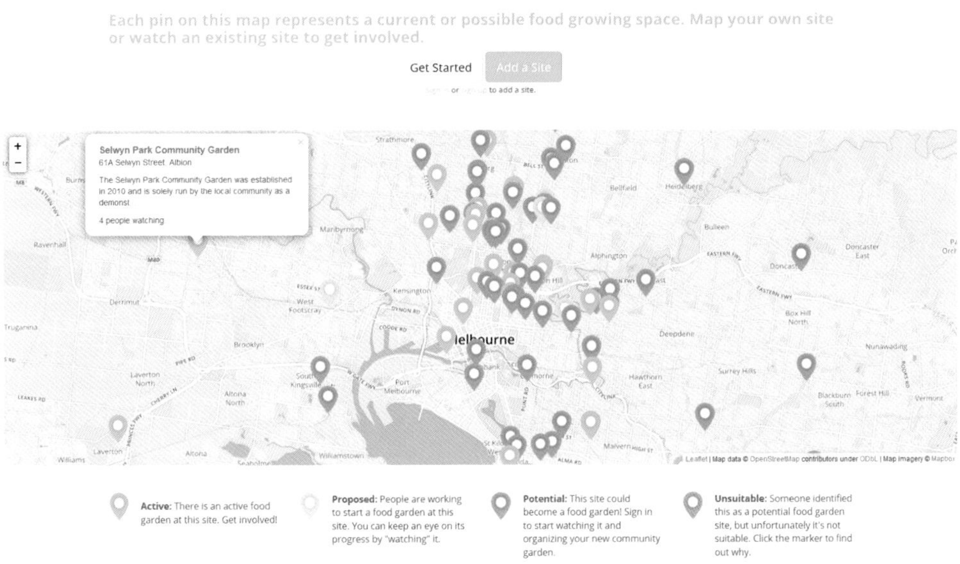

Each pin on this map represents a current or possible food growing space. Map your own site or watch an existing site to get involved.
Get Started
Add a Site
or to add a site.
Selwyn Park Community Garden
61A Selwyn Street Albion
The Selwyn Park Community Garden was established in 2010 and is solely run by the local community as a demonst
4 people watching
Melbourne
Active: There is an active food garden at this site. Get involved!
Proposed: People are working to start a food garden at this site. You can keep an eye on its progress by "watching" it.
Potential: This site could become a food garden! Sign in to start watching it and organizing your new community garden.
Unsuitable: Someone identified this as a potential food garden site, but unfortunately it's not suitable. Click the marker to find out why.
Leaflet | Map data © OpenStreetMap contributors under ODbL

图 5.4

图 5.4

3000 英亩，3000 英亩和星图，墨尔本，澳大利亚，2013 年至今

“3000 英亩”是墨尔本倡议建立的一项传统基层食品生产和城市规划政策。包含详细细节工具包的线上平台沟通了使用者、土地和资源、目标空闲的土地、建造的社区、商业和政府之间的联系，并确保了项目可以自行组织进行。

图 5.5

恩菲尔德花园（Garden Enfield），伦敦行政区理事会，伦敦，英国，2013 年至今

重建一个充满活力和可持续的园艺市场行业的愿景在恩菲尔德和李谷（the Lee Valley）的食物种植遗产上实现，并创造了大约 1200 个工作岗位。基于 2020 年的可持续发展计划以及恩菲尔德食物战略和行动计划，这一项目获得了大伦敦政府（GLA）60 万英镑的奖金以表彰他们的协作种植模式，激励逐步扩张土地面积并寻找新的销售手段。广泛倡议包括建立食物种植和技术中心，提供学徒、工作实践实习和志愿者机会、有机食物箱计划、公共摊位和建立学校食物种植计划。这张图片展示了 1937 年恩菲尔德的一家温室中收获黑葡萄的场景。

图 5.5

图 5.6a

图 5.6a
图 5.6b
图 5.6c
图 5.6d

沈阳建筑大学校园，土人景观，沈阳，辽宁省，中国，2003-2004

土人景观认为粮食生产和土地可持续发展关乎一个国家的生存问题。尤其是一个拥有 12.7 亿人口消费着珍贵的农业资源和可用耕地，并持续城市化的国家（在 $21hm^2$ 的校园内设置的 $3hm^2$ 的食物景观，证明了农业景观可以成为城市环境和文化认知的一部分）。在紧张的时间和有限的预算情况下（一年的景观设计和实施时间，每平方米 1 美元的预算），设计利用了场地内过去独特地域性的“北方大米”种植区的优质土壤和可利用的灌溉系统。大米，乡土植物（作为边界）和庄稼（例如荞麦）以规则形态生长着，展现了生产景观的可行性和学生们的可参与性。大米收获并包装，作为来访者的纪念品，也成为一种新型城郊校园的认知来源。

图 5.6b

图 5.6c

图 5.6d

“规划师、城市设计师甚至开发商，正在逐渐意识到农作劳动作为另一种综合功能活动为社区增添了活力。在半个世纪的中断之后，农业在公共空间、娱乐和文化场所、就业机会、娱乐休闲设施、教育协会和商店市场之后找到了一席之地，成为了优秀社区中的主要组成部分。”

达琳·诺达尔（DARRIN NORDAHL），公共生产（2009）

“食物问题是城市环形思维中最重要的议题……因为城市围绕在人的周围，而人则需要吃饭。优质的食物生长在肥沃的土壤上，需要优质的水源和养分。同时，由于持续的城市化，这些要素变得稀缺，除非城市开始思考以闭合的有机循环取代工业化时期的线性生产链的概念。”

简·威廉·凡·德·施恩斯（JAN WILLEM VAN DER SCHANS），城市的新陈代谢（2014）

“成熟的风景园林师更偏向于关注观赏植物。目前，可食用景观是一个充满商机的市场。风景园林师必须同时熟练运用观赏植物和作物，并了解如何搭配，才能创造一个美的群落，而且同时实现通过混栽防治病虫害，能在公共场所为使用者创造一个多功能、快乐、舒适和放松的环境。”

达琳·诺达尔（DARRIN NORDAHL），公共生产（2009）

“我认为城市中应该存在种植蔬菜水果的土地。市民可以在这里观察和了解他们所生存的地球母亲，同时了解食品商和小贩仅仅是一种运输（食物）的途径（而不生产食物）。”

詹斯·詹森（JENS JENSEN），《更好的曼哈顿西区公园体系》（1920）

食品规划、政策和设计

土地规划与设计对食物系统的影响是相当大的，并从宏观到微观的范围内均有影响。

景观规划界已经开始意识到，将农业用地排除在建设 20 世纪现代化城市目标之外是一个令人遗憾的决定。政策和法令的规划能促进在城市和城郊形成多种不同的规模的农业。美国规划协会（America Planning Assocition，APA）自 2005 年开始已经通过发出一系列倡议——包括大量的政策、指南和活动——来试图弥补农业用地缺乏的问题。

作为在城市环境中设计和引导公众领域中有着重要影响力的专家（详见前言，第七章），风景园林能够极大促进公众城市农业的设计和交付。风景园林师的技能能够驾驭技术和社会需求的结合，包括生产和可食用品种在公共场所的应用。但是，几乎没有风景园林师从事公共食物景观设计和施工的经验，也没有关于生产型植物品种充足的知识。

图 5.7

广亩城市

弗兰克·劳埃德·赖特（Frank Lloyd Wright）的广亩城市，是一个早期农业城市化的案例。隐含的控制和空间的衔接都要求社区种植食物自给自足。在他的塔里森奖学金（Taliesin Fellowship）资助下，建筑师学徒在场地里进行食物生产。

图 5.7

"一个文明步入衰落的明显标志是出现食物来源离城市过远的现象。"

澳大利亚人类生态学院（AUSTRALIAN SCHOOL OF HUMAN ECOLOGY），《文明的衰落》（2007）

"需要一个基本的范例改变人类生存供应全部依靠自然系统的认知。人造景观必须成为生产性的，而不是消耗性的。"

约瑟·阿尔米纳（JOSE ALMINANA），美国风景园林师协会访谈录（2009）

促进机制

在从经济回报上看，城市土地上种植粮食通常无法与其他土地利用形式所产生的经济价值相提并论（详见前言）。大多数现代都市的政策和规划机制，都没能保护生产性农业用地被经济回报更高的土地利用形式占据，例如低密度的居住用地。在向后碳时代转变的今天，确保合理的土地规划政策，同时促进农业用地成为城市中的合法用地类型，来降低食物里程（食物运输距离），增加城市和城郊地区食物系统的弹性并能够保持自给自足，是十分重要的。通过立法和经济机制能够协助、制定合理的政策，对小规模城市或城郊的农户采取让步与补贴政策（例如在大部分城市内提供补贴，改善农业系统）。这类提高农户主动性的政策可以增加就业率和农业生物多样性，改善食品安全、食品主权，提高本地或本国的食物自给率。在国家公园和国家保护地内小范围建立"农业公园"（但是要提供更多参与机会），需要更多关于促进保护有价值的城市及城郊农业用地和可持续的管理的研究，但这一举措却可以为那些没有土地却希望从事农业的人创造额外的就业机会，也可能形成一种超越城市领域和传统单一作物的农业形式。

设计包含作物

通过从事大尺度规划和公共绿地项目，风景园林师们可以将常用植物材料扩展到城市或城郊的生产作物，设计出可以开展食物材料相关活动的良好空间（详见边界的生活）。虽然从历史的角度看，作物和可食用植物已经大量被排除景观农业设计之外，所用的植物种类几乎都是为了体现观赏价值和本土的场所特征（详见第八章）。但幸运的是，设计师选择植物材料向作物扩展的现象出现在了包括了生产性景观、食物景观设计、连续的生产性城市景观、农业城市化及很多其他相关实践之中，创造有效和有效率的本土食物系统，形成多种的环境、社会和经济效益。

图 5.8

图 5.8

MVRDV 元城市数据小镇——农业部分

MVRDV 的大数据装置 [以及后来出版的书《数据城镇》(荷兰 Hague 出版社，1998)]，研究了城市各组成部分的空间扩张，提出全球化进程是否已经脱离了我们的掌控的猜想。他们虚构了一个 400km^2 的城市空间数据，人口密度是荷兰的四倍，显示出农业成为最大的土地利用形式，多种植被与肉食社会存在着极大的空间和能量的冲突。

“同样，当我们开始意识到湿地的生态价值后，我们为湿地的发展树立了高的标杆。我们需要意识到农田对我们国家安全的价值，并要求房地产开发商在项目开始之前提供‘对食物系统影响说明’。我们还需要创造一种税收，并鼓励开发商将农田纳入开发范围的详细规划之中 (就像他们现在设计的开放空间)。这样，目前居住区内的高尔夫球课有一天能够开展到农田之中。”

迈克尔 · 波伦 (MICHAEL POLLAN)，农民领袖 (2008)

“但是，由于中国已经开始逐渐城市化，本土化的景观已经逐步被剥夺了原有的生产功能、生命的栖息地和自然的美感。这些丧失生产性的农田已经逐渐被少数城市居民所接受，并转变为艺术性的装饰花园。就好像缠足曾经束缚的农村妇女一样，这种无用的、奢侈的和装饰性的审美已经成为了一股势不可挡的追求‘现代’和‘精致’的潮流的组成部分。”

俞孔坚，美丽的大脚：一种新的景观审美 (2010)

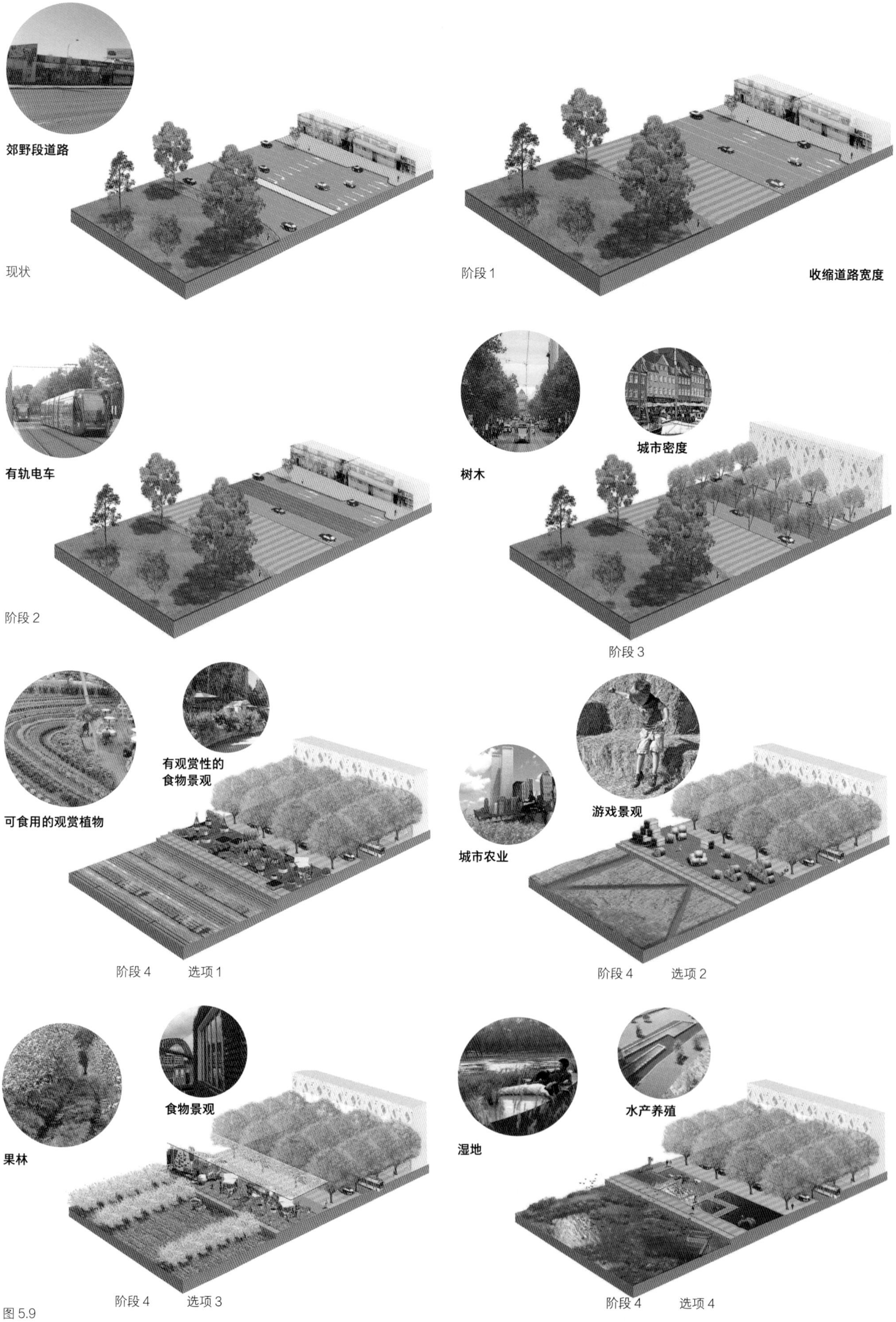
郊野段道路
现状
阶段 1
收缩道路宽度
有轨电车
阶段 2
树木
城市密度
阶段 3
可食用的观赏植物
有观赏性的
食物景观
阶段 4
选项 1
城市农业
游戏景观
阶段 4
选项 2
果林
食物景观
阶段 4
选项 3
湿地
水产养殖
阶段 4
选项 4

图 5.9

图 5.9

边界的生活，TCL，阿德莱德，澳大利亚，2011

这项政府设计实践探索了对阿德莱德西部边界主要道路走廊和塔包围的公园用地进行改造的可能性。作为被综合设计委员会委任的三支队伍之一，TCL 公司采用“可食用观赏”处理公共交通和密度问题，通过一种市民的、可参与的、生产性的和积极的城市远景，来推进城市农业审美。图中展示了现状的交通廊道改造的 1、2 和 3 期和改造 4 期时的四种发展方向。这四种发展方向包括了观赏性农业景观和社区市场公园、农庄市场及果园、玉米田和游戏景观、水净化湿地和水产养殖。

机遇

规划和政策激励措施能够增加使用可食用植物造景的频率和数量，并反过来改善城市粮食系统的弹性。这一举措涉及本土农业优先于食物里程集约的全球化农业，保护历史文化农业景观、农业实践和农业传统，尝试提供一个粮食供应系统减少对有限资源的依赖，提高粮食供应应对气候变化等危害的弹性，雇佣本地居民以保证他们的最低生活标准和就业，利用农业生态原理去保护生态系统和物种多样性。

图 5.10a
图 5.10b
图 5.10c

南湖：大都市中的乡村，SWA 团队，江西，中国，2011

这一设计借由农业景观来挑战传统的城乡土地转换形式，理清了当地农业的宏大历史和文化。农业和城市化共同造就了密集的城中村。密集的河网体系，丰富的水资源，平坦的土地和富饶的土壤，使这里具有了为周围超大城市提供粮食生产的天然禀赋。设计主要解决三大发展障碍：农业土地组织中的效率低下、停滞而被污染的灌溉系统和不经济的乡村人口密度。该设计建议对基础设施进行大修，以处理严重污染的水体，另外还倡导了一种包含了农业特点，同时与公共开放空间紧密连接、步行可达的村庄模式。

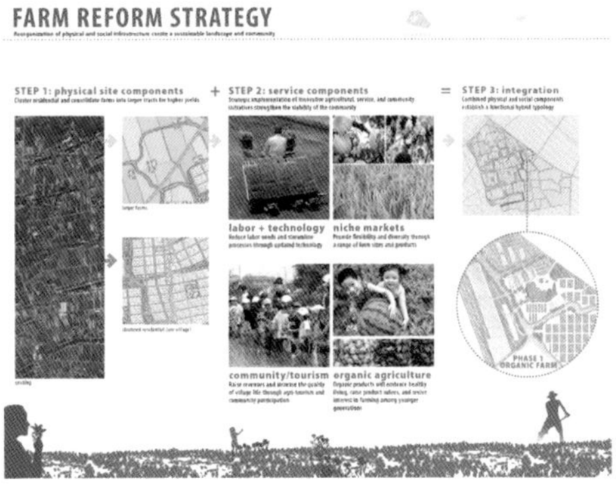

图 5.10a

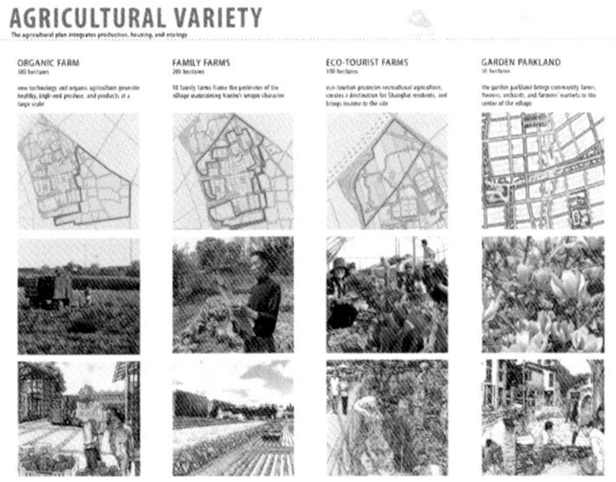

图 5.10b

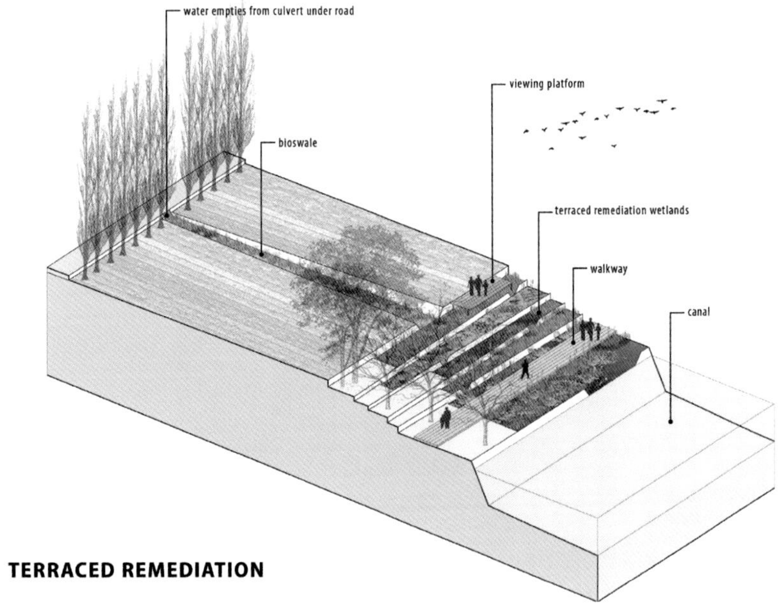

图 5.10c

图 5.11a
图 5.11b

格拉夫垃圾填埋场（Garraf Waste Landfill）中的农业

农业用地是十分珍贵的资源，尤其是在大型城市的附近。图中，一位农民在修复过的土地上耕种，这里原来是西班牙巴塞罗那的一座垃圾填埋场（详情见第三章）。

图 5.11a

图 5.11b

社区农业之外

当一些自治市和区域提供配套的社区花园或其他形式的社区观赏型城市农业时，却几乎没有哪个地区提供出一个区域，雇佣城市居民从事食物生产或积极建设一个本地的食品加工厂（详见恩菲尔德花园）。虽然一些自治市已经调整了政策促进农业和食品生产。例如修改法律允许城市养蜜蜂（纽约市）、鸡或者其他动物及允许从事屋顶农业。

图 5.12

城市养蜂

蜜蜂和其他传粉生物种群数量已经下降到警戒线。为了缓解这一现象，城市养蜂（图中为布鲁克林）正在日益兴起。与典型的以农作物为蜜源的“乡下蜜蜂”相比，“城市蜜蜂”能够从种类更加丰富的植物中生产出复合型的花蜜，同时避免了农药的影响。城市热岛效应加剧了蜂群的季节性周期增长，另一方面，城市也产生了如城市交通、工业粉尘和空气污染等威胁和无经验养蜂人所造成的蜂群潜在扩张等不利因素。

图 5.12

"食物的种植和消费总是伴随着风险。虽然对于这些风险的担忧大多出于无知，但是仍有一部分是合理的。然而，这些关于风险的认知，可能是阻碍社区公共生产项目实践的可怕障碍。今天，真实的情况是农场无法确保水果和蔬菜的绝对安全。这就使市政府和市民共同合作建立一个确保健康安全的食物系统成为可能。"

达琳·诺达尔（DARRIN NORDAHL），公共生产（2009）

"昆虫和其他陆生的节肢动物非常重要。如果它们消失了，地球的和谐恐怕就维持不了几个月了。"

爱德华·O. 威尔森（EDWARD O. WILSON），生命的多样性（1992）

设计的实施

关于城市农业和公共健康的关注需要仔细考量，但是规划和政策通常局限于 20 世纪"现代都市"的范例。这些范例对于审美的关注限制了城市农业活动。我们可以利用城市农业实现诸如审美、娱乐、教育、健康等绿色空间所具有的效益。而风景园林师的专业知识可以指引领导完成包括总体规划、社区管理、项目落地、园艺知识、后期维护等多方面的内容并激活当地经济、社区和社会的网络。也许更为重要的是，隐含出现的食物安全问题（第一章）让那些只关注视觉效果、风格和流行趋势的短视者们的观点黯然失色。

城市协同

在城市的语境下，城市农业有多种能更好地适应城市环境的机制，例如城市水敏性城市设计、生产性景观和绿色基础设施等当代的诸多实践。未来还包括：

- 农业中过剩营养物质的利用，例如废水和尿液中的磷化物和氮化物；
- 生态退化的土地和丧失活力的城市和城郊土地的利用；
- 通过农场多样化的实践来增加生物多样性；
- 利用水敏性城市设计解决雨洪径流的农业灌溉再利用；
- 城市范围内可堆肥的食物绿色垃圾和可降解材料的回收利用；
- 当地食物生产与消费；
- 公众参与与教育；
- 提高收入与就业。

虽然城市农业面临着解决许多城市语境下的障碍，例如审美、风险、养护和知识不足。但是其巨大的可能性和益处值得更深入的实践探索。

"文明与混乱之间只有七顿饭。"

卢拉德·达席尔瓦（LULAD DA SILVA）《美洲面对全球粮食危机的挑战》（2008）

"人工氮肥的使用养活了今天地球上约半数人口。"

J.W. 埃里斯曼（J.W. ERISMAN），《合成氨在这个世纪是如何改变世界的》（2008）

自留地，社区花园和公共食物景观

发达城市中的城市农业通常存在于社区或地方尺度，通常包括自留地、社区花园（详见斑块 P）、学校花园、小型城市农场、屋顶农业［详见格雷科默（Gary Comer）］、临时活动［详见麦节（Wheat Festival）］、展览和私有财产［详见伊甸园（Eden Garden）］。这些通常都比较小，面积在 0.01—3hm^2，并通常是民间项目、社区自发的［详见神奇食物（Incredible Edibles）］，或是小型企业持续介入而不是具有高度组织化或专业人士参与的。这些个体或组织也许并不太关注产量，而更多考虑社会或娱乐的因素，也许会出现种植成本入不敷出的现象。因此，当前都市农业在社会层面主导着话语权，因为它们经常涉及关于社区凝聚力、就业、健康和代际教育的积极和传播性的故事（第七章）。生理的、心理的和健康益处，在众多媒体和公众间被详细记录和讨论。

图 5.13

图 5.13

伯纳根（Barnängen），斯德哥尔摩

1915 年的自留地花园

图 5.14

图 5.14

自留地花园，慕尼黑

关于欧洲自留地的记录最早出现于 18 世纪和 19 世纪初，可以追溯到安格鲁萨克逊时期。瑞典的第一个自留地花园受到了丹麦哥本哈根的影响，1895 年建造于马尔默（Malmö）。紧接着 1904 年在斯德哥尔摩自留地花园也相继出现。但是两个国家在自留地花园的建造、获批的相关法律规定方面各有差异。

图 5.15

图 5.15

斑块 P（P-Patch），皮卡多农场（Picardo Farm）西雅图，华盛顿，美国

斑块 P 是西雅图园艺自留地相关的一种特殊叫法，因城市的第一个社区花园——皮卡多农场（Picardo Farm）——而命名。这个农场建立于 1973 年，9105m^2，包含了 259 块自留地，并等候了超过两年时间。

图 5.16

麦收节（Wheat Harvest Festival）香榭丽舍爱丽舍（Champs-Elysees），巴黎，法国，1990

一片现代麦田出现在地标性的香榭丽舍大街上，成就了为期一天的丰收节。这个活动致力于提高人们对于农业活动重要性的认知。小麦种植在大的花钵中运进城市，组成了一个巨大的麦田，随即被农民收割。

图 5.16

图 5.17

图 5.17

伊甸园计划食物花园

在伊甸园计划（见第七章）的咖啡店边有一处可食用花园。它直接将食物生产和消费联系在了一起。这个花园空间简洁，并凭借高超的技术，控制可食用植物的生长时序和景观效果。

土地使用权

本土的食物运动是人们的一种表达（不论是自觉的还是无意识的）和维护土地、空气、水或其他与我们相关的要素的一种不能被剥夺的权利。一些国家和地区相较而言更好地促进了这一进程。英国和欧洲的自留地系统是一个成功的案例，但是自留地数量供不应求（例如伦敦的轮候时间通常超过 10 年）。社区花园确保了种植作物的土地使用权（例如美国、加拿大和澳大利亚），但是这些花园分布分散，分布远不及自留地广泛，缺乏相同等级的文化根基（而且同样经常需要轮候）。自留地和社区花园通常都是小型的、边缘的、剩余的、低收益的土地。只要居委会或土地所有者愿意，这些被切割的附属土地被设计师重新塑造，产出生产性的景观并在上面盖满建筑物，以便更大发挥土地的价值。

“土壤是生命之间最好的纽带，是一切的源头和终点。土壤是治愈者、修复者和复活者。通过土壤，疾病入侵健康，岁月入侵青春，死亡入侵生命。如果不保护土壤，我们就不会有人类社会，因为不保护土壤，我们就会失去生命。”

温德尔·贝里（WENDELL BERRY），美国的不安：文化和农业（1977）

“教会孩子们如何喂饱自己和如何负责地生活在人类社会中，是教育的核心。”

爱丽丝·沃特斯（ALICE WATERS），《母亲琼斯》杂志（1-2月，1995）

自留地和社区花园

自留地和社区花园是指用于个人、非商业用途的园艺或食物栽植，有时是受当地市政府管理的土地。这些花园结构各异，虽然大部分受到城市规划法的管辖，规定只能用于个人或非商业用途的种植行为。自留地是通常划分出面积在 50—400m^2 之间的小块土地，分配给个人、组织或家庭供他们耕种，并由一个自留地协会管理运营。社区花园形式更多样：可能是被一个组织照顾的一整片土地，也可能是分散地块和社区用地的组合，有时也可能单纯是一块独立的土地（例如欧洲的自留地系统）。

图 5.18

神奇食物（Incredible Edibles），托德莫登（Todmorden），西约克郡（Yorkshire），英格兰，英国，2008

这项城市公共花园与本土作物计划，在被忽视的公共用地上栽植了可食用的植物，并将收获的作物与社区居民分享，现在世界各地已经有超过20个“神奇食物”城镇。

图 5.18

图 5.19a

图 5.19b

图 5.19c

图 5.20a

图 5.20b

图 5.19a（从前）
图 5.19b
图 5.19c

帕蒂达果树庭院（Huerta de la partida），WEST8 景观设计事务所，马德里，西班牙，2007-2009

作为马德里市曼萨纳雷斯河岸更新工程（Madrid Rio）的一部分，这个城市果园是由曾经因在 20 世纪 50 年代修建交通枢纽而毁坏的皇家宫殿的果园扩大而成。与最初重建一个历史复制品的策略相反，帕蒂达果树庭院是一个参考了古代的天堂花园的现代风格果园。种类丰富的果树（例如无花果、杏树和石榴树）组团种植，并被间隔着行列种植，形成了一个封闭的花园。修复后的河流从事先开凿的地下河床中蜿蜒穿过场地。

图 5.20a
图 5.20b

格雷科默（Gary Comer）青年中心，约翰·罗南建筑事务所（John Ronan architects）和霍尔施特（Hoerr Schaudt），大十字路口（Grand Crossing），芝加哥，伊利诺伊州，美国，2006

这个位于项目中心占地 758m^2，种植着蔬菜和花卉的屋顶花园形成了一个高度图案化的户外课堂，为青年园艺学项目提供场地。这座花园收集再利用雨水，降低了建筑温控和气候控制费用。它的小气候和利用回收塑料制作的“木质”种植床中的 455-610mm 厚的土壤，提供了多种多样的生长环境选择。全职的园丁创造性地管护着花园，为园艺教学、环境认知和有机食物生产提供条件。2009 年，学生、当地老年人和项目中心小咖啡馆共同收获了 2000 磅的有机食品。

图 5.21

珀斯文化重新城市果园（Perth Culture Centre Urban Orchard），乔什·拜恩事务所（Josh Byrne & Associates）西澳大利亚州政府，珀斯（Perth），澳大利亚，2011

这座一度被忽视的屋顶停车场，如今已经变成了面向公共开放的社区花园。花园里种植着季节性的水果、蔬菜、草本花卉和伴生植物。用当地回收材料塑造的空间，可以举行包括演唱会和庆典等在内的活动。志愿者们运营管理着花园，并开展动手实践训练项目。花园中铺设草皮减缓雨水径流并降低地表温度，这是与城市中心的硬质铺装完全相反的效果。

图 5.21

图 5.22a
图 5.22b
图 5.22c

老佛爷公园（Lafayette Greens）：城市农业，城市制造，城市可持续。肯尼思·韦里卡尔景观事务所（Kenneth Werikal Landscape Architecture），底特律，美国，2010

这个位于底特律市中心的农业景观花园占地（172m²）。这个花园遵循生产、美观和激发活力的原则。整个花园包括一座果园、雨水收集池、生物滞留池、儿童花园和举行特别活动的场地。花园重新利用了废木板、门板和黑板面等其他回收和废旧材料。花园的创始人彼得·卡门诺斯（Peter Karmanos）向底特律政府租用了这块土地以激活社区的就业。花园的产出被捐赠给花园志愿者和底特律拾荒者食品银行（Detroit's Gleaners Food Bank）。

现代性 = 边缘化

许多城市农业都是暂时的、非正式的或非官方运营的，出现在空地和临时租用的场地上［详见联合果园（Union Orchard）］。这反映出城市农业在政策、立法、公共认知层面和其在城市中地位的认知都处于边缘状态。城市农业干预能够刺激本地经济发展，但其实施后就会面临被取代的危险。然而这种现象也可以被视为一种程度上的成功。它也是经济聚焦于城市发展和治理的一种征兆。反映出城市发展和治理中没有针对中产阶级化的政策和规划保护机制是十分少见的（柏林是个例外）。如果城市农业处于被取代的状况，可拆卸和方便运输的设计，使得城市农业可以搬迁到新的、便宜的、欠活力的地区重新开始。

图 5.22a

图 5.22b

图 5.22c

图 5.23a
图 5.23b

联合街道城市果园，维沃德植物公司（Wayward Plants），班克赛德（Bankside），伦敦，英国，2010

从一个被遗弃的场地转变为一座兴旺的社区果园，这座“暂时”的空间设计在2010年伦敦建筑节上获得特色项目奖。维沃德植物公司（Wayward Plants）在六周的时间内指导社区居民进行木工和园艺活动，超过100名志愿者参与了使用回收材料建造花园。在拥有85种果树和无数土壤修复植物（rescued plants）的果园中，组织了工坊、城市农业研讨会、电影展映、音乐表演和社区会议。一个水果丰收季过后，拆除的花园和果树送给当地住户和社区花园，将“暂时”的临时性转变为一种持续的政策。

图 5.23a

图 5.23b

为什么人类人口会爆炸增长到超过地球的承载力？发生了什么？你能想到一些实际的例子么？

风景园林只关注观赏植物么？为什么 / 为什么不？为什么一些曾经具有生产性的植物已经不再结实了？

风景园林师、设计师、园艺师和园丁是否应该转变他们的视野，从观赏植物转变到可食用、具有生产性和具有实用价值的植物？为什么 / 为什么不？

风景园林师是否应该参与食物和生产性的项目？为什么？如果应该参与，应该在何种语境下加入？风景园林师在食物相关项目中应该扮演什么样的角色？

在公共空间中使用可食用或生产性植物会面临怎样的挑战？为了克服这些困难，可以采取怎样的策略？

可食用植物是否也可以具有观赏性？请举个历史上的和现代的例子。为了形成良好的审美效果，应该采取何种设计策略。

什么是农业综合企业？是否缺乏文化基础？

什么是转基因（生物工程）食物？这种食物与千年来的作物种植有什么区别？是否有伦理担忧？为什么 / 为什么不？转基因植物在景观上和农业上有什么影响？

什么是农业生态学？

什么是农业生物多样性？

什么是农林复合生产？

农业生物多样性和自然生物多样性哪个更重要？对谁来说更重要？为什么？

化石燃料如何、何种程度参与到了我们的食物系统？请举例说明。

城市农业在发达国家重要么？在发展中国家呢？有什么关键区别呢？

什么是有机农耕？他的准则是什么？为什么有机农耕没有在教育、公共场所和政策中广泛传播？谁是他们的核心支持者？

公共绿地能够多大程度被公共利用种植作物？

还有什么系统和基础设施是城市农业所依靠的？在城市环境中有哪些协作和机会能够促成共存双赢？

拓展阅读

Ableman, M. (2005) *Fields of plenty: a farmer's journey in search of real food and the people who grow it*, San Francisco: Chronicle Books.

Bohn, K. and Viljoen, A. (2014) *Second nature urban agriculture: designing productive cities*, Oxon, UK: Routledge.

Carpenter, N. and Rosenthal, W. (2011) *The essential urban farmer*, New York: Penguin Books.

de la Salle, J. and Holland, M. (2010) *Agricultural urbanism: handbook for building sustainable food & agriculture systems in 21st century cities*, Manitoba: Green Frigate Books.

Fukuoka, M. (2009) *The one-straw revolution: an introduction to natural farming*, New York: New York Review Books.

Gorgolewski, M., Komisar, J. and Nasr, J. (2011) *Carrot city: creating places for urban agriculture*, New York: Monacelli Press.

Hodgson, K. (2010) *Urban agriculture Growing healthy, sustainable communities*, Chicago: APA Planners Press.

Holmgren, D. (2002) *Permaculture: Principles & Pathways Beyond Sustainability*, Hepburn, VIC: Holmgren Design Services.

Méndez, V., Bacon, C., Cohen, R. and Gliessman, S. (2015) *Agroecology: A transdisciplinary, participatory and action-oriented approach*, Boca Raton: CRC Press.

Miazzo, F. and Minkjan, M. (2013) *Farming the city: food as a tool for today's urbanisation*, Amsterdam: Trancity valiz.

Mollison, B. (1988) *Permaculture: A Designers' Manual*, NSW: Tagari.

Nordahl, D. (2009) *Public Produce: The New Urban Agriculture*, Washington DC: Island Press.

Philips, A. (2013) *Designing urban agriculture: a complete guide to the planning, design, construction, maintenance and management of edible landscapes*, Hoboken: Wiley.

Roberts, P. (2008) *The End of Food*, Boston: Houghton Mifflin.

Viljoen, A., Bohn, K. and Howe, J. (2005) *Continuous productive urban landscapes: designing urban agriculture for sustainable cities*, Amsterdam: Elsevier.

Waterman, T. and Zeunert, J. (2017) *The Routledge Handbook of Landscape and Food*, Oxon, UK: Routledge.

You might also like to look for further information on the following projects:

CERES, Melbourne, Australia, 1982–

Cuccagna Project, Milan, Italy, 2011–

Garden of Amaranths, Emmanuel Louisgrand, Lyon, France, 2002–2008

Food Urbanism Initiative, Verzone Woods Associates, Switzerland, 2010–2013

Prinzessinnengarten, Berlin, 2009–

Zuidpark, Amsterdam, the Netherlands, 2012–

Wanzhuang eco-city, Arup, Wanzhuang, China

Fairmont Hotel Gardens, Vancouver, Canada

Del Aire Fruit Park, Fallen Fruit, Los Angeles, USA, 2012

New York City Rooftop Farms, Brooklyn, USA

Uncommon Ground Restaurant, Chicago, Illinois, USA

MUSC Urban Farm, Urban Edge Studio, Crop Up, Charleston, South Carolina, USA

Productive Neighborhoods, Berger Partnership, Seattle, Washington, USA, 2011

Bee and Bee Hotel, St Ermin's Hotel in London, UK

Back to Front Manual: For Growing Food in Front Gardens, Leeds, UK, 2011

访谈：蒂姆·沃特曼（Tim Waterman）

蒂姆·沃特曼是格林尼治大学的高级讲师和风景园林理论协调员（Landscape Architecture Theory Coordinator），他同时还任教于伦敦大学学院巴特雷特建筑学院（Bartlett School of Architecture）。他是《景观设计基础》（Fundamentals of Landscape Architecture）一书的作者，另外，他还和艾德·沃尔（Ed Wall）合著有《景观建筑设计基础：城市设计》（Basics Landscape Architecture: Urban Design）一书。蒂姆是景观研究所学报《景观》（Landscape）杂志的名誉主编。他的作品在很多杂志上发表过，包括《建筑学报》（Journal of Architecture）和《景观建筑杂志》（Landscape Architecture Magazine，LAM）等。他的研究主要探究了食物、口味、地点和公民社会之间的联系。

尽管食物和景观密不可分，但是食物景观在大多数的城市环境中很大程度上却是缺失、衰减和表面化的。城市和城市周边地区的食品生产是否重要？为什么？

有关城市农业的讨论，至少是在西方社会，经常会立即转为技术研究；从垂直农场到绿色屋顶再到水产养殖或养鱼业。事实上，即便在将来，在土壤里种植植物仍将是最重要、最具生产力的农业模式。在可预见的未来，农业仍将在很大程度上依赖于廉价和大面积的耕地和牧场。制约城市食物景观发展的最大因素是城市内部土地价格过高，所以只有一些价值极高的作物才可在此处种植，如大麻。因此，我们常常看到许多象征性的食物景观，仅仅是因为它们没有能够生产出价值足够高的食物。在最坏的情况下，城市食物景观仅仅是虚假的环保形象，而最好的情况则是他们建立起积极的意识。例如，一面种满生菜的墙，在大多数情况下，是因它的象征性、科普的力量或者它将我们与自然连接起来的能力才显得有价值；这些已足以证明我们的花费和努力是合理的。

在我看来，城市周边地区的农业与城市核心区的农业有着极大的不同。城市周边地区一向是城市赖以生存的区域，垃圾良性循环为肥料（食物垃圾、粪肥等）、高价值的水果、草药和蔬菜作物以及较近的食物里程等，仍是积极鼓励城市周边地区发展农业强有力的依据。可能我的观点不受欢迎，但我仍希望看到一个基于历史模型的不同的城市就业方式。所有人都不应一年四季在办公桌前工作。在耕种和收割的月份里，所有人都应在田野里。这是城市农业的又一大益处，将我们人类生活重新与自然循环连接在一起。

有一种观点认为食品生产并不是机械的、农村的农业企业模式的一部分，您认为这种观点是不是太表面或太轻率了？为什么？

大型的农业企业一直努力使人们相信，替代现有食物系统的系统是不必要且不可能的。也正因为如此，人们普遍认为替代方法是不可行的。这与以简单化和易读性（例如有利于税收和控制）为特点的高度现代化国家的发展是密切相关的。然而实际上，我们的农业生产与行星运行的内在联系及其力量从来都不是简单的。事实上，世界各地的传统农业方法都比现代农业方法更为复杂和迷人。为了未来几代的农业和生物的多样性，我们现在开始要做的就是摒弃单一的农业企业模式。这在理性上、政治上和物理上都是非常困难的，需要我们的谨慎与合作。换言之，就是现代主义客观性所努力塑造出的所有主观的、情绪上的、世俗的“松散”特质。

遗产运动日益加强，为什么食物遗产仍是一个相对缺失的问题/学科？

食物遗产不再是缺失的学科了。有关食物的研究发展迅速，尤其是在过去的十年里。食物遗产的研究是一个十分重要的组成部分，尤其是有关饮食习惯的研究。饮食习惯是社会、文化和经济的框架，通常具有高度地方性，它是食品生产和消费的重要组成部分。历史和传统是通过食物体现在景观中的，或者我可以说景观是安放在历史和传统之中的。食物遗产不仅仅在学术界引起了重视，起源于意大利的“慢食运动”，就是一个将食物遗产复兴与烹饪和景观结合起来很好的例子。

同样，尽管人们已经普遍认识到本地特色和本地生物多样性的丢失，为什么对农业生物多样性的毁灭性损失知之甚少呢？

近年来，人们对农业生物多样性需求的认识也再次兴起。传家宝品种的水果和蔬菜正在被重新发现，甚至一些超市（常在食品和景观类的故事里充当真正的坏人）也在提供一些不寻常的产品。当然这些举措也是对消费者压力的回应，这也是意识提高的一个好的迹象。像迈克尔·波伦（Michael Pollan）、埃里克·施洛瑟（Eric Schlosser）、爱丽丝·沃特斯（Alice Waters）和卡罗琳·斯蒂尔（Carolyn Steel）等作家和评论家，已经在增强意识方面起到了很大的影响。

西方乃至全球的粮食系统，均通过农业企业把食物作为一种经济商品。我们如何才能增加食物系统的多样性，提高我们获得土地的权利？

获得土地是我们未来将要面对的最大和最棘手的问题之一，它会涉及多方面的问题。在许多的发达和发展中国家，农民都慢慢变老了，而没有年轻的一代来接替，而且小农场和混合农场的数量也在下降。不仅食物被看作一种经济商品，土地也是如此。圈地和清除工作，即使在今天，也与当前市场条件的发展紧密连接。

我推测，理想的情况就是在一个空旷的农村，没有土地掠夺，也没有类似奴隶的流动劳动力。然而，这种剥削性的系统是脆弱的，我相信它终将结束。新型的、不仅仅基于剥削的新型市场终将出现。土地所有的模式必将改变，新的所有模式允许新一代的年轻农民出现，他们将成为土地管理者和土地倡导者，同时也要把重点放在为他们创造良好的农村生活质量上。乡村处处都是，虽然它常常是美丽的，但也常常是孤独和无聊的。

规划者和风景园林师应该怎么做，才能在城市里实现超越象征性姿态的食品生产，并且实现更多由政策、立法和财政支持的实质性干预？

规划师和风景园林师应该更有进取心，他们需要建造新的市场并创造新的市场类型。他们要成为开发者，应该成为积极分子。他们要与社区和食品生产商直接合作，以创造新的机会。因为现在的市场、农业和食品发展下，他们不能像以往那样做生意。现在的生意不能再为人类提供我们长期生活在这个星球上所需的东西。

为什么景观设计有一个强大的传统，它似乎并不像反对多产多果的品种一样来抵制破坏对无菌园艺、观赏性植物的使用。也就是说，为什么我们将更多的重点放在视觉表现而非更广泛的生产力上？

我曾经问过伦敦皇家公园（Royal Parks in London）的一位代表，为什么公园里不种植果树。这位代表回复我说，有许多问题是他们无法克服的。首先，果树需要特殊的照顾，例如修剪和疏果。其次，人们在收获果实的时候经常会损坏果树，不论是修复损坏的果树还是更换枯树，这都要产生费用。最后，他们担心人们为了摘水果爬上果树而伤害自己，例如，一个正常的果园都会配备梯子。这些都是影响到服务业如何建设其园区的强大障碍。真正需要的是在许多领域持续不断的给予其改变的压力：需要的是在许多方面持续不断的施以变化的压力：行为和举止、园艺培训、公园人员配备、健康和安全法规等。事实上，通过一个有意义的运动来实现这类改变的条件已成熟，新闻上也经常出现住户违反现有公约，例如用花园来代替前面的草坪。对于那些希望在这些领域努力作出改变的人必须予以鼓励。我必须再次强调，谦逊和合作是实现这一目标的关键。

随着我们陷入气候变化和资源短缺的挑战，您认为美学的重要性会减弱吗？

如果我们不朝着一个美丽、感性的世界努力，那么我们就没有生活。景观给生命和死亡带来的挑战，与它给我们提供了一个家和一个欢愉之地一样多。这种对比只是生活美妙的一部分。如果我们放弃了美学，就等于放弃了未来。

图 6.1

幻觉（Hytopia）

一个由学生建造的抗议性空间作品，用实体的形式表达了 190 亿欧元能够建造出什么（这一金额是奥地利政府对一家破产银行的紧急援助资金的数额）。

第六章　景观激进主义、艺术和美

这一章节阐述了源于景观中的一些罕见但充满艺术性和先锋性的作品和观点，以及他们在关于可持续议题中是如何激发人们的批判性思维和后续行动的。这些社会、环境和政治活动家的作品主张通过非传统途径，提供社会评论和新的实践机会。沉浸式的、美丽的景观在成为伟大艺术作品之外还能够反映景观承载力，和环境产生深入的联系，并探讨场所和他们的可持续发展。

"（就像数学家说的那样）艺术的宗旨就是与社会需求不相称。艺术家的目标并不是确凿地解决问题，而是在艺术所展现出的取之不尽的信息中使人们热爱生活。"

列夫·托尔斯泰（LEO TOLSTROY），托尔斯泰的信件（1828-1879）

"艺术并不复制可见之物而创造可见。"

保罗·克利（PAUL KLEE），创作的信条

激进的景观艺术

虽然激进主义和煽动性很少出现在风景园林的维度里，但是风景园林能够提供更少束缚的技术去驾驭改变社会影响。艺术和创造性媒介是通过观看、成为、感知和理解获得视觉、影响力的新方法。当直接将可持续议题、关爱人类、土地和环境的意图传递给人们时，艺术媒介能够促进人们的认知。

图 6.2

保罗·克利，唠叨的机器（Twittering Machine），1922

这件被阿道夫·希特勒（Adolf Hitler）贴上"退化的艺术"标签的作品，描绘了鸟们被缠绕在一个手摇柄上，展现了醒目的艺术煽动性。对于这幅画的解读，包括从通过艺术来进行宣传，到对机器时代的讽刺。

图 6.2

图 6.3

公园日 [PARK（ing）Day]，雷巴尔（Rebar），旧金山，美国，2005.11.16

旧金山超过 70% 的市中心空间被用于停放私人汽车。2005 年，本土电影《雷巴尔》，通过将一个停车计时器旁的空间转变为小公园绿地，来呼吁公共空间使用的不均衡。以下是他们的内容简介：这个正在进行的年度全球活动让人们看到艺术家和活动家们的协作，暂时将停车空间转变为临时的公共空间和“小公园”。

图 6.3

缩小的领域？

风景园林在传统意义上被理解成为艺术和科学平衡，审美与结构的综合考虑，经验主义的设计解决方案。在很多社群中，对于艺术和人文学科的经济资助在逐渐减少，但是与此同时，对科学的资助在持续增长。这些资助通常由保守的、更关注商业的政府完成（详见第七章）。这也许导致了风景园林在艺术领域的探索逐渐减少（这一点也可以反映在本章所提到的项目数量与其他章节相比来说非常少）。

“真实，思考剥去它学术的卷曲、停止循环往复并开始朝一个方向——前方奔跑。”

君特·格拉斯（GÜNTER GRASS），阿尔布雷特·丢勒（ABRECHT DURER）和他的遗产（2002）

“由于他们的本性，科学而富有逻辑的思考永远不会决定什么是可能或不可能的。他们仅有的功能是解释经验和观察弄明白了什么。”

鲁道夫·斯坦纳（RUDOLF STEINER），演讲：教育是社会改革的力量（1919）

“什么是‘客观’，科学地举个例子（我所坚信的，在一个假定的情况下），能够影响客观本身的，只有在一个极度广阔、古老和坚定的语境中才能建立，或者根植于惯例体系之中……然而这仅仅还是在一个语境下。”

雅克·德里达（JACQUES DERRIDA）（1977）

“许多大地艺术的突出形象表现出艺术家对自然可怕的不敏感，对待广阔的户外空间就像对待一块可以施加他们艺术自我的大画板一样。”

大卫·普东（DAVID BOURDON），《设计地球：人类推动塑造自然》（1995）

大地艺术

尽管“大地艺术”这项最为人所知的艺术实践与景观有关，但大多数实践也仅仅是把大地当作艺术家的画布而已。因此，大地艺术通常缺乏环境动力。以迈克尔·黑泽尔（Michael Heizer）创作的“双重否定”（Double Negatice）为例，用在美国内华达州挖出的244000吨石头去创作一个简单的空间造型。相比之下，一些大地艺术能够通过一些可控的方法，表现强有力的环境意义和社会可持续发展的内涵（详见麦田—— 一种对抗、“泄露”）。

图 6.4

图 6.4

麦田——一种对抗，安格尼斯·丹尼斯（Agnes Denes），巴特里公园（Battery Park）垃圾填埋场，下曼哈顿，纽约，美国，1982

这个持续四个月的大地艺术项目也许是匈牙利－美国籍概念艺术家安格尼斯·丹尼斯最为知名的作品。丹尼斯在靠近华尔街和世贸中心的一处面对着自由女神像的 8100m^2 布满碎石瓦砾的垃圾填埋场上，种植并收获小麦（如今这块场地位于巴特里公园城市和世界金融中心）。

在这片价值 45 亿美元土地上的艺术装置，对我们没有优先考虑的事情和议题——例如经济管理不当、世界饥饿、浪费和生态方面的思考——作出了强有力的回应。

200 车土、285 条人工挖填出的清晰垄沟，四个月的精心养护，使得项目收获了 454kg 健康的小麦。这些小麦提供给一个在全球 28 座城市举行的“消除饥饿——国际艺术展”，并随后继续种植。

景观和艺术

风景园林通常涉及跨学科合作，在公共领域工作，并在社会责任的伦理框架内运转。艺术家也许在没有业主或甲方委员会的情况下创作，拥有创作自由，能够极大探索和激发想法。具体的艺术动机多种多样，但是通常由一个视觉或空间意图来引发情绪上的升华，产生卓越的力量和美。在关于环境或社会的议题中，艺术作品可以援引转变经历或是间接激发颠覆性、社会和政治的目的 [详见作品《甜蜜的堡礁》(Sweet Barrier Reef)]。艺术媒体能聚焦于核心议题或单一问题 (例如亚马逊网站的困境)，并将其作为重点，然而景观项目的复杂性使得大部分景观项目罕有具备如此明确对象的。环境建设的相关从业者拥有一种根据尺度来表达概念的能力，这使得概念的表达更增添了价值 [详见作品《幻觉》(Hytopia)]。

图 6.5a
图 6.5b

甜蜜的堡礁，肯和茱莉亚 · 尤尼塔尼 (Ken & Julia Yonetani)，意大利威尼斯双年展，2009

这个在 2009 年威尼斯双年展上展出的糖做的珊瑚礁，表达了澳大利亚甘蔗产业对大堡礁的影响。甘蔗农业废水通过暴雨和河流流入海洋，其中的高浓度的悬浮沉积物 (氮化物、磷化物和灭草剂) 导致珊瑚褪色和死亡。这项作品将糖映射作为一种消费主义、殖民主义、现代主义和环境影响的符号。观众在欣赏作品的同时，会被分发甘蔗糖果并欣赏珊瑚模型演绎的施特劳斯的“蓝色多瑙河”。

图 6.5a

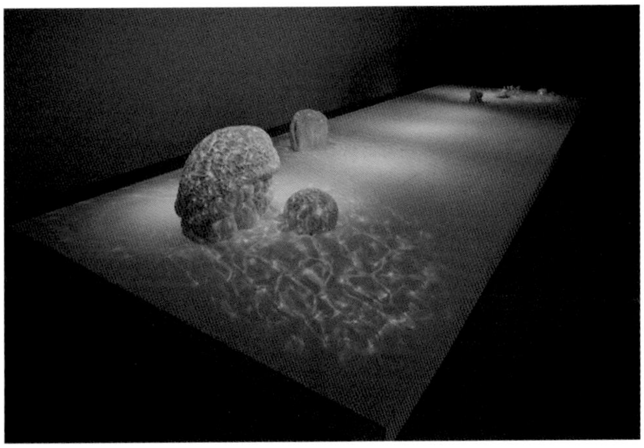

图 6.5b

图 6.6a

图 6.6b

图 6.6a
图 6.6b

“泄露”2010，罗斯玛丽 · 莱恩（Rosemary Laing），库马－莫纳罗区（Cooma-Monaro district），澳大利亚新南威尔士

罗斯玛丽 · 莱恩在她的系列作品“泄露”中，在一个绵羊饲养场中创作了一个超尺度的家用木材房子框架，表现出翻转，或像桉树一样无序地从土壤中生长出来一样。作品呈现出的视觉冲击，展现了旧时田园牧歌与今日城郊的病态扩张形成的鲜明对比。这里，景观被征服，并在破坏性的变化中濒临崩溃。现象学在探讨自然与人性关系的时候十分困惑，他们想知道二者之间是否可以平衡共存，或者永远会是一个解不开的困境。

图 6.7

图 6.7

幻觉（Hytopia），维也纳技术大学，奥地利维也纳，2014

一群土木工程、城市规划和建筑学的学生，创作了这用于表达抗议的作品。这组模型作品质问“使用 190 亿欧元可以建造什么？”。这一数额是政府对一家破产的巴伐利亚银行提供的紧急援助。通过在维也纳主要的卡尔斯普拉斯广场（Karlsplatz Square）上四个月的建造，这座模型在空间上呈现了巨大的规模。包括 1200 个部件和价值 21.5 亿欧元的规划交通设施、电力和浪费的植物。模型使用了赞助商捐赠的混凝土和木块。设计精致的城市元素，这一作品展现了通过社会和技术设施理论上可以让 102574 名无家可归者拥有住房。

图 6.8a

图 6.8b

图 6.8a
图 6.8b

卡拉斯科普兰（Carrascoplein），卡拉斯科广场（Carrasco Square），West 8 设计事务所，阿姆斯特丹，荷兰，1997-1998

阿姆斯特丹斯洛特迪克（Sloterdijk）火车和汽车站旁边，是一块有着高架铁路线、柱子和汽车、有轨电车、自行车和步行的换乘系统，十分阴暗、具有挑战性的场地。West 8 的设计通过融合设计和象征手法，在被覆盖或有不良阴影的空间中使用新草坪、沥青、铁质木桩照明（包裹着柱子模拟桉树的木桩）和白点创造了一处克制的、超现实的景观。2015 年，这些“斯托本”（树桩）艺术作品在阿姆斯特丹博思（Amsterdamse Bos）（森林）艺术路线中重新安置，用它来照亮令人向往的黑暗的荷兰森林（Dutch forest）。

图 6.9

节日花园，West 8 设计事务所，肖蒙山庄（Chaumont-sur-Loire），法国，1999-2000

这个用陶土容器碎片、无序的南瓜和骨头创造的“静止的生命”展览花园，建造于法国疯牛病（French Mad Cow）和口蹄疫（Foot-and-Mouth Disease）爆发高峰时期，挑战了贩卖肉类的“禁忌”并表达了生命与死亡的对话。这个封闭的花园将惰性矿物的碎片与生物骨骼残余放置在一起，来怀念一种人造的景观（就像 West 8 设计事务所所在的荷兰本身一样），并质疑人类对于自然的影响和自然的本质是什么。

图 6.9

图 6.10a
图 6.10b

代替特洛伊（Surrogate Trojan），理查德·古德温（Richard Goodwin）阿德里安·麦克格雷戈（Adrian McGregor），罗素·罗威（Russell Lowe），澳大利亚新南威尔士纽卡斯尔，2007-2008

三个绿色和平组织的激进主义者在 2006 年 12 月 6 日被逮捕。被捕的原因是他们试图阻止一家国际谷物贸易商将加拿大 57000 吨转基因加拿大油菜种子引进纽卡斯尔种植，进而悄无声息地通过人造奶油、蛋黄酱、芥菜籽油和牲畜饲料慢慢改变澳大利亚。就像特洛伊木马一样，货船在港口中溜进溜出，人们几乎没有注意他们隐藏的货物和潜在的影响。当代的特洛伊木马集装箱坐落在加拿大油菜的种植床上。这里正对着纽卡斯尔港为“回到城市庆典”而建造的谷仓。集装箱里的银幕上播放着有关环保主题的影片片段。

图 6.10a

图 6.10b

“风景园林是一个存在诸多问题的行业，其特点就是没有特点。它没有史论、没有形式理论、没有定义、方向或焦点问题。在风景园林的学术研究人员和专业从业者之间存在巨大的分裂，设计师们被束缚在由平庸设计形成的底线里面。”

海蒂·霍曼(HEIDI HOHMANN)和乔恩·兰霍斯特（JOERN LANGHORST），风景园林：终端情况（A TERMINAL CASE）

专业局限?

虽然设计能够促使观念进步，但也会被以经济为导向的甲方限制。经济上限制的设计压力（详见第七章）主要来源于一些相关的小景观专业，有意的论战就能影响经济性、专业或机构声誉。另外，公认的/登记过的行业组织（例如 ASLA，LI，AILA），其从业人员的视野免不了受到组织纲领的潜在限制，例如那些组织中直言不讳的积极分子。

图 6.11

拼合园（Splice Garden），玛莎·施瓦茨及合伙人事务所(Martha Schwartz Partners)，美国马萨诸塞州剑桥

这个 61m^2 的屋顶花园，是一个从事微生物研究的怀特黑德研究所（Whitehead Institute）中艺术收藏的一部分，并希望为研究所中的科学家们创造一个互不相容的视觉谜题。场地位于九层楼的露天院子。院子被高大的墙包围，环境阴暗不宜居，也无法承载过多重量。缺少水源、预算紧张、缺乏养护人员，使得场地中很难种植有生命的植物。场地中设计了许多可以被理解为花园的元素符号，通过这种抽象符号化和指代性的手法，来隐喻一个更大的景观。它在景观叙事上与研究工作相联系，并警示人们基因拼合的潜在风险。花园是一个“巨大的氢化物”，他将法国文艺复兴与日本禅宗文化相耦合。造园的传统元素被有意曲解，从垂直界面或墙体的边界中延伸出来。花园中所有的植物都是塑料的，绿色元素也是由彩色砾石和植物组成。经典的禅宗置石被法式造型树代替，人工草皮覆盖的曲线钢架来塑造修剪树篱（也可以用作座椅）。

图 6.11

拼凑的或意义深远的？

在传统的景观实践和公共土地设计中，艺术作品通常通过雕塑、壁画、人行道拼花、箱体或构筑等形式介入。“环境的”艺术通常主要体现表现主义的特点，很多项目都表达出了项目所在的区位或历史特点（例如海边的波浪造型）。在提炼符号元素、拼凑模仿和优秀的艺术作品之间存在着明确的界限。工艺，熟练掌握媒介，创新和复杂的执行方法是最关键的部分。许多活动项目（例如旅游）会造成许多当地代表元素的破坏，没有任何批判或教育意义。

激进主义

许多项目都筛选合适的艺术家作为艺术管理或顾问。许多景观从业者是各具特点能力的艺术家。设计团队成员、利益相关者或甲方也许会提供给艺术家简要的或核心的主题。激进主义者的景观作品主题是很罕见的，这是由于这些景观艺术项目是公共的，并通常永久性地介入自然景观之中。艺术家或设计师可能会采用一种啼笑皆非的或言不由衷的途径回避政治正确，或是颠覆性地大量使用隐喻的手法［例如英国斯托园（Stowe Garden）中的政治含义］。雄心勃勃的艺术信条通常是摆脱教条审查的个人状态的写照，并对政府控制的公共语境保持中立态度。机会存在于主动的、竞争的、学院派的和非官方的（游击的、非法的）设计之中和那些能将优势服务专业扩展仅更为广阔的表现领域之中。

图 6.12

生态足迹，理查德·韦勒（Richard Weller），新兴城市，澳大利亚珀斯，2009

这一图像研究了珀斯一户独栋住宅的生态足迹——为了给这户居民提供所需的能源，需要一块巨大的“私人所有”的土地来进行生产。韦勒表示：“这块面积真实地反映了澳大利亚西部城郊居民所具有的特性。从这个意义上讲，可以认为这些城郊的居民已经过着贵族般的奢华生活。”这块等同于一个人均 14.5hm^2 的生态足迹，其中包含食物和饮品占用 6.69hm^2，居住 0.1hm^2，能源 0.41hm^2，买卖 2.02hm^2，其他服务 1.13hm^2，土地退化 0.74hm^2，其他项目 1.25hm^2。

图 6.13

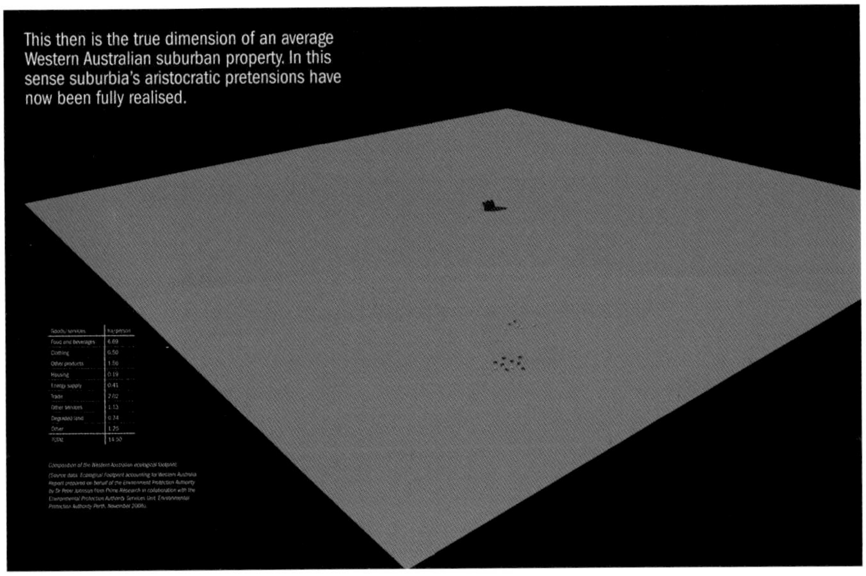

图 6.12

图 6.13

七米棒（Seven Metre Bar），理查德 · 古德温，阿德里安 · 麦克格雷戈(Adrian McGregor)，罗素 · 罗威（Russell Lowe），悉尼，澳大利亚新南威尔士，2009

根据美国国家航空和宇宙航行局（NASA）的科学家詹姆斯·海森（James Hansen）的研究，因为极地冰盖的融化海平面将会上涨 75m。临时装置七米棒（从 500 份登记和 68 份申请激活悉尼未被利用的小巷中挑选出来的）坐落在一个高于海平面 7m 的位置，旨在激发对于海平面上升和气候变化的讨论。这个装置主要由打捞上来的废旧但有特点的汽车、船和像海藻一样缠绕在柱子上的材料组成。不稳定的天气作用在作品上面，更增添了装置上的情节性效果。

“伦理与审美是一体的。”

路德维希·维特根斯坦（LUDWIG WITTGENSTEIN）（1916）

“我们只认为那些能看见、感知、理解、热爱或其他我们相信的事物合乎伦理。”

奥尔多·利奥波德（ALDO LEOPOLD），沙城年鉴（1949）

景观的美学及可持续发展

美能够被度量么？景观能够强有力地塑造体验。无论是“自然的”还是“人造的”，优美的景观能够创造联系、点燃激情或引发思考。就像艺术家一样，一些风景园林师意图为那些在空间中体验他们作品的人，创造一种更高的甚至超前的感知状态。如果他们的作品能够使人们看或感受的同时与自然合而为一或与一处特定的场地（例如一个本地的保护区、设计场地或街道树木）、主题（自然植物或动物）或事物（发展的威胁）产生个人关系，这就能够对管理工作和伦理行动带来益处。

图 6.14

阿什·布朗·杜兰德（Asher Brown Durand），相似的灵魂（The Kindred Spirits），1838

林业和农业中大量的土地开垦使被长期认为是“未开化的野兽出没之地”的“充满敌意的荒野”急剧减少。杜兰德的画作传递了一个信号，一种从对于荒野消极的看法向浪漫主义的转变。今天，在人类世（Anthropocene），未被触及的“荒野”概念已经被重塑为现代神化（详见第二章），但是，它长久不衰的形象在激进主义的保护运动中具有不可估量的能量。

图 6.14

"能够实现的保护未来自然环境独立行动中，最有效率的是激励和启发更多的人。"

罗伯特·弗朗斯（ROBERT FRANCE），《绿色地球，灰色心？——风景园林在可持续自然中的承诺和现实》（2003）

"制造欲望对于可持续发展十分必要……但是在匆忙中平衡可量化的和可论证的技术解决方案时，我们忽略了人类自然的重要作用。事实上，如果你考虑设计创新而非模仿，欲望就是过程中的动力。因此，设计在可持续发展的讨论中地位过于偏低。"

玛莎·施瓦茨，《性与城市景观：欲望和可持续发展》（2009）

图 6.15a
图 6.15b
图 6.15c
图 6.15d
图 6.15e

澳大利亚花园，TCL与保罗·汤普森事务所（TCL & Paul Thompson），克蓝本（Cranbourne），墨尔本，澳大利亚，1995-

澳大利亚花园改造了 25hm^2 砂石厂而建成，位于墨尔本东南部郊区。是对澳大利亚人与他们景观和植物群共生的一种探索和表达。该项目激进地背离了建立欧洲景观传统（在一个气候和土壤条件与欧洲有着巨大差异的次大陆上这样设计是不可持续的）和在花床组团中零散地展示全球植物的标准化植物园的想法。

花园展示了对于生物和景观特征区域艺术化的理解，在空间中利用植物进行组合、作画，使访客们理解自然中风景的美，并使其产生环保的观念。设计强调了自然风景和人类冲动改变自然二者之间的张力，并利用这种张力创造性激发探索、表达和理解对于澳大利亚自然环境的赞美。

图 6.15a

图 6.15b

图 6.15c

图 6.15d

图 6.15e

有没有一个特定的地方 / 场地 / 设计或是经历 / 场景曾经激发起你对自然(或风景园林) 的关心?

你曾体验过沉浸在大自然中的崇高感受吗? 你曾经在大自然中体验过恐惧吗? 这些感受都与什么相关联?

有没有什么可持续发展的问题让你想要表达自己的想法和感受? 都是什么样的问题? 你倾向于用什么样的艺术媒介来表现这些问题?

开发者是否中立? 艺术家呢? 他们或者你认为的评价基准是什么? 是谁决定和塑造社会规范?

什么是激进注意? 在设计或风景园林中激进主义存在吗? 你可以举几个例子吗?

你觉得为什么人们沉浸于通过艺术或激进主义来表达环境问题，以及他们的想法或观点是什么?

你有最喜欢的表达了某种意义或信息的景观项目吗? 它们是怎么进行表达的?

有没有什么项目或装置曾经改变过你的看法和感受? 如果有，是什么特征或条件导致的?

风景园林是一个麻烦的职业吗? 为什么是或者为什么不是? 如果你认为是，那应该做什么来改变这种情况?

是否有许多土地艺术表现出了“对自然的冷漠”? 这与表现出类似冷漠的开发项目有什么不同吗?

美是否可以被衡量? 它会影响一个地方对你的吸引力吗?

是谁决定了什么应该被认为是艺术的或美丽的? 是个人还是群体?

对景观美的主要看法是什么? 这些看法是如何随时间而发生改变的? 这些看法是如何影响可持续性的?

“平庸”和“丑陋”在景观中的区别是什么? 认知失调也有类似的效果吗?

Bell, B. and Wakeford, K. (2008) *Expanding Architecture: Design as Activism*, NY: Metropolis Books.

Bourdon, D. (1995) *Designing the Earth: The Human Impulse to Shape Nature*, New York: Henry N. Abrams, Inc.

Davis, J., Greenhill, J. and Lafountain, J. (2015) *A companion to American art*, Chichester: Wiley Blackwell. (See Braddock, Chapter 26, p. 447–467).

Deming, E. (2015) *Values in landscape architecture and environmental design: finding center in theory and practice*, Baton Rouge: LSU Press. (See Meyer, p. 30–53).

Garrard, G. (2012) *Ecocriticism*, New York: Routledge.

Gregg, M. and Seigworth, G. (2010) *The affect theory reader*, Durham, NC: Duke University Press.

Hohmann, H. and Langhorst, J. (2005) 'Editor's Choice – Landscape. Architecture: A Terminal Case', *Landscape Architecture* 95/4 pp. 26–45.

Jacobs, J. (1961) *The Death and Life of Great American Cities*, New York: Random House.

Meyer, E. (2008) Sustaining beauty: The performance of appearance, *Journal of Landscape Architecture* 3(1) pp. 6–23.

Scapegoat journal.

Shepard, B. (2016) *Sustainable urbanism and direct action: case studies in dialectical activism*, London: Rowman & Littlefield.

You might also like to look for further information on the following projects:

Not A Cornfield, Lauren Bon & Metabolic Studio, Los Angeles, USA, 2005–2006

365 Bales, Stephen Grossman, New Haven, Connecticut, USA, 2000

Garden of Australian Dreams, Room 4.1.3, Canberra, Australia

Terra Form Australis, HASSELL & Holopoint & the Environment Institute, Vencie Biennial, 2010

A Line Made By Walking, Brogan Bunt, Mt Keira, Wollongong, Australia, 2013

Parco di Levico, Stefano Marinaz, Trento, Italy, 2010

Waste Landscape, Elise Morin and Clémence Eliard, Paris, Bucharest and The Hague, Europe, 2011–2013

The Black Cloud, Heather and Ivan Morison & Sash Reading, West Yorkshire, UK, 2009

Vacant Lot of Cabbages, Barry Thomas, Wellington, New Zealand, 1978

访谈：伊丽莎白·迈耶（Elizabeth Meyer）

伊丽莎白·迈耶教授是一位风景园林师、理论家和评论家，就职于弗吉尼亚大学，任风景园林学院主席、风景园林研究生导师、系主任和爱德华·E. 埃尔森教授。她的教学和研究获得了来自园林教育学者委员会（Council of Educators in Landscape Architecture）、美国风景园林师协会（the American Society of Landscape Architects）、格雷厄姆基金会（the Graham Foundation）和国家艺术基金会（the National Endowment for Arts）授予的荣誉、拨款和奖项。迈耶教授是美国风景园林师协会会员，在历史文化景观的领域中处于引领地位。

问：在您的宣言《可持续的美丽》和接下来的《超越可持续的美丽》中，您认为景观中的审美对于可持续发展来说十分必要。那么审美与可持续发展之间的关系是怎样的呢？

答：我在宣言中希望首要阐述的内容是仅仅关注生态表现会限制设计的有效性，除非有一场关于大众如何认知和感知他们与生物—物理世界的联系的巨大变革。意识到现有的所有“绿色绷带”（例如雨水花园或高效能的景观基础设施）的设计并不足够，因为一个实际可持续发展的社区，需要有持续变化发生在每一天的实践中，和更多对于人类和非人类社会关系的再想象中。

通过我早期工作的探索，我意识到审美体验与可持续性发展是根本上相关联的——它需要被有效实现，在世界中存在、观察、经历、影响人的灵魂。审美是艺术和科学的表现，并不仅仅是一种关于事物外形的规则类别。当我开始思考表象和内在联系这一议题，我意识到许多声称是环境学者的人，都提到他们在“自由放养的儿童时期”的遭遇，例如与小溪、水体或森林小径之间的亲密联系。因为他们开始好奇并关心那些地方，他们会逐渐对那些地方研究更多内容。那是一种联系——一种并不是数据或信息或知识的联系——那是一种感受。

我想，如果你关心可持续发展或重塑环境的弹性，你需要改变人们感受地球的方式，并不仅仅改变这个地区的生态表现。所以我会认为可持续发展有四个组成部分——环境生态表现、社会公平的思想、经济繁荣的需要和所有类型的审美体验，不局限于美。

问：为什么您认为可持续发展无法脱离科技、量化和技术的考虑？

答：在我们生活的文化中——一个新自由主义、资本主义经济——有着强烈的愿望和需求去量化事物。不论是出于偶然的，基于设计证据的推动，还是实验室科学家比理论科学家有更多话语权（你会发现在我们的领域也同样如此）。我认为部分原因是量化已经是新自由资本主义经济的一部分，而其底线就是实物的经济价值是多少。它在生态系统服务中调节和提供水、土壤植物和野生动物为人类服务等特定角度激发了研究兴趣。我已经在探索生态系统服务与美学的关系，例如联合国千年目标及评估（UN Millennium Goals/Assessment）帮助提高关于量化、度量、交换生态系统服务和他们所包含的另一个类别文化服务的认识。在这个类别的框架下包括了精神场所、娱乐和美学等内容。美学在生态系统服务中所扮演角色的量化指标还需要很多研究。我认为即使科学家们已经意识到量化指标的重要价值，但是我们设计师仍没有很好的分类量化技能。如果我们不能坚持发展对设计能够提供的内容进行指标量化，那么我们便已经停滞了现代化、功能主义和技术路线。我被一种介于神经科学、环境心理学和设计之间的新研究所吸引。这项研究是基于量化指标的研究。坦白说，我认为这项研究的大部分内容也能够从特定社区的居民的口头历史叙事中显露出来。

问：你认为我们是否可以说服决策者们，使他们相信，我们探讨的内容，诸如道德机构、风景美学、审美的投入，值得付出与优势的经验科学相比，同等或甚至更多的投入？

答：我认为这个问题的一部分答案，来自于科学家、环境主义者和设计师提及过或来源于青年时期经历的记述。我曾经的学生（例如学习人类学和自由艺术背景）、生态学家们 [例如斯图尔特·皮克特（Stewart Pickett）] 和同事 [克里斯蒂娜·希尔（Kristina Hill）] 都曾经说起过记叙作为修辞学和说服艺术的力量。我们倾向认为量化事物而不是故事，记述是一种强有力的方式，与人产生神经性的联系。我有一位心理治疗师朋友，他提到我们互相讲述的故事确实会改变我们大脑的结构，帮助我们恢复精神创伤并重建一种新习惯。所以，我们需要找到正确的模式来处理这些记述内容，它们也许并没有全都被书写记录，也许是信息图形和书写之间的纽带，这就能解释（记述）在人们的公众健康和通过人们日常经历所建立的或在社区中发现美好风景所产生的幸福上的强有力的联系。如果人们合作，特别是与人类学家、环境心理学家和公共健康专家合作，那么记述中就拥有无穷的潜力。

我想见到风景园林师所扮演的角色，不仅仅是建设和批评，而是交流和发现风景的力量。我认为专业组织，例如美国的 ASLA，虽然他们做了很多很棒的事情，但是他们还没有利用好信息交换中心的角色，在这方面为我们的专业提供帮助。我认为那是专业组织为了使本专业能够承担重要的角色而应该处于的必然状态。它们应像其他领域的组织一样做得更好。

问：文化上的，我们是否可以转变为欣赏城市语境中生产性的、暂时的和被遗弃的景观之美？我们似乎认为非城市区域中荒野或荒野审美是有价值的，但是在城市中，我们的兴趣似乎仍然是用“景”来评价事物。这样的审美趣味仍然根深蒂固且形式主义，并支配着自然系统。

答：这是个很好的问题。关于这个问题我思考过很多，因为我的密友兼同事朱莉·巴格曼（Julie Bargmann），对于城市荒野、自生植被和以风景园林师的角色是组织而不是摧毁等内容十分感兴趣。我认为这里有一些事情需要牢记。我认为已经产生了一种世代的变化，已经有更多的人从一种"节约的"审美中对于城市荒野产生兴趣。他们理解事物拥有其本质的美丽；他们理解美的概念和审美随着时间而发生改变，而这种随时间发生的改变并不仅仅与设计现状有关，而与社会、政治现状的改变也息息相关。我认为我们需要认识到这些。哲学家凯特·索珀（Kate Soper）在一篇关于文化享乐主义和审美重构的论文中，阐述了目前已经存在空间上的实践，将新形式的可持续发展和美的新定义联系起来。我们需要了解这些。所以我认为，在美国，那些刚从学校毕业就被吸引到底特律或新奥尔兰居住的年轻人，会发现完全不同的城市景观。产生这样城市景观的原因，要么是被忽略或投资减缩或是灾难和缓慢的重建。没有哪一座城市处于这种尺度的问题之下能够被设计所解决。那里的社区可以看到未加工的材料，以及在工作、寻找落脚点、生产性景观和新兴栖息地增长中所显示出的弹性。所以，我们需要控制已经开始发生的事情。在我的经验中，许多设计师陷入误区，提供那些他们自认为公众需要的内容，而不是亲自调研倾听提出能够切实改变的观点和见解。

在设计类文章之外，我阅读了很多自然文章。一本叫做《猎户座》（Orion）的美国杂志，收录了很多关于人和目的地的优美散文、诗歌和照片。我被其中讨论和呈现的内容与25年前内容的对比所震惊。那是一群绝对纯净的人，因为他们是一群对人类与场所与自然世界之间关系感兴趣的人，但是他们所认知的自然世界并不是未被触及和原始的。更独特的是，我认为更多的项目，例如柏林斯基兰德自然公园（Südgelände Nature Park）能诞生在其他地区，将城市居民和城郊居民在那些人工干预的和自发生长的植物场地内近距离地聚集。完成这些需要有一双明确的设计之手进行秩序或距离的组织（我之所以提到距离是因为，如果场地是一个棘手的、黏性的、有毒的场所，那么深入其中就不明智了）。所以与那些仍然禁止进入的场地暂时性的相遇也许会成为一种开始的方式，并且坦白说另一种方式——我们在弗吉尼亚已经有过一些讨论——已经开始向从事管理和维护的地方官员证明，那些顽强的植物多富有生长弹性。令人感到好奇的是，对乡土植物偏见已经被剧烈动摇，但我们并没有意识到随着反常气候的发生，我们正在经历干旱和洪水的极端天气和海平面上升，乡土植物的传统栖息地已经改变了。所以这些地方可以作为具有弹性且比其他类型需要更低养护的景观而被重新定义。

问：是否存在有关可持续美的客观、普世的标准？或者它只能依靠观察者的双眼？

答：如果考虑宣言之外我应该做点什么不一样的事情——关于宣言我已经在我刚才的回答中有更多的评价——那就是"超越持续性的美"。而它是把"美变成复数形式，并远离一切普世标准的观念"。另一个普遍的议题是当命名这一宣言时，我使用术语"美"作为一种美学概念的速写，但是正因为我那么做了，同时并没有给予美本可以明确的范围，反而引起一些对于我意图的误解。在第二段问答中我谈到了变化中的美的定义、与一些不和谐的事物产生联系和超现实主义中的不和谐的美。玛利亚·赫尔斯特罗姆·雷默（Maria Hellstrom Reimer）的一篇非常棒的论文《混乱的生态景观》（Unsettling Ecoscapes）讨论了创造变化的重要性。神秘的和偶尔不和谐的日常景观从规范的美学概念中将我们的审美概念延伸至"丑陋"。另一位作者也探讨了"丑陋"并不是美的反义词的观点，而"平庸"是二者共同的反义词。美的和丑的是互相关联的。

问：您最近的研究中得出了那些关键成果？

答：我重新提炼了《可持续的美》的前提，去思考社会生态学下景观社会机构的本质。——什么是景观，是有能力重塑我们作为一个社会生态学社区思考我们自己的方式么？我分享以下几点观点：

1. 美丽的或有审美价值的也许与外表有关，但是外表并不是全部。因为他们与经历有关。理解美是需要时间的，因此反复造访某一地方、生活在这一地区，是理解审美和可持续的基本部分。仅仅从一次造访的经历，你无法发现可持续的美，你要一遍遍地体验它。

2. 审美体验是一个持续的过程，它产生于你的所见和所知之间互相交换的时候。艺术批评家亚瑟·丹托（Arthur Danto）写到过相关内容。他说："在你所见和所感之间总有一条鸿沟，如果想跨过这条鸿沟就需要你的所知。"回到你提到的是否只有一种可持续的美的问题上。你自己的经历正在影响这个问题——你的出生地、你所使用的语言——所以意识到视觉仅仅是一部分是十分重要的。可持续的美是随着时间增长的经历及过往经历中所的产生的关系。

3. 我将这一点与伊莱恩·斯卡利（Elaine Scarry）所写的美联系起来，但是我现在知道积极的心理学家也在讨论这一问题。审美体验吸引我们接近一些事，是我们想要知道更多并为之付出行动。乔纳森·海特（Jonathan Haidt）写了一本书《快乐的假说》（The Happiness Hypothesis）。该书讲述了审美体验敦促我们创造反馈。这非常棒，那是因为有事务所中的设计师能做的事，但是作为一名市民，什么是你可以做的事呢？由你创造。

4. 审美体验创造一种混合了感觉和知识的感性的知觉。它是你经历过的某件事，但是它关联着你知道的内容，并对你所知道的内容表示质疑。本质上它来回地在感觉和知识中产生认知——一个了解感觉和知识联系的新途径。这一领域是目前行动理论文献的新主体——这一研究已经扩展到人文学科，并开始渐渐与建筑和风景园林相结合——这一领域非常棒，因为它对感官体验并不感兴趣，而是更多在材料、身体、情绪和行动之间的联系上。这对于我来说是一个非常实用的新领域，因为他允许我剥离开孤立的审美理论或现象学，这两者在联系到有时被叫作"社会审美学"或"行为理论"的新领域时都有局限性。这些反而是从对我论文的批评中了解到的内容。它助我探索了更加细微差别议题的潜在原因，并影响我将审美上升到可持续议题。对于我来说，了解（这一研究领域）是一件事，而弄清楚这个范围内深入思考关于身体、情绪、身体网络和系统以及改变伦理学实践之间的关系的学科，则是另一件事了。

图 7.1

诺尔萨拉场地（Northala Fields）

公园

这一伦敦项目通过“废物填埋”创收，已有效地解决了自身的开支。

第七章　社会可持续性：场地以外的影响因素

风景园林不仅仅是实现外观处理、空间形态和目标设计的过程，渐渐地已上升为伦理规划和创造性地解决系统、过程和策略的方法论。贪婪的全球市场一直在寻求持续的增长，这可能导致社会责任的缺失。风景园林学和设计思维可以促进面向全社会的横向解决方案、超越项目概要和现场的效益，有效打破传统的学科界限，提高区域、国家和全球尺度上定居点和社区的社会可持续性和韧性。这是一个内在的政治化过程，需要熟练的调解、沟通、社区参与、设计解读、领导技能和妥协能力，才能有助于促进教育和卫生等领域的社会可持续性成果。

“城市的权利是一项共同权利，而不是一项个人权利，因为这一转变不可避免地依赖于行使集体权力来重塑城市化进程。制造和改造我们的城市是最宝贵但最被忽视的。”

大卫·哈维（DAVID HARVEY),《新左派评论》(NEW LEFT REVIEW)(2008)

“在城市里建设宽广的花园，不设大门，对于所有人来说，它都像早晨一样宽广。”

安德鲁·杰克逊·唐宁(ANDREW JACKSON DOWNING)(1815-1852)

“景观不仅仅是作为一个简单的‘存在’，而是作为一种活动和过程的批判性讨论一直存在。”

维尔纳·克劳斯(WERNER KRAUSS),《后环境景观人类学》(THE ANTHROPOLOGY OF POST ENVIRONMENTAL LANDSCAPES)(2012)

伦理道德

伦理涉及道德原则、标准和行为准则。环境和职业道德通常在设计教育中被提及（在项目之间有很大程度的不同），但是，它们的实现可能在商业和企业主导的设计实践中受到限制，个人价值观可能与职业道德不一致，而职业道德反过来又可能与商业惯例相矛盾。不断增长的自由贸易资本主义经济体制，给企业施加了商业压力，要求企业接受可能存在道德和环境问题的项目和客户。设计也不例外，商业惯例一直面临着要获得足够收入的威胁。维护环境道德标准可以通过限制客户基础和排除不可持续的项目，例如新的核电站或燃煤电站（有毒废物、气候变化）、采矿项目（铀和随后的武器扩散、煤炭开采）和脱盐厂（见第一章）。但这样做会降低商业生存能力。景观项目中经常遇到的道德困境，包括不必要地移除现有树木、土壤和植被，以及建造质量差的住房、基础设施、社会服务和景观等。设计实践可能接受在道德或名誉上妥协的委员会，但却试图掩饰他们的参与（例如，不在完成的项目中列出）。其他公司可能会根据其道德标准拒绝参与。在个人层面上，被另一组织雇佣的时候，设计师可能面临的挑战是为一个与他（她）的价值体系相悖的项目工作。

图 7.2

英国伯肯海德公园(Birkenhead Park, England)，约瑟夫·帕克斯顿(Joseph Paxton)，公园道(Park Drive)，伯肯海德，默西塞德郡(Merseyside)，英国，1847

英国第一个公共出资建立的市民公园，旨在作为“绿肺”成为应对高度工业化的地区的解药。设计师将 91hm² 的沼泽牧场改造成自然的而非规则式的花园。这座公园最初是由议会出资建立的，后出售给私人。这座公园的创意启发了弗雷德里克·劳·奥姆斯特德的开创性的项目，如纽约中央公园(New York's Central Park)。

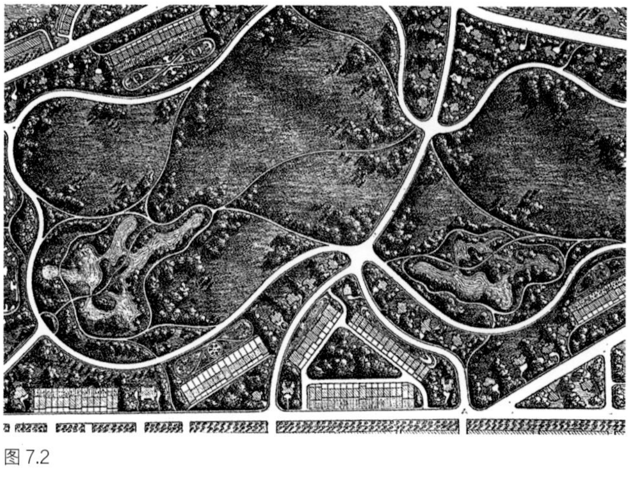

图 7.2

“如何才能在贬低和否定这种能力的情况下，获得这种能力，以维持短期收益和获得即时的满足？”

托尼·弗莱（TONY FRY），《一种新的设计理念》（1999）

“我认为景观是人类可试图引导的‘流动系统’，空间则受到地球力量的影响，那种人们一直试图与之协商以更好地居住在地球上的力量。”

蒂埃里·坎迪（THIERRY KANDJEE），采访：风景园林基础（2015）

图 7.3a
图 7.3b
图 7.3c
图 7.3d
图 7.3e

城市代谢：鹿特丹可持续发展，James Corner Field Operations+FABRICations，鹿特丹，荷兰，2013–2014

本项目研究了城市代谢如何改善城市发展的可持续成果。分析了九类区域和城市层面的“物质流”（货物、人、垃圾、生物能源、食物、水、空气、沙子和沉积物）。分析图和动画视频清楚地表达了动态城市景观中不可见的新陈代谢，主要集中在熵和垃圾上。随后，生态移位计划侧重于制定特定环境的策略：将通过热能连接生物定位以捕捉营养物质并促进工业发展。具体的可能性包括利用工业废物的地下热网、未使用港口船台和水产养殖的生态基质以及微型制造和物流管理区，这也是鹿特丹第六届国际建筑双年展的一部分。这项工作还为市政当局提供了潜在的试点策略和城市选址。

图 7.3a

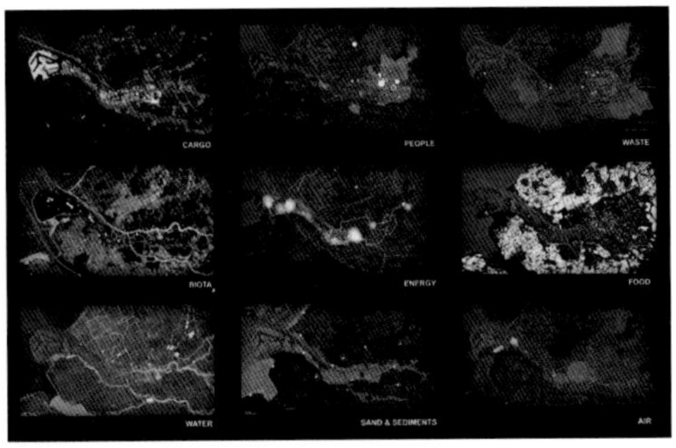

图 7.3b

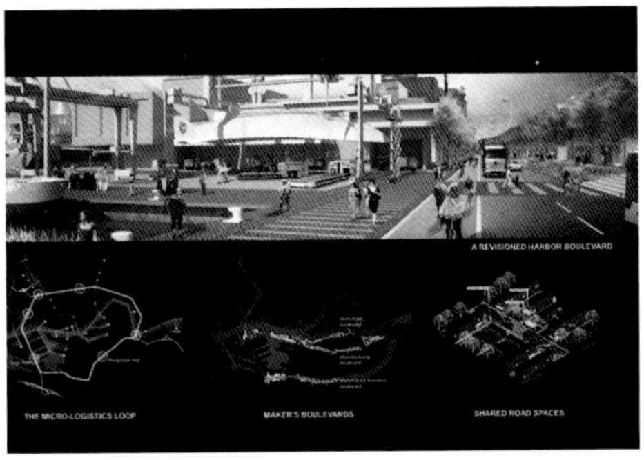

图 7.3c

图 7.3d

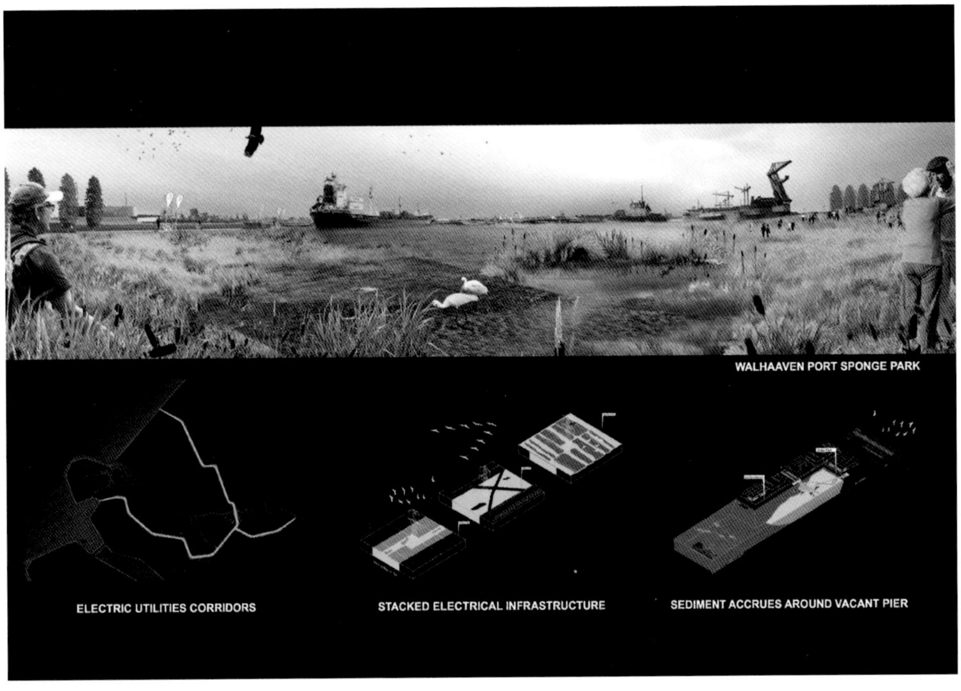

图 7.3e

“如果一个人总是追求别人的东西，只考虑他还没有得到的东西，而不是他已经拥有的东西，那么在这个人的保险箱或谷仓里，不论他获得了多少股票，或者他为了利益而投入了多少资本，又能带来什么改变呢？你问一个人适当财富的限度是什么。首先，拥有必要的，其次，拥有足够的。”

卢修斯·安娜·塞内卡（LUCIUS ANNAES SENECA），《致卢修斯的信》

公民界限

设计实践中出现了许多道德困境的例子。如果发现客户或赞助人的环境、社会和道德行为是有害的或将受到公众监督，项目的价值或实用性是否会因此降低？项目发起人是否会通过命名权或现场标牌来“宣传”他们的参与？这些问题是否会在卫生或者儿童相关的项目中加剧？

扭曲的定义

在已形成的语境中，“发展”一词几乎总是指经济发展。这与联合国给出的“有利于人类、社会和环境因素”的定义形成了对比。发展可以且应该有益于集体，而不仅仅是利于个人或少数精英。

图 7.4

麦当劳自行车广场（McDonalds Cycle Centre），千禧公园（Millennium Park），芝加哥，美国，2004

作为芝加哥“2010 年自行车计划”的一部分，该自行车广场包括储物柜、淋浴、维修、租赁、咖啡馆和 300 辆自行车的停车位。屋顶上的 120 块太阳能电池板产生了 6.5% 的由气候控制的建筑电力供应。

图 7.4

图 7.5a
图 7.5b

金沙·贝思沃克斯（Sands Bethworks），SWA，伯利恒（Bethlehem），宾夕法尼亚州，美国，2008

SWA 设计的这座占地 8hm² 的低养护设计场地构成了赌场、度假村博物馆和零售发展的一部分，重新利用了 33 座现有工业建筑中的 23 座，并重新利用了工业遗留物（例如将引人注目的矿石起重机设计为入口通道）。

美国环保署（EPA）首先制定了一个美国最大的棕地（728hm²）的场地清理计划，将 375 吨的污染土壤运至垃圾填埋场，用干净的填料进行回填。与铁矿石连续开采产生的高土壤碱度相适应的植被，现在也恢复之前工业过程形成的效果，补充了再生材料做成石笼。通过种植乔木、灌木和地被植物（如桦树和刺柏）进行植物修复中和土壤中的污染物，25 块下凹成绿地生态滞留池（伴随着 30 条平沟来减缓渗透，能有效减少悬浮物，如磷、氮等）可以通过净化 4.5hm² 土地上的雨水径流，并补给当地含水层。

图 7.6a
图 7.6b
图 7.6c

力拓自然景观国王公园（Rio Tinto Naturescape Kings Park），plan 景观事务所，国王公园和植物园，珀斯，澳大利亚，2011

在珀斯占地 406hm^2 的国王公园里，一条残存的天然小溪系统形成了一片 6hm^2 的游戏场。天鹅海岸平原生物区协会提及的主题区旨在通过趣味、发现和专注重新连接儿童与自然。精心的安排、严格的管理和昂贵的设计被熟练而巧妙地执行，呈现出自然发生的景观，穿插着偶然的随机的游玩机会。攀岩和隧道被融入班克西亚（Banksia）森林，其设计元素的灵感来自于种子的形状、树叶和巢穴（如庇护所、观景塔和缆车等）巧妙的“侵入”到“自然”景观之中。该项目保留了现状树木和植被，是一次协调了高访问量和环境承载力的实践尝试。

图 7.6a

图 7.6b

图 7.6c

图 7.5a

图 7.5b

“实事求是说，认识到现在的工业系统实际上就是个“电视迷”，是很有帮助的。”

艾默利 · 洛文斯（AMORY LOVINS），汉特 · 洛文斯（HUNTER LOVINS）和保尔 · 霍肯（PAUL HAWKEN），《自然资本主义》（2000）

社会可持续性

社会可持续性是一个广泛的概念。它包括社会公平、宜居性、健康公平、社区发展、多样性、社会资本、社会支持、人权、劳工权利、生活质量、场所建设、社会责任、社会公正、多元文化主义、社会凝聚力、文化竞争力、社区弹力、灾害和应急反应、政治和经济义务以及人类适应性等主题。社会可持续性在很大程度上与西方社会普遍认为的“生活质量的提高主要是通过个人追求财富创造的”这一认知相矛盾。

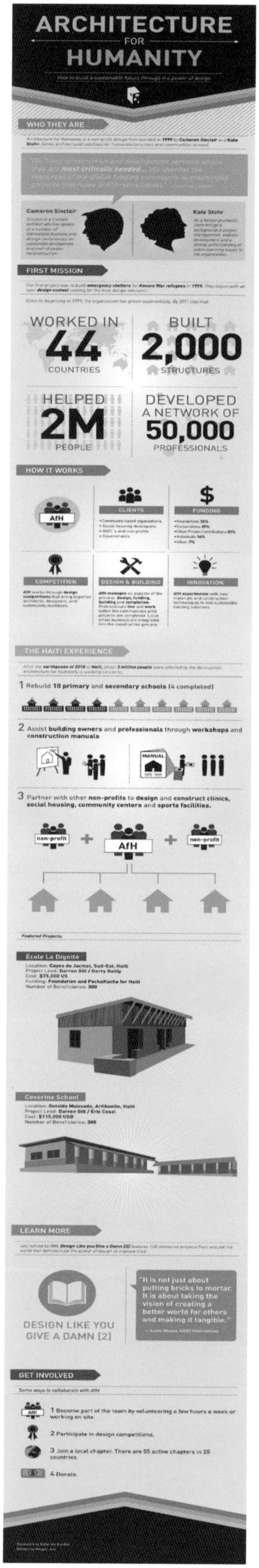

图 7.7a

图 7.7b

图 7.7c

图 7.7a
图 7.7b
图 7.7c

立足全球，设计人道主义组织，地点：全球范围

环境和人道主义伦理观是非营利设计组织的核心，如无国界建筑师组织（Architecture Sans Frontières），无国界建筑师（Architects Without Borders），人文建筑（Architecture for Humanity）（见图 7.7a）和无边界建筑师（Architects Without Frontiers）（7.7b 和 7.7c 展示了 2010 年和 2012 年在尼泊尔开展的学生协助项目）。这些组织通常向贫困和弱势社区提供设计开发和施工服务，以满足世界范围内遭遇自然灾害、冲突和危机的社区的需求。他们的目标是创建生态敏感、文化适宜的项目，尊重当地身份，强化自立的知识和技能交流。通常由建筑设计、城市设计和景观设计的志愿者担任职员。确保持续的资金支持和志愿者长期参与往往是巨大的挑战。

图 7.8

包格鲁本（Baugruppen）

包格鲁本是一个以建设社区和住房为主要目标的集体。德国正在领导包格鲁本的实施[如图所示，在弗罗堡的马尔本（Vauban）]，城市发展政策可能会有利于消除房地产投机（如柏林的一些地区）。

"城市空间，其人类的特性、独特的街区和人性化的政治尺度——如农村空间，以其亲近自然、高度的互助意识和强大的家庭关系为特点——已被城市化进程所吸收。而现在其令人窒息的特点是匿名、同质和机构庞大。"

莫里·布克金（MURRAY BOOKCHIN），《城市化的兴起与公民身份的衰落》（1987）

图 7.9

马尔默（Malmo），瑞典，1998-2005

作为 2001 年欧洲住房博览会的一部分，这个以前被污染的填海岛屿进行了房产开发。环境特征包括：土壤修复配合雨水高渗透性系统、用绿色屋顶以减少径流、美观的 WSUD、为 50 个植物品种提供栖息地的花园（重新形成混交植被状态）、50% 的开放空间投入、步道和自行车道等。能源系统能够为 85000m^2 的起居空间提供能量。6300 兆瓦时的供热，4450 兆瓦时的供电和 1000 兆瓦时的制冷输出至场地之外。制冷和制热均通过水泵从 10 口 40-70m 深的冷暖井蓄水层里提取的，该蓄水层的温度常年稳定在 10 至 11 摄氏度。严格的用水管理和集热器（1400m^2；200m^2 的真空集热器）还能产生额外的热量。电力系统通过电网连接，通过其 2 兆瓦的风力涡轮机和 120m^2 的光伏太阳能电池板来平衡电力供需。该地区将生产与消费相匹配，居民可以跟踪其使用情况，并且居民反馈高于预期。但可持续发展的愿望并不一定与居住者的生活方式相一致，从而导致搬迁、绩效不佳或额外的供应，如建设一个停车场。

社会空间

与规划和风景园林相关的更具体的社会可持续性，包括创建健康、宜居、公平、多样、相互联系、民主的社区和公共空间，并通过软硬件设施和基础设施提供良好的生活质量。决策过程是透明且负责任的，通过增加市政府和社区之间的信任和融洽关系来协助地方决策。

图 7.8

图 7.9

"空间在任何形式的公共生活中都是基本元素；空间是行使任何权力的基本元素。"

米歇尔·福柯（MICHEL FOUCAULT），《空间、知识与力量》（1984）

"我的生命属于整个社会，在我有生之年，尽我力所能及为整个社会工作，这就是我的殊荣。当我死的时候，我想彻底被耗尽。因为我工作越努力，就等于我活的越多。我为生活而高兴。对于我来说，人生不是一支短短的蜡烛，而是一支由我暂时拿着的火炬，我一定要把它燃烧得十分光明灿烂，然后交给下一代人。"

乔治·伯纳德·肖（GEORGE BERNARD SHAW）（1907）

图 7.10

太阳门广场（Acampada en la Puerta del Sol），马德里，西班牙，2011

民主城市的公共空间是持不同政见者发表合法政见的中心。几个世纪以来，它推动了人们对法律秩序和公民权利边界的质疑。马德里的太阳门广场被授予 2012 年欧洲城市公共空间特殊类别奖。结果，西班牙 50 多个城市因政治和经济变化而举行抗议游行。他们的口号是"我们不是政客和银行家手中的商品"，抗议者的关注点包括：欧盟中最高的失业率；住房准入腐败；议会代表；使用公共资金拯救银行业等。由废弃材料、绳索、电缆、帆布、塑料和胶带制成的轻质和简易结构，能为卫生服务、防晒、防雨等提供必要条件。该广场建筑物的配置避免了对基础设施造成损害，并小心避开了公共利益空间、道路、图书馆和购物中心。由于受到国家媒体的压制或被谴责为非法占用城市空间，占领太阳门广场的抗议在其自发出现几周后就消失了。由露营者组成的清洁队仍将它还原成原来的样子。

被动或主动的社会价值观

公共空间的公平性、多样性和社会公正性是通过地方和区域的社会价值观，结合流行的规划和设计伦理、范式和趋势来确定的。这些变化随着时间的推移而变化，并在公共领域被争议、被游说且接受辩论。在 20 世纪中后期的许多发达地区，土地利用主要集中在视觉舒适性、休闲、娱乐、运动、休闲和旅游上。像"如画""乡村""贵族"和"庄园"这些通常出现于英国或欧洲的视觉和美学风格中的词，伴随着"被动"的含义、以观察为主的行为（体育活动除外），在一系列控制机制中表现得很明显，如围栏、标志牌（"请勿靠近草地""禁止打球"等）、限制性法规、观赏植物种植等。景观是为诸如散步、漫步和观赏等活动设计的，甚至不需要人们直接参与或把手弄脏（使用者通常会看但不会触摸或积极参与）。据此可以说，人被视为被动的从属，而不是公共和共有土地的共享者和塑造者。此外，并非所有的空间都是均等分布的，城市所使用的绿地比例往往是不公平的，社会经济地位较高的区域受到偏爱，绿地数量、质量、维护、规划和安全性均比经济贫困的城市更高。

图 7.10

"世界各地的文化和气候都不同，但人是相同的。如果你提供给他们一个好地方去，他们都会在那里聚集。"

扬·盖尔（JAN GEHL）(2005)

"社区并不像披萨一样是你拥有的东西，也不是一件你能买到的东西。它是一个建立在相互依赖的网络上的活的有机体，也就是说，是一个地方经济体。所有的公共空间，无论是街道、法院还是乡村绿地，它都表现出物理上的连通性、建筑物之间也表现出积极的联系。"

詹姆斯·昆斯勒（JAMES KUNSTLER），无处可寻的地理（THE GEOGRAPHY OF NOWHERE）(1993)

图 7.11a

图 7.11b

图 7.11a
图 7.11b
图 7.11c
图 7.11d

奥克兰滨水景观（Auckland Waterfront），TCL & Wraight 联合公司，奥克兰，新西兰，2011

城市滨水区重建通常会导致港口和港口活动转变为大规模的工业活动和机器人操作（Han Meyer 曾在他的书《城市和港口》中讨论过的一个问题）。这归功于"一个非常勇敢的'客户'愿意改变并且希望看到海滨仍然可用"。设计团队尽力保护那些后工业建筑，并在 1.8hm^2 的场地上保留了一个工作港口。其中一个关键的设计意图是在当地人、游客和港口活动之间故意形成冲突。该项目使用了 WSUD 措施，如雨水花园和从更广泛的场地汇水区收集和过滤雨水的生物滞留湿地。

图 7.11c

图 7.11d

社会修复

作为项目的一个组成部分，工业景观可以涉及社会设计倡议。除了当前的清洁和环境修复实践（第三章），采矿和工业景观还可以通过二次使用和重新利用场地作为其总体规划的一部分，促进形成积极的社会遗产（详见北方女神）。采矿和工业景观可以通过重新利用和改变场地用途作为其整体策略的一部分来解决社会遗留问题。这种多功能、多维度的方法能结合项目前后的规划，尝试在矿山或项目现场的运营时间框架之外创造持久的社会遗产和社区生存能力。

图 7.12a
图 7.12b

北方女神 Northumberlandia，查尔斯·詹克斯（Charles Jencks），肖顿露天煤矿（Shotton surface coal mine），诺森伯兰郡（Northumberland），英国，2012

关于该项目优劣的争论在风景园林界的讨论中摇摆不定。然而，这些讨论通常忽略了其采矿与当地社区采矿后的社会生存能力之间的计划关系（参见第三章和第七章）。

占地 18.6hm^2 的大地艺术项目，是世界上最大的人类地貌雕塑（一个躺着的女性雕像）。该项目是肖顿露天煤矿私人投资 300 万英镑（约合 4300 万美元）的成果（从制高点能看到该项目）。该项目旨在通过创建区域旅游目的地和社区公园，来增强对周边地区的社会和经济影响。这个项目是通过利用废矿“熔渣”建造的一座 30m、402m 长的雕塑来实现的。该雕塑由 150 万吨的岩石、黏土和土壤制成的。公众可以免费进入现场，并在场地上及周围增加了 6.4km 的步道。

图 7.12a

图 7.12b

图 7.13a

图 7.13b

图 7.13c

图 7.13d

图 7.13a
图 7.13b
图 7.13c
图 7.13d

露天艺术节竞技场（Open Air Festival Arena），奥地利，2005–2008

这座被重新改造成剧院和竞技场的罗马采石场，通过穿越采矿挖掘区的环路系统，营造了一种沉浸式的体验。采石场和矿场可以重新利用，能帮助失去经济功能的工业区进行社会恢复。

“这片土地和这个地球
像我们的兄弟和母亲一样
我们喜欢这个地球，我们歌唱
因为他会永远留在这里
我们不想失去他
我们说，上天啊！留下他！”
（BIG BILL NEIDJIE）（1920-2002）

“因为，如果我们想要在进入第三个千年的过程中在思想上和精神上取得任何进展，那么我们必须解构的第一个概念就是进步本身，同时，腾飞的未来是我们要解构的第一个幻象。”

安东尼·奥希尔，《进步后找到前进的道路》（1999）

“随着放松管制、私有化和自由贸易，我们看到的是另一场圈地运动。如果你愿意的话，也可以说，私人占有公共用地……财富只有在被私人拥有的时候才能被创造出来。你将干净的水，新鲜的空气，安全的环境称之为什么呢？它们不是财富的一种形式吗？为什么只有当某个实体在它四周围上围栏并宣布它为私有财产时，它才成为财富呢？嗯，你要知道，那不是创造财富，那是夺取财富。”

伊莲·伯纳德（ELAINE BERNARD），纪录片《公司》（THE CORPORATION）（2003）

“供给不被需要的产品。景观的地平线上堆满了成堆的黄油和猪肉、停满了刚在流水线上组装好的汽车和无图像的电视机。强迫性的过度生产，由最大生产力原则驱动增长率达到不切实际的高度。”

君特·格拉斯（GÜNTER GRASS），《阿尔布雷特·丢勒传》（ALBRECHT DÜRER AND HIS LEGACY）（2002）

经济与作为经济促进剂的景观

尽管本书中的许多作品都表明，靠近高质量的绿地，有利于促进经济增长和发展，并提高房地产价格（参见第三章的“高线”），但风景园林行业几乎没有探索公共景观在公共利益与社会责任的范式下运作时，其在促进临场或持续性经济回报、就业和社会效益上的能力。

永续增长跑步机

目前，我们在一个全球自由市场、资本主义和持续增长的经济体系中运作，这种经济体系不具有环境可持续性，因为我们消耗的自然资源比再生资源更多。这是一个以开发有限的自然资源为基础，并需要持续增长的系统，更糟糕的是，这些自然资源都未曾或很大程度上都未包括在经济计算之内，这一事实鼓励了剥削并破坏维持我们最大经济利益的东西。

经济和环境不可调和吗?

为改善资本主义模式，我们已经付出了许多努力，但提高其持续性和改善环境的成效却是有限的。“生态可持续发展”、尝试“自然”和道德资本主义、稳定的国家经济、生态经济学、去增长、智能增长、碳定价、生物多样性位移等倡议，在很大程度上被更大的管理系统所涵盖，这持续损害了地球的自然系统。

“我们的经济正与地球上包括人类在内的多种生命形式交战。避免气候崩塌需要人类紧缩对资源的使用；避免经济模式崩塌则需要人类不受约束的扩张。只有一套规则可以被改变，而这不是自然法则。”

娜欧蜜·克莱恩，《改变一切：资本主义与气候》（THIS CHANGES EVERYTHING CAPITALISM VS THE CLIMATE）（2014）

“一个国家可以砍伐它的森林，消耗它的渔业资源，这只会显示为 GDP 的正增长，而不会记录相应的资源（财富）减少。在 2001 年，一些国家的净储蓄（财富）似乎是呈正增长的，但将自然资源退化考虑在内后，实际上出现了财富损失。”

千年生态系统评估（2005）

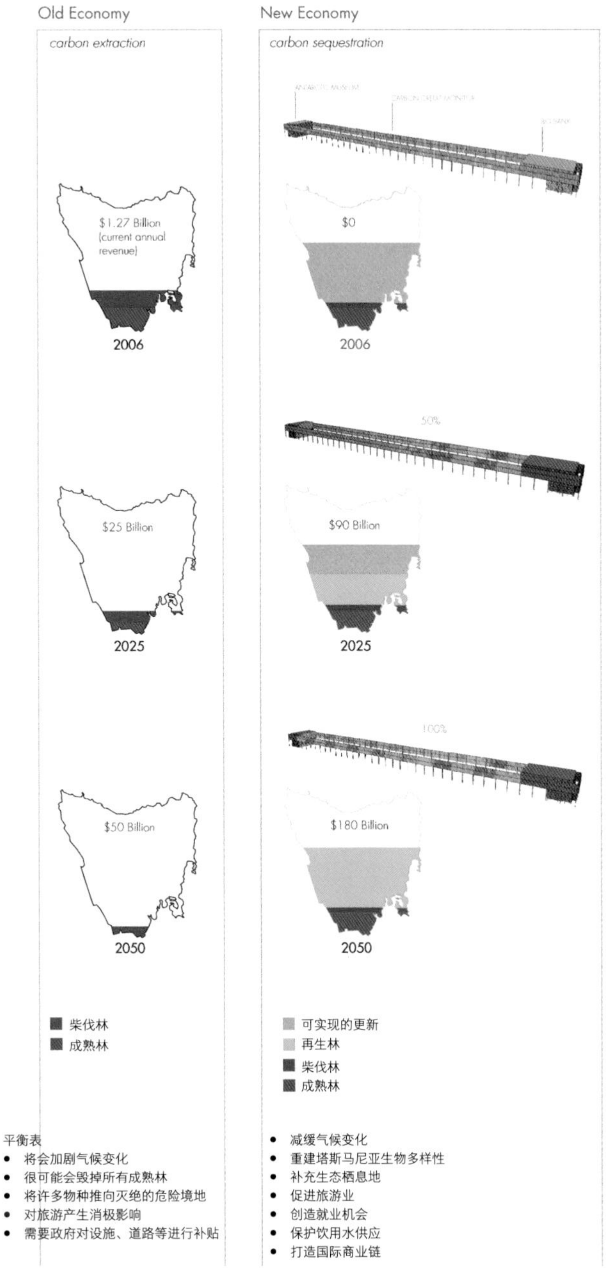

图 7.14

图 7.14

霍巴特海滨设计竞赛（Hobart Waterfront Competition）McGregor Coxall 和 Ingo Kumic 设计事务所，霍巴特，塔斯马尼亚，澳大利亚，2006

这个曾经被森林覆盖的国家的环境资源一直是其主要的经济来源，无论是在工业方面，还是作为旅游目的地。作为 2006 年霍巴特海滨设计竞赛的一部分，设计团队建议将这种基于景观的木材经济从伐木、森林开采和木材削片改为森林种植、碳银行和保护。通过提供其具有国际意义的成熟木和再生林以及可以为国际商业提供信用碳的大面积森林，霍巴特可以将自己定位为数十亿美元全球碳银行经济中具有影响力的金融和研究领导者。如果被采用，利用绿色资本为其未来经济提供生物银行的这一前沿机会将促进商业联系，碳收入可被用于重建霍巴特市中心滨水区、公共和文化设施、交通系统和城市周边地区，以备进一步提高和可持续发展。

“对不起，我是不是又说自然了？我们现在不再这样称呼自然了，我们称之为‘自然资本’。生态过程被称为生态系统服务，当然，因为它们的存在只是为了服务我们。山、森林、河流，这些都是过时的术语。他们现在被称为绿色基础设施。生物多样性和栖息地？一点也不，亲爱的。我们现在都称他们生态系统市场上的资产类别，我自己也并没有搞清楚。这就是我们现在给自然世界取的名字。”

乔治·蒙博特（GEORGE MONBIOT），《万物的价格》（THE PRICING OF EVERYTHING）（2014）

“环境是经济的一部分，也需要适当地融入其中，以免错过增长机会。”

迪尔特·赫尔姆，《自然资本的状况》（2014）

自然资本

一些生态学家认为，环境越来越被视为经济的一部分，而不是由有限的环境限制控制经济（第七章）。最近，越来越多的经济术语渗透到环境可持续性语汇和话语中（例如：自然资产、生态系统服务、绿色基础设施、自然资本等）。这既是自愿的，也是非自愿的。也就是说，一些环保人士认为这是积极的，而另一些人则认为这是一种威胁。其益处可能包括更新职权范围以保持政治影响力和社会关联性，或者相反。正如乔治·蒙博特所说，我们“有效地将自然世界进一步推入正在活生生地吞噬它的系统中”。由此产生的风险是，增长的经济投机将转化为进一步的环境投机，这是一种糟糕的环境管理方法。此外，受到金钱和经济游说的腐败性的影响，造成了“漂绿”的永久化和日益正常化。

公共景观还是共有景观？

利用公共土地进行以景观为基础的商业开发和“造福大众”的活动（从本质上说，是回收城市公共用地），不仅值得进一步探索，而且可能对增加我们的城市韧性至关重要。城市和城市周边地区的开放空间是集体的自然和文化资源，正因如此，其开发必须满足社会的需要。公共绿地最初是为了公共利益而引入的（见伯肯海德公园），主要是为了将城市人口从密集的制造业和工业中解救出来。娱乐和被动户外活动仍然是土地的有效利用方式，但当面对未来更为严重的资源短缺和气候变化时，此类利用方式可能会减少。就像苏联解体期间的古巴，或是经济崩溃后的阿根廷一样，公共空间都被用来满足更迫切的粮食生产的需要。令人吃惊的是，大多数发达国家都没有针对经济危机或崩溃状况的“B 计划”（当然不是公开讨论的计划）。然而，通过将愿景、规划、情景测试、相互关联思维、渐进的政治领导和基层行动相结合，城市地区可以变得更有韧性，并能成功地重新利用、改造和最大限度地提高资源生产力。如果设计得当，这些还能提供美学维度和美感（第六章）。令人欢欣鼓舞的是，通过城市农业、生产性景观、生态系统服务、绿色基础设施和分散生产，可持续的生活方式、社区和社会效益正在显现（第二、三、四、五章）。

图 7.15a

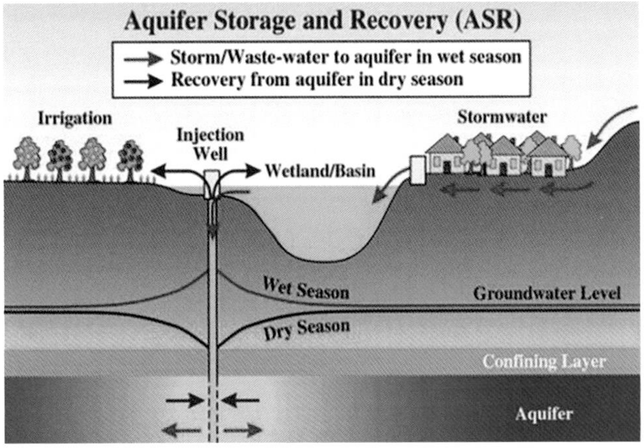

图 7.15b

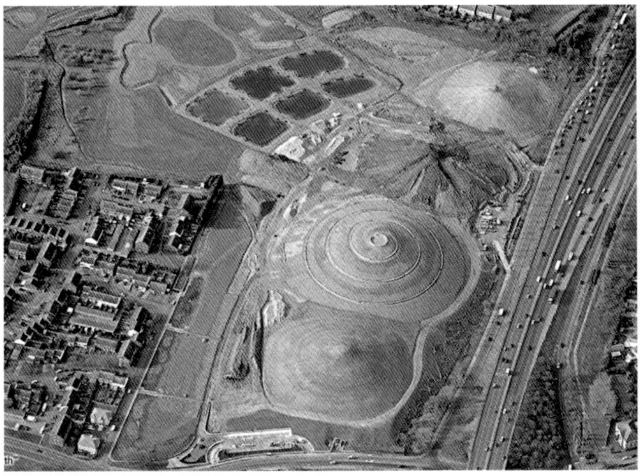

图 7.16a

图 7.16b

图 7.16c

图 7.15a

图 7.15b

帕拉费尔德雨水收集设备（Parafield Stormwater Harvesting Facility），索尔兹伯里市（City Of Salisbury），帕拉费尔德（Parafield），阿德莱德，澳大利亚，1999

澳大利亚最大的羊毛加工公司，G. H. Mitchell & Sons，每年需要 3 亿加仑（1.1 亿升）的水来洗涤羊毛，会产生大量的废水和泥浆。由于供水和污水处理成本过高，该公司正在考虑转移到一个成本低一些的地方（这可能导致当地失去 700 个工作岗位和经济活动）。该城市提议建造一个价值 370 万澳元、11.2hm^2 的雨水收集和过滤设施。雨水从 3953 英亩（1600hm^2）的集水区转移到 1300 万加仑（5000 万升）的收集池中，泵送至一个储存装置，然后流入 44 英亩（2hm^2）的芦苇净化池，可以减少高达 90% 的营养和污染物（处理水盐度为 150-250 毫克 / 升）。为了达到最佳的处理效率，该系统可容纳 10 天左右的雨水，其供水能力为每年 11 亿升。当过滤系统没有进水时，一个两孔的蓄水层储存和回采（ASR）系统会连续续航。该项目有助于发展新的和已建成的产业，同时也能增加当地就业。

图 7.16a（施工期间）

图 7.16b

图 7.16c

诺萨拉郊野公园，FORM 设计事务所，伊灵（Ealing），伦敦，英国，2007

占地 27hm^2 的 Northala Fields 公园是伦敦这一个世纪以来最大的新公园。它由沿着 A40 公路修建的四个大型圆锥形土堆构成。形成这些土堆的 65000 卡车建筑垃圾来自希思罗机场 5 号航站楼、温布利体育场和白城等项目。最高的土堆有 25m 高，它提供了 360° 的全景视野，从这里可以看到典型的平坦区域，远至伦敦市中心和金丝雀码头。这些土堆减少了视觉和噪声污染，为西伦敦提供了一个标志性的通道和醒目的“大地艺术”。重要的是，该项目现场因控制的沉积物带来了 600 万英镑（约 850 万美元）的收入，还为纳税人免费提供了公园。在该项目建设前与当地人进行了为期两年的协商，周边社区成为其重要的支持者。包括野生动物、池塘、湿地、森林、野花草地和新河道在内的生态环境有所改善。

"……当前的政治经济有一个不恰当的核心DNA，因为它错误地认为物质资源是无限的（伪丰度）与通过法律手段（对知识共享的法律压制）或通过彻底的破坏共享技术来人为地保持非物质资源的稀缺结合在一起。"

米歇尔·鲍温斯（MICHEL BAUWENS），《基于对等生产的共有》（COMMONS BASED PEERPRODUCTION）（2014）

"不管我们和我们的政治家是否知道，大自然是一个参与我们所有决策和决议的"政党"，她比我们拥有更多的选票、更长的记忆和最严厉的正义感。"

温德尔·贝里（WENDELL BERRY），《垂死的树》（THE DYING OF THE TREES）（1997）

设计是服务产业

"服务"（或第三产业）是经济中生产无形商品的部分。在发达经济体中，城市居民很大比例上是从事服务业和投机性行业 [而不是第一产业（原材料）和第二产业（制造业）]。设计和规划属于"服务"产业，因为它们提供基于知识的输出和服务，如总体规划、指南、报告、图纸和管理。在经济低迷时期，服务业可能会遭受重创。

设计过程

与第三经济体中许多不可察觉的服务一样，设计过程对设计专业以外的人来说可能是一个谜。因此其经济合理性有时可能会受到挑战（特别是当设计不会导致某种物理或建筑表现，或最小干预时）。根据文化背景，风景园林师通常不会参与到"亲自动手"的实际建设本身，而是提供监督和输入。"设计和建造"在一些地区和学科领域很常见，例如花园设计。但在公共场所工程中不太常见（因此，许多风景园林师在室内的时间比他们预期的要多）。

生产模式

知识产权和版权问题对私人景观设计实践（通常是小型或单个企业）很重要，为其生存提供了保护。然而，作为一种更大现象的一部分，即商业中缓慢收购和合并垄断，这些"生产模式"可能会对环境和社会可持续性产生反作用。尽管这是一个非常复杂的主题领域，而且超出了本章探讨的范围，但有各种各样的发明、机制和一些最近的运动试图忽视服务、生产和消费的新自由主义经济模式。其中包括创意共享（CC）、合作社、对等生产（大规模合作）、互惠化（让员工或客户拥有大部分股份的企业）和众筹资金。目前，作为数字公共网络 TM 一部分的风景园林公共网络是一个罕见的免费学术工作供应商，由少数进步的风景园林机构和学者提供支持。一些业余摄影师通过创意共享协议提供他们的作品，一些著名的行业博客和网站利用创意共享（CC）图像。所有这些举措都可能有助于景观设计（及其益处）吸引更广泛的受众。

"权力总是危险的。权力吸引最坏的人，腐蚀最好的人。"

爱德华·艾比（EDWARD ABBEY）（1927-1989）

"在过去的几十年中，全球继续致力于解决理想的健康绿色城市问题。然而，许多有意义的想法仍仅仅停留在纸上，说的多，做的少。现在是时候让所有的参与者，包括设计师、工程师、政治家和公民参与到思想的舞台上了。"

马塔·波佐·吉利（MARTA POZO GILI），《活力的城市》（CITIES LIVE）（2014）

治理

在公共场所内实践风景园林本质上是政治性的。

它涉及地方、州和联邦政府、政治家、董事会和专家组、多元利益主体、公众咨询、媒体和公众舆论、改变预算和时间表——尽管在领导、同行设计审查和通过社会媒体匿名"跟踪"评论的专业学科之间存在着冲突。施工挑战是多方面的，并提出了额外的挑战。因此，无数的因素会使多年来针对"未建成"项目的工作化为泡影。因此，成功的公众项目景观从业者，往往是专注和果断的经营者和熟练的调解人，他们能够引导政治化的设计和施工过程，同时坚定地投身于通过团队投入产生的设计愿景。然而，还是老一套，要维持和睦的关系，通常需要知道何时妥协。

为谁设计？

大多数民主政府都有严格的计划系统，在审批项目时要综合考虑和评估多种因素。然而，在某些制度下（如英国和澳大利亚），如果规划部长 / 政府规划检查员 / 国务卿忽略或否决规划决定和结果（即使在上诉程序之后），该程序也可能会失败。这还会损害环境和社会立法以及民主进程，并且强大且资金充足的游说团队也容易滋生腐败。规划项目与当权政府及其短期议程之间的联系过于紧密了。大多数政府政策、报告和立法中的中性语言、语气和写作风格常常与一些主要政治家（以及那些被成功游说并向政党捐款的人）表达的偏见、议程和强烈意见相矛盾。因此，平衡策略、规划和情景测试常常被转移至未实现的学术或学生练习项目中。

"从部级到市长级，土人设计一直对政府决策者产生影响。每年，我都会把我的书寄给市长们，并且在市长们和城市级决策者的会议上发表十次以上的演讲。在北京市长论坛上，我每年至少两次向50多位市长演讲，我的客户大多数都是市长。作为两篇关于城市规划与设计的论文之一，我的演讲"建设生态城市"已被国家图书馆出版并收录为中国部级官员的必读书目。"

俞孔坚，土人设计，风景园林，城市设计，建筑学，北京（2010）

短期管理

大多数当代政府都有一种商业化的"以经济为中心"的发展方法，即在短期执政期内在其管辖范围内寻求业绩和经济发展，而不会注重那些可能在其执政期时限之外实现的长期目标，如生态可持续性等。大局、远景和愿景是可持续规划和风景园林的基础，其创新却受限于短期的、规避风险的政治周期。政府更迭往往使缓慢但有益的工作可能因为政府换届或政敌的政治游戏而无法完成。

内部工作

与任何级别的政府（地方、州、国家或国际）进行内部或外部合作，可以同时带来回报和挫败。在经济低迷时期，政府工作的相对规律性可以成为景观实践的救世主。但其范围在很大程度上取决于执政党的政治、经济和环境议程。尽管存在这些挑战，许多致力于可持续发展的规划者和风景园林师明白政策、立法和指导方针在确保社会公正和改善环境条件方面所起的重要作用。以景观为基础的基础设施和发展方法可以为标准提案（第三章和第四章）提供优越的经济和环境解决方案，但是，这些方案必须影响缺乏时间的决策者，而且应迅速切实可行。因此，清晰有效的口头、书面和视觉交流技巧至关重要。

图 7.17

库里提巴（Curitiba），巴拉那州（Paraná），巴西

1971年，市长杰米·勒纳（Jamie Lerner）制定的这项创新计划。巴拉那州首府人口急剧增长，因此垃圾车无法进入的狭窄贫民窟，使贫民窟成为了垃圾和疾病堆积的地方。该创新计划就是为了应对此类问题。该计划于1990年获得了联合国环境规划署（UNEP）最高环境奖。库里提巴大规模的清理和经济复苏是在没有贷款、没有通过提高税收、财富分配或慈善的情况下进行的。该市利用其丰富的食物供应（第九章）和未充分利用的公交系统（第四章），引进了公交代币（放置了预分类垃圾袋）的"互补货币"，并将其（纸张和纸箱）兑换成新鲜农产品。超过70%的家庭参与到该计划中来，仅62个社区就将1000吨垃圾兑换成1200吨食品和将近100万的公共汽车代币。在学校里采取相关措施，在短短三年内，100所学校用200吨垃圾兑换了190万本笔记本，相当于每天节省1200棵树。1975年至1995年间，库里提巴的国内生产总值比巴拉那的国内生产总值多增长了75%，比巴西的国内生产总值多增长了48%，为住房、建筑恢复和创建绿地提供了资金。

图 7.17

图 7.18

卡茨基尔（Catskill）流域保护

这个综合性的多方合作问题解决方案，通过保护卡茨基尔一特拉华（Delaum）流域不受开发的影响（马塞勒斯岩气田区域用水力压裂的方式开采天然气），避免了建造一个昂贵的过滤设备来净化纽约市（NYC）每天使用的 12 亿加仑的水。历史上，纽约市都是从城郊水源地获得高质量的饮用水。随着环境保护局 1989 年提高了地表水标准，该市就面临着建设一座 60 亿美元的过滤厂（年运营成本为 2.5 亿美元）或制定一个改善水质的战略，以继续使用自然水（10 亿 - 15 亿美元）。环境保护署署长和纽约市供水和污水管理局局长没有对工程和公共卫生专家自上而下的孤立问题作出回应，而是寻求一个与该流域愤怒的农民和农村土地所有者的互利解决方案。每个农场收到了完整的农场规划，定制设计污染控制措施，最大限度地提高效率，并最大限度地降低成本。

这种生态系统方法节省了数十亿美元，以不超过过滤成本 1/8 的价格向大约 900 万城市人口提供了 90% 的水，并在卡茨基尔公园保留了 283080hm^2 的生物多样性景观。

“我们必须认识到，不仅每个地区的承载能力都有限，且这种承载能力正在萎缩，但需求却在增长。在这种理解成为我们思想的内在部分，并对我们制定国家和国际政策产生强大的影响之前，我们几乎不可能看到我们的命运将朝着什么方向发展。”

威廉・沃格特（WILLIAM VOGT），《生存之路》（ROAD TO SURVIVAL）（1948）

图 7.18

图 7.19

图 7.19

麦德林，哥伦比亚（Medellin, Colombia）

自 2004 年以来，进步的市长们通过创新的城市发展，大幅减少了世界上最危险的城市之一的偏远和贫困地区的犯罪和失业率。其举措包括设置免费的缆车和自动扶梯（每天超过 5 万人使用），以及建立绿地、学校、图书馆和文化中心。

"任何地方在被历史、民谣、故事、传说或纪念碑铭记之前，都不能被称之为一个地方。虚构的和实际的作用都一样。"

华莱士·斯特格纳（WALLACE STEGNER），《地域感》（THE SENSE OF PLACE）（1989）

"一个好的城市就像一个好的聚会——人们呆得比他们真正需要的时间长，因为他们在享受自己。"

扬·盖尔（JAN GEHL）（2001）

教育

公共场所项目经常有机会整合被动和主动、正式和非正式的教育干预。社会和学习性项目可以在其完成之前、期间和之后开展，从而提高公众认识、社会活力和项目成功率。整个项目期间的沟通和保持透明，有助于建立信任和形成集体共识，因为许多社区抵制变革，不信任开发商，对政府也持愤世嫉俗态度。社区"参与"比"协商"更重要，因为它涉及集体愿景，而不是独裁的自上而下的方法。

机遇

教育和社会规划及计划的可能性包括：

- 创建物理和社会基础设施来开展活动，如：社区中心、社区花园、工坊、植物苗圃、课程、研讨会、教育计划和学徒计划等（见联合果园第五章，煤炭装载机，芝加哥博物馆）；
- 将志愿者纳入现场指导和维护工作中，同时也能促进公共联系、信息和教育项目；
- 与保护组织、环境组织和社会团体等非政府机构和非盈利机构建立关系（参见 Gary Comer 中心，第五章）；
- 与教育、健康和环境相关的政府或非政府组织建立伙伴关系（参见伊甸园项目）；
- 与公开分享成果的工商组织建立伙伴关系；
- 包括科普性机构和学校或大学的设计及教育课程的联盟（参见阿德莱德植物湿地，第三章）；
- 安排学术研究和学术组织参与，以提供详细的同类项目回顾（参见景观设计基础，第九章）。

图 7.20a

图 7.20b

图 7.20c

图 7.20a（之前）
图 7.20b（之前）
图 7.20c
图 7.20d
图 7.20e
图 7.20f

煤炭装载机可持续发展中心（Coal Loader Centre for Sustainability），北悉尼议会和 HASSELL（North Sydney Council & HASSELL），韦弗顿（Waverton），悉尼，澳大利亚，2005

这座位于悉尼港占地 25hm^2 的原煤炭转运站，已被改造成一个环境和社区展示区。一套“可持续发展标记”被巧妙地编织到现场的框架中。包括改造现有的建筑形式，重新种植，现场废水处理、雨水收集和再利用，被动式太阳能设计、太阳能热水、太阳能光伏板，使用回收的、再生的和可循环材料，建造社区花园及鸡舍和本土植物苗圃。在一条泥泞道路下出土的土著的 Cammeraygal 人巨石艺术，将该地区与欧洲的历史联系起来。该中心被精心设计，用硬木等坚硬的材料做成甲板、镀锌钢楼梯和扶手、混凝土台阶和小路以及由沥青加上当地砂岩和回收的砖铺成的露台。考虑到当地社区在商业开发中确保了该中心的安全，该中心的规划现在才有可能成为一个以公共事件、活动和研讨会为特色的成功的社区。

图 7.20d

图 7.20e

图 7.20f

图 7.21a

图 7.21b

图 7.21c

图 7.22

图 7.22

芝加哥科学与工业博物馆，智能家居（Chicago Museum of Science and Industry Smart Home），Jacobs/Ryan 联合公司 Jacobs/Ryan Associates，湖滨大道南 5700 号，芝加哥，美国，2008

这个预制构件的“未来之家”旨在展示一年的综合绿色技术、可持续实践和当代设计。这一公共展览每年通过一个可渗透的人行道系统、生态湿地和雨水花园处理 208000 加仑（787365L）的雨水；提供超过 159kg 的水果、蔬菜和草药（使用现场特制土）；并生产 136kg 的蜂蜜。其特色包括收集雨水并为本地植物提供生长空间和生产能源的绿色屋顶。互动展览非常受欢迎，从 2008 年到 2012 年，吸引了 45000 多名观众。教育计划包括生物多样性、园艺收获、堆肥循环、儿童健康、40-50 名志愿者成为园艺大师的培训机会（2008 至 2010 年间，每年提供 5500 多小时）。

图 7.23

本土公园，TCL，阿德莱德植物湿地，澳大利亚，2010

该示范园旨在为阿德莱德的本土花园提供可持续的景观策略：使用水、无入侵危险的本土植物和当地的、可循环利用的材料为设计特点。在有限的场地内，如何使各种空间和花园房间都得到了巧妙的运用，这存在着各种技术难题，如遮阳和建立树根区。

图 7.23

图 7.21a（之前）
图 7.21b
图 7.21c

伊甸园项目（The Eden Project），圣奥斯特尔，康沃尔（Cornwall），英国，LUC 和多学科团队（LUC and multidisciplinary team），2001

现在具有标志性的伊甸园项目，其前身是一个陶土开采场。这里每年吸引了 85 万多游客前来参观占地 30hm^2 的花园和生物群落。其中有大约 200 万株植物、蜂巢、艺术品和设施。其可持续的设计特点包括：绿色建筑和施工；使用根系统而非工程解决方案来平衡挖填，稳定开采场；斜坡处理（不到 5% 的坑壁用混凝土固定）；土壤来自项目现场和矿山废料（开工时为 8.3 万吨）；约三分之二的需水量由现场排水和收集的水提供；储存系统、绿色和食物垃圾堆肥，供现场再利用；自然虫害防治和 3-4 兆瓦地热发电厂的计划。教育慈善机构展示了发起、促进和论证一系列社会和技术可持续实践的真正热情。这些倡议中的一些是基于道德和当地采购的；一个每年接待 4 万多名访客的教育中心称：全球学校园艺制定了“实践”环境学科的学位计划；社区参与和就业倡议；出版公共可获取的可持续发展报告，对参与可持续发展活动进行认证；以及通过艺术项目来远离浪费和升级再造。

沟通过程

除了直接的教育计划，公共领域实践项目，还为公众提供了机会来认识风景园林本身，有效地创建双向公共界面。许多风景园林项目未能有效地传达现场定期发生的重大变化，这可能是由于规划、设计、工程、施工、维护和管理的综合因素造成的。由于缺乏解读性材料和对项目团队的介绍，项目现场和公共场所的参观者可能不知道或未被告知其丰富的历史背景、改变场地用途、场地中的系统、可持续性评级或倡议、创新的弹性成果和总体设计意图。这种常见的不可见性则使我们失去了一个向公众和媒体宣传风景园林是如何促进场地设计和变化的机会（而这可以促进行业发展）。

专业教育

虽然大多数专业机构每年都需要接受专业人员“持续专业发展”的认证，但继续教育可以通过增加批评、刺激（第六章）和增加项目竣工后的审查，以传播经验教训和基本事实来提高认知（第九章）。

解读性

风景园林中的解读性设计旨在创造设施和干预措施，以一种轻松娱乐的方式来吸引和教育现场游客。解读性设计通常包括标识和导视（如标识上显示的信息），明确显示进入现场的通道，显示流通、距离和时间信息。潜在地揭示了已发现和未发现场地的地层、价值和意义。其他益处还包括：揭示场地的历史和文化遗产；突出其他物种的存在；提供地质和环境历史；增加对当地的情感；以及创造一个意想不到的或探索性的旅程。通过提高人们对一个地方内在价值的认识，可以帮助人们认识到他们居住和参观地方的重要性，这些措施可能有助于实现可持续发展。这种理解反过来又增加了对在文化、历史和环境意识背景下对未来新增敏感的一体化问题的赞赏。因此，解读性设计可以增进人们对当地的留恋，从而使人们和社区关心当地环境的健康，并采取行动来保护和改善现状。

图 7.24

清晰伦敦（Legible London），伦敦，英国，2004

以前，仅伦敦市中心就有 32 种不同的导视系统。伦敦交通部规划了一个全市范围内由 1300 个标志组成的行人引导系统，采用统一的视觉语言（称为“巨石”“中石”“小石”和“指路牌”），并计划继续扩建。据报道，这是世界上最大的步行导视项目，旨在鼓励步行辅助解除地铁拥挤。

“步行圈”显示了 15 分钟（1125m）和 5 分钟（375m）的步行范围（基于平均速度每小时 4.5km）。地图还能显示台阶、路面宽度和人行横道等信息。

图 7.24

数字参与

在许多项目中，诸如标识牌等科普材料的标准方法还没有出现，这使得项目现场的变化和过程对访客来说是不可见的。数字媒体（如标识牌、互动显示器和智能手机应用程序等）提供了新的促进双向交流的机会（参见 Callan 公园）。这可能包括揭示自然过程和提供实时数据，如现场过滤、存储和重复使用的水量、碳汇量、车辆数量、访客或物种以及项目现场的历史背景等。

图 7.25a

图 7.25b

图 7.26

阿德莱德植物园湿地科普设计，戴维景观设计事务所（David Lancashire Design）和TCL设计事务所，澳大利亚

这种科普性设计探讨了矿石科学、生物系统和水资源保护的各个方面。根据当地的课程标准，它为中小学和高等教育学生提供了各种各样的非教学和体验式的教育设施。

图 7.26

职业认可

传统上，许多建筑都带有一块牌匾或标识，上面显示着建筑师的名字。但是风景园林师的名字和建筑环境从业人员的名字在大多数当代建筑项目中都不存在，这可能是造成该专业不为普通人群所熟知和赞赏的原因。对场地规划和设计过程的解释——举措、含义及其原因——将有助于普通民众理解公共空间设计中许多通常不可见的方面。

健康与景观

图 7.25a
图 7.25b

前BP公园和巴拉斯特公园标识（Former BP Park and Ballast Point Park Signage），澳大利亚

前BP公园（第三章）和巴拉斯特公园（第三章和第九章）（McGregor Coxall & Deuce Design）的标识设计。

风景园林学一直是人类健康与福祉的一个变革性因素，健康与景观是密不可分的。然而，它们的潜在的协同作用往往是风景园林实践中未实现的方面。景观规划和设计可以通过激发活动和锻炼、产生清洁的空气和水、提供负担得起的社会服务和基础设施以及提供当地食物等方式，鼓励健康和可持续的生存。这有助于减少不断增加的精神疾病（如抑郁症）、与久坐生活方式相关的身体健康问题（如肥胖）、汽车旅行和加工食品的消费引发的疾病（如糖尿病和心脏病）以及对污染物的敏感性问题（如哮喘和过敏）。特定的健康项目如医疗花园（儿童发展研究所）和景观经常会与医院（Khoo Teck，天空农场）、医疗保健和治疗机构（亚利桑那中心）联系在一起，在那里疗养和康复的好处显而易见。

图 7.27

图 7.27

景观治疗网

这个在线的网站收集了很多修复花园、恢复性景观和绿色空间的信息资源，有益于健康和提高幸福感，并可以提供大量的研究案例和资源。

图 7.28a

图 7.28a
图 7.28b

儿童与青少年发展研究所（Institute for Child and Adolescent Development），里德·希尔德布兰德设计事务所，卫尔斯理（Wellesley），马萨诸塞州，美国，1995–1998

2006 年，在研究所未被拆除用于开发住宅之前，占地 4000m^2 的临床精神病实践园被用于诊断和治疗儿童创伤。有目的的内向型景观设计以自然的树枝状河道为特色，通过带状水系穿过该空间，能反映出儿童从创伤中恢复的阶段。该处设置有如保护家庭安全用的洞穴、峡谷，用于探险的林地，用于攀登的山峰，用于探索的岛屿、池塘，用于挑战的陡坡或缓坡，和一个用于奔跑玩耍的广阔的林间空地。这个项目是里德·希尔德布兰德早期表达的一个观点，即花园可以产生情感上的幸福感，帮助我们理解地方的自然和文化秩序。

图 7.28b

图 7.29a
图 7.29b

亚利桑那癌症中心，10 个 Eyck 景观建筑师，亚利桑那州，美国，2008

该中心基于治愈身体和健全康复，为患者及其家属和医院工作人员提供多种花园空间，以连接亚利桑那州南部的景观和气候，还有一个集水沟壑。

图 7.29a

图 7.29c

图 7.29b

图 7.30a
图 7.30b

邱德拔医院（Khoo Teck Puat Hospital），CPG 顾问公司，佩里迪安亚洲组织（Peridian Asia），伊顺中环 90 号 90（Yishun Central），新加坡，2010

这家非临床“花园中的医院”利用现有的场地资源（尤其是大面积的水体），来促进通风和采光。密集种植的露台、屋顶、垂直面，疗愈作用的柑橘和食用花园，集中在一个中央庭院里，这一设计用来缓和患者压力并助其恢复活力。

图 7.30a

图 7.30b

图 7.31

天空农场，土地集合，HOK，Eskenazi 健康医院，印第安纳波利斯，印第安纳州，美国，2009-2014

作为体现参与式景观理念的大型“公共场所”健康项目的一部分，这座屋顶花园占地 465m^2，由 Eskenazi 健康医院和非营利的 Growing Places 组织通过社区互助农业伙伴关系建立。门诊护理中心的屋顶设有凸起的花床。农产品供应给广场的咖啡馆，还有提供教育和健康教练的社会项目。

预防性保健

由于健康是全球最大的金融产业，所以大多数健康系统都是针对症状而非病因的，这并不奇怪。通过整理在风景园林和健康方面发表的文献，为同行评审提供了证据，证明公共绿地、公园、花园、树木、植物和动物有利于预防、治疗和确保身心健康。然而，很少有风景园林机构一开始就以健康预防为目的去建设项目。同样，卫生和景观组织之间的资金和合作关系也极为罕见，尤其是在国家层面上的。景观项目（如第三章和第四章中所述）通常被用作解决已存在问题的方案。当设计方案更有远见时，可以越来越多地通过启动项目来预防问题的发生，而不是偶尔被用来恢复治疗。

健康的广度

健康的景观支持社会联系，通过提供公共通道和共享空间促进社会公正；促进体育锻炼；帮助精神恢复；确保安全和导视；使人避免接触有害物质，减少和避免光污染。在环境可持续性的背景下，它们超越了直接的人类利益，还包括对其他物种和生态系统的健康影响和积极成果。目前，“健康景观”一词主要指的是人们健康生活、工作和娱乐的场所，而不包动物、植物，甚至整个生态系统的健康——尽管其健康影响已超出了直接项目，延伸到设计、施工和维护的过程中。从项目或景观规模到城镇、城市、国家和地球的宏观视野，健康度可以通过“城市健康指数”等方法来衡量，该指数考虑了全球和集体弹性背景下更广泛的健康因素。

图 7.31

“毫无疑问，一小群有思想、有责任心的公民能够改变世界。事实上，这是唯一一件毫无疑问的事。”

玛格丽特·米德（MARGARET MEAD），《治疗核狂热》（CURING NUCLEAR MADNESS）（1984）

公众咨询、社区参与和维护

公共协商和社区参与，有助于政府和公民在一系列的政策、规划、设计、程序和服务等问题上建立联系。它可能涉及提供、提取或交换信息，并以一次性或持续的方式达成协议或妥协。一个计划、策略或设计可能是有远见的，但如果它缺乏社区支持，它可能无法实现或注定会失败。虽然有效的自上而下的领导可以促成快速（无论是积极的还是消极的）改变，但自下而上（基层）的社区主导的支持和游说，应该成为项目可持续性实施的一种更持久的方式。规划和风景园林也具有通过一种成熟的参与式方法，作为利益相关者参与社区咨询的悠久历史。

民主设计

已建成的项目可以通过空间设计、协作性和包容性、面向社会的特征［如由詹斯·詹森（Jens Jensen）设计的位于芝加哥哥伦布公园的“理事会环”］来促进公共讨论和表达。在项目设计（参见 Callan 公园）之前和项目完成之后，使用创新技术来增加投入并鼓励越来越多的现场互动探索。通过在协商、开发、设计和施工阶段，融合民主参与，使过程和结果更加公平、响应更加迅速。

维护

只有成功的管理和维护，设计才有给生活带来壮丽景象的潜力。自然主义设计、模拟当地条件、低养护种植和旱生植物等策略都有助于降低维护难度。在设计过程中，通过管理和创造社区维护、持续监控和输入的机会，使重要的利益相关者参与建立并利用其社区自豪感来帮助实现当地的愿景。许多地方市政正积极寻求这样的结果，以降低他们日益减少的公共空间维护和维修故意损坏的预算。这种社区参与和自豪感在那些拥有新兴的、已建立的、稳定或活跃社区的地区更为可行。

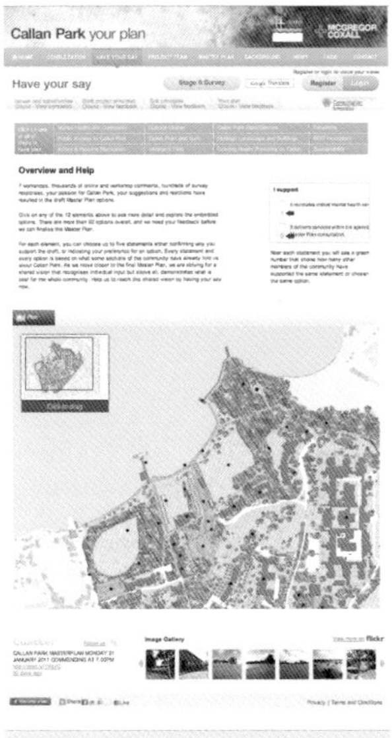

图 7.32

图 7.32

卡兰公园（Callan Garden），麦克格雷戈·科萨尔和拜纳瑞事务所（McGregor Coxall & Binary），悉尼，澳大利亚，2010–2011

设计团队专门为该项目的建造开发了一个名为“你的计划”（www.callanparkyourplan.com.au）的交互式在线咨询网站，打破了常见的现场挤满咨询者的现象。在对 1600 名用户的反馈和 6 个月的社区会议和研讨会 9 万页资料进行的浏览之后，团队制定了健康保护区总体规划。

图 7.33

温哥华绿色街道志愿园艺（Vancouver Green Streets volunteer gardening）

是否能保持长期的可持续性取决于社区的参与。温哥华市积极鼓励公众参与到他们的绿色道路和街道倡议的概念化和发展之中（见第四章）。这其中包括一个志愿者维护计划。在该计划中，志愿者可以选择养护一个场所，以建设社区并建立自豪感。

图 7.33

企业赞助的公共空间项目会有吸引力么？这会引发对于资助者广泛活动的彻底审查么？

在醒目而交通繁忙的城市里，由企业赞助公共空间的政策是一种“漂绿”行为？抑或是一种慈善行为？

灌输与教育二者之间的区别是什么？

什么是死记硬背式学习（ROTE learning）？这种方法是否存在问题？这种方法在什么情况下有用？

环境教育哪些方面的内容十分重要？

列举风景园林领域中解读设计一个优秀案例和一个失败的案例。

什么是伦理标准？伦理标准重要么？伦理等同于实践么？请举例说明。

什么是环境伦理？

什么是价值？

什么是道德？

价值和道德与伦理有何不同？这三种观念哪一种与风景园林行业关系最为直接？

伦理共识是否存在于风景园林行业规范中？你认为这些伦理准则是什么？它们是否由专业机构制定？

健康景观由哪些要素组成？请举几个健康景观的例子。

环境是否可以被经济价值量化？它目前是否已经被赋予了价值？它是否应该被赋予价值？

社区通常反对变化。如果希望他们意识到一个项目的好处，要采取什么样的策略？

应该鼓励社区参与公共项目建设过程么？为什么或为什么不？

咨询与参与之间的区别是什么？二者的优势和劣势分别是什么？

专家（由民主选举或独立任命而产生的）或社区（通过咨询）在塑造公共项目效果时是否具有优先权？

为什么政府需要表现得中立（例如在报告和指南中使用中性词汇）？这会影响政府的治理么？

政府是否应该将问题交给市场？这样做对环境会有怎样的影响？

公共景观是否可以产生经济回报？是否可以通过一种环境友好的和适合社会的方法达成？有什么潜在的问题？

人们是否会享受经济最优型景观？请举个例子。

社区养护公共景观的优势和劣势是什么？为了确保成功，什么因素需要慎重考虑？

拓展阅读

Alexander, C., Ishikawa, S. and Silverstein, M. (1977) *A pattern language: towns, buildings, construction*, New York: Oxford University Press.

Clayton, S. (2012) *The Oxford handbook of environmental and conservation psychology*, New York: Oxford University Press.

Cosgrove, D. (1998) *Social Formation and Symbolic Landscape*, Madison: University of Wisconsin.

Daly, H. and Farley, J. (2011) *Ecological economics: principles and applications*, Washington: Island Press.

Deming, M. E. and Swaffield, S. (2011) *Landscape architectural research: inquiry, strategy, design*, Hoboken, NJ: Wiley.

Fox, W. (2006) *A theory of general ethics: human relationships, nature, and the built environment*, Cambridge, Mass: MIT.

Freyfogle, E. (2003) *The land we share: private property and the common good*, WashingtoN DC: Island Press.

Galea, S. and Vlahov, D. (2008) *Handbook of urban health: populations, methods, and practice*, New York: Springer.

Grahame-Shane, D. (2011) *Urban Design Since 1945 – A Global Perspective*, UK: Wiley.

Hansen, A. and Cox, J. (2015) *The Routledge handbook of environment and communication*, London: Routledge.

Harvey, D. (2009) *Social justice and the city*, Athens: The University of Georgia Press.

Hawken, P, Lovins, A. and Lovins, L. (2000) *Natural Capitalism: creating the next industrial revolution*, New York: Little Brown & Company.

Kostof, S. (1992) *The City Assembled*, London: Thames & Hudson.

Kostof, S. (1999) *The City Shaped*, London: Thames & Hudson.

LeGates, R. and Stout, F. (2015) *The city reader*, 6th ed, London: Routledge.

Mäler, K. and Vincent, J. (2005) *Handbook of environmental economics: valuing environmental changes*, Amsterdam: Elsevier.

Meijer, J. and Berg, A. (2010) *Handbook of environmental policy*, New York: Nova Science Publishers.

Millennium Ecosystem Assessment (Program) (2001). *Millennium Ecosystem Assessment*, <http://www.millenniumassessment.org/en/index.html> [accessed 03 April 2006].

Odum, H. (1996) *Environmental accounting: EMERGY and environmental decision making*, New York: Wiley.

Papanek, V. (2009) *Design for the real world: human ecology and social change*, London: Thames and Hudson.

Saul, J. R. (2005) *The collapse of globalism: and the reinvention of the world*, Toronto: Viking Canada.

Schumacher, E. F. (1973) *Small is beautiful; economics as if people mattered*, New York: Harper & Row.

Souter-Brown, G. (2015) *Landscape and urban design for health and well-being: using healing, sensory, therapeutic gardens*, Abingdon, Oxon: Routledge.

Thwaites, K., Mathers, A. and Simkins, I. (2013) *Socially restorative urbanism: the theory, process and practice of experiemics*, New York: Routledge.

You might also like to look for further information on the following projects:

Columbus Park, Jens Jensen, Chicago, Illinois, USA, 1915–1920

West Point Foundry Preserve Signage, C&G Partners & Mathews Nielsen Landscape Architects, Cold Spring, New York, USA

Arkadian Winnenden, Atelier Dreiseitl, Stuttgart, Germany, 2011

The Energy Café, Pilot Publishing, London, UK, 2008–2011

Advocate Lutheran General Hospital Patient Tower, Conservation Design Forum, Park Ridge, Illinois, USA, 2009

访谈：理查德·韦勒（Richard Weller）

理查德·韦勒教授是马丁和玛吉·梅尔森（Martin and Margy Meyerson）城市化基金会主席，宾夕法尼亚大学风景园林教授和主席。他还是西澳大利亚大学的副教授，澳大利亚城市设计研究中心[Australian Urban Design Research Centre（AUDRC）]的前主任。他多次获得咨询和学术类奖项，包括国际设计竞赛奖和澳大利亚国家教学奖（Australian National Teaching Award，2012）。韦勒教授出版了四本书，独立撰写了80多篇论文，他还是洛杉矶风景园林跨学科期刊的创意总监。他的研究项目涉及城市、区域和国家的远景规划。

风景园林会从更严谨的知识中获益吗？如果可以，这将带来什么影响呢？

你知道，我对于该问题的第一反应是回答“是”。风景园林这一领域常被评论为明显缺乏哲学、科学、创造性和批判性。但事实上，如果过于学术化或陷入诡辩之中，知识的严谨性也可能成为它自己最大的敌人。我并不认为风景园林缺乏严谨性是因为它没有理论规范或者说没有科学方法——这是一个老套的诡计。

真正的问题是，解决生态危机是否需要知识的严谨性，并且知识的严谨性是否会使风景园林成为一门更强大的学科和专业？也许不是。这就是说，我们确实需要足够的智慧来阻止天堂般的浪漫主义和乌托邦法西斯主义，以防陷入困境。我们还需要足够的智慧来洞察我们自己的言辞，并能批判性地看待该职业自夸和虚伪的倾向。

与其说我们需要知识的严谨性本身，倒不如说我们只需要更具批判性和创造性的设计师。

风景园林师和环境设计师可以寻求哪些新的方式来获得工作并帮助他们实现愿景？

首先你需要有一个愿景。风景园林师的主要问题是，他们往往认为只要会说“管理”（stewardship），他们就会自然而然地成为了远见者，但之后他们去工作时，做的多是疏通暴雨洼地或把西芹扔给猪这样的琐碎事。

所以愿景是第一要事。它是什么？是如何工作的？它适用于何人何物？为什么它是有远见的？要做到有远见真的不容易。

假设愿景能作为想法存在一段时间，然后必须把它用一种令人信服的方式表达出来。那么你需要做的就是将它推出来，推广给媒体、当局、学院、官僚等——推送给任何迷惑的人。达尔文主义的文化世界将很快决定它是生是死。澳大利亚也会这么强硬——它甚至会在一个想法开始呼吸之前就将其扼杀。

除了设计行业和那些有文化修养的人，我们如何才能接触到更多的受众？

21世纪的人是如何获得观众的？你可以请求相关机构予以支持，但我相信一个人也能让事情发生。

重大问题（气候变化、食品安全、生物多样性丧失）是否应成为我们工作的主要焦点？除了观念和学生工作之外，我们如何更好地认识和实施这些项目？我们需要什么类型的客户？

应该，同时也不应该。我们现在是一个主导着城市环境中公共设计和交付的行业，但是我们不能一直把世界一流城市变成弹出式的游乐场和户外休息室。你们真的不需要这样的一个行业。

随着世界的城市化进程，我们设计出好的公共空间显得更为重要，并且城市生态表现已经越来越多地受到关注。但我们也需要扩大规模，重新规划过去被称为景观规划的项目。在改造现存建筑和规划新建筑方面，我们需要在郊区有更深入的结构存在。除此之外，城市周边地区是一个巨大的未被发掘的城市资源，但在设计思维方面仍然是一个虚拟的空白。然后，从长远来看，我们需要着眼于一个流域规模，一个饮食习惯规模和生物多样性迁移和气候变化相对应的规模等。

如何超越概念或学生工作是一个很好的问题。如果你把所有景观设计学院所在地的地图和大多数处于危机中的景观地图叠加在一起，它们是两个不同的世界。

我深知，在21世纪后期，学者和学生们将以我们看20世纪初美术馆花园设计者的眼光来看待我们，他们虽然不错，但却毫无相关性。另一方面，有一个强烈的后景观都市主义运动，正在追求更大规模的系统和基础设施问题，但到目前为止，这一运动还没有实现任何变化。这都是装腔作势，但即使如此，这也是十分重要的。

怀着这样的心思，我目前的研究是关于全球生物多样性以及世界生物多样性热点城市的周边地区。它被称为世界末日地图集。我称之为我们应该去的地方的指南。

至于我们应该如何将行动落到实处，我们可以从全球保护组织从20世纪60年代的一群嬉皮士变成今天的一支主要的企业和政治力量的方式中学到很多。我们的客户应该是国际环保组织、世界银行、联合国、各国政府、希望清理自己行为的跨国公司，甚至是军队。

风景园林师应该在何种程度上接受当前的、有问题的现状（如人口和经济增长），而不是基于伦理问题和原则挑战这些理论？有没有一个给积极分子或挑衅者的空间？

人口增长和经济增长是事实，我们必须把一切都与全球约100亿人口的预期峰值联系起来，其中许多人是穷人，他们中的许多人在环境方面是无懈可击的。当然，也有积极分子和挑衅者的角色，但前提是他们要献出自己的毕生精力，并且在竞赛中经常受伤。我不认为正义会拯救世界，但聪明人可以。我们需要富有创意的风景园林师，努力进入有冲突的地区，而不是坐在纽约、巴黎和伦敦的沙龙里。

机构能力也是一个问题。在世界上35个生物多样性热点地区，我们至少需要每个地区有一所优秀的设计学校（几乎没有），而世界上现有的学校应该在由于资源消耗引发冲突的全球热点地区开设工作室。我们应该去这些地方。我知道说起来容易做起来难，但至少在宾夕法尼亚州，我们正在努力。

我相信，如果你把一个聪明的风景园林师空运到一个复杂而可怕的领域，他们的工作方法和方式将是非常有价值的。IFLA应该沿着这个思路将他们到注意力集中在一些实用的建设项目上。你知道，我们都感到十分苦恼，相比于其创始人麦克哈格的愿景，风景园林是如此脆弱和可悲。

您有一门探索不同文化对自然的认识的课程。您对自然有什么看法？

这门课程是以问学生什么是自然开题的，15年前，我还能收到有关鸟和蜜蜂的答复，也就是自然是美的，自然是受害者，自然是其他的等。但现在大多数学生都认为自然是我们制造的。我的回答是，我们就是自然，城市就是自然。

但是没有人给出过正确答案，那就是：它是一个词，一个非常危险的词。

年轻的风景园林师应该培养哪些关键的素养和技能？

愤怒应为其动机；野心是必要的诅咒；临界状态是中心；自我反省非常重要。通过绘画和书写完成由手到脑的反馈是至关重要的，横向思维非常有用，认识美是重要的，要敢于冒险，创造性地使用和控制技术而不仅是学习程序和制作图像的能力，将是非常重要的。当然，还要试着和夏尔郡的霍比特人相处，但更要知道什么时候离开那里。

图 8.1

安德伍德家庭索诺兰景观实验室（Underwood Family Sonoran Landscape Laboratory）

这个大学校园项目将一个停车场变成呼应索诺兰沙漠（Sonoran Desert）环境的景观。

第八章　少即是多：轻触式设计

轻触式设计使干预措施、场地扰动，以及项目活动和材料使用的内在过程最小化，有助于环境和社会的可持续发展。设计范围应包括场地本身和更广泛的受影响环境。对“场所”及其自然和文化维度的敏锐欣赏是景观设计的核心基础。遵守职业道德的设计师知道哪些场地什么时候需要进行设计，也知道哪些场地什么时候需要很少或不需要改造提升。敏感性与场地环境中的所有元素都相关，而不仅仅是我们认为的“自然”或“文化”元素。即使在有些已经退化了的场地，其“自然”环境已经被彻底清除，也可能存在某些特征，要求谨慎设计干预措施。脆弱的场地尤其如此。在设计、施工和维护的过程中进行有效的沟通、调解以及尊重他人的领导，将有助于进一步可持续性的长久发展。

"咨询场地的所有神明。"

亚历山大·蒲柏（ALEXANDER POPE），《人论》书信四（EPISTLE IV）（1731）

"一个场所的灵魂就像一张看不见的网——或者一个力场——有时会从房屋、街区或景观中投射出来，将我们拉进迷宫般的褶缝中。"

琳达·拉平（LINDA LAPPIN），《场所的灵魂》（THE SOUL OF PLACE）（2015）

"从文化角度讲，我们与地面的关系是矛盾的：因为我们只有在它屈服于我们意愿的情况下才愿意欣赏它……我们的工程本能是将它立即抹平，并将我们的基础建立在通常意义上的——水平地面。"

保罗·卡特（PAUL CARTER），《土地的谎言》（THE LIE OF THE LAND）（1996）

图 8.2a

图 8.2b

图 8.2c

图 8.2d

南澳大利亚国家公园项目（Projects in South Australian National Parks），TCL 事务所，南澳大利亚，约 1995-2003

8.2a 弗林德斯蔡斯国家公园（Flinders Chase National Park），位于袋鼠岛（Kangaroo Island）西部边缘。

8.2b 弗林德斯山脉国家公园（Flinders Ranges National Park），位丁南澳大利亚最大山脉的北部中心区域。

8.2c 因尼斯国家公园（Innes National Park），位于约克半岛（Yorke Peninsulars）西南沿海。

8.2d 莫里亚塔保育公园（Morialta Conservation Park）和黑山保育公园（Blackhill Conservation Park），阿德莱德附近，拥有崎岖的山脊、沟壑和季节性瀑布。

通过与南澳大利亚国家公园和野生动物局（National Parks and Wildlife South Australia）合作，获取了对环境、乡土和文化遗产、当地材料以及景观色彩和纹理的详细分析，TCL 据此对全州数百个公共设施进行了升级。总体规划，游憩设施和公园的基础设施（包括步道网络；路径；瞭望台；露营地；停车场；厕所和历史家宅）都旨在提升视觉冲击力，让壮阔景观成为凌驾于具有挑战性的坡地、陡峭的地形和脆弱的生态系统之上的绝对主角。

景观敏感性

景观具有敏感性，因此需要采用谨慎、细致的设计手法。无论场地的自然和文化环境如何，来自各种学科背景的设计师总是习惯性地采用预想的风格。无论是天生的还是后天培养获得的，与环境相调和并对历史、文化、视觉、精神四维景观的深层认知对敏感性设计至关重要。这些认知通过倾听、观察、研究、直觉、实践和参与进一步深化，形成对场所精神的内在理解——场所感。

实地访问

在环球旅行、全球贸易和电子通信爆炸式增长之前，景观实践更多地植根于地方和国家环境。几十年前，在没有详细实地考察的情况下进行景观设计项目几乎是不可想象的。不幸的是，现在这一现象更加普遍，增加了不顾及周边环境和同质化设计的可能性。

白板

生态学家经常建议避免扰动土地的做法（例如保留原有土壤和植被），因为土地稳定极大地有助于维持物种间的关系和增加生物多样性。"白板"措施（为了便于工作和计算而将场地清理为一块"干净的平板"）仍然普遍用于设计、工程和建设，这会对留存的珍贵生态系统造成毁灭性的打击。例如，数百万年的进化在澳大利亚这样地质稳定的陆地（以及其他全球生物多样性"热点"地区）形成了丰富的生物多样性植物和复杂的物种关系。因此，必须避免干扰具有完整土壤和植物生长条件的场地，以保护当地生态系统的完整性。

图 8.2a

图 8.2b

图 8.2c

图 8.2d

过去可视化

解读、分析和可视化景观生态区，分区条件和设计场地本身非常重要。即使在原生植物被完全清除的情况下，依据当地的地质、地形、土壤、坡向、水文条件以及气候、现状植物种类和当地的历史知识和研究，都可以得出描绘该场地昔日的历史和自然条件的指示性“图片”。这些图集（例如场地留存植被群落图）和设想过往景观的能力能够指导设计、种植 [见国家美术馆（National Gallery），安德伍德实验室（Underwood Laboratory）] 和生态修复（第二章）。

"住宅区被一片怪异的寂静笼罩，没有莺歌燕舞，没有人们的低声细语，没有流水潺潺……这是由几个月的爆破、钻井、填挖方、冲压和它们的产物造成的耳聋。无线电忙乱地吵个不停，企图用他们的小噪声掩盖电力或'工程进展'的更大噪声。"

保罗·卡特，《土地的谎言》(THE LIE OF THE LAND)(1996)

"动物和植物为了生存不择手段。如果这意味着占领一个采石场或垃圾倾倒场，那就这样吧。我们不应该认为这是'不自然的'。如果我们对此感到惊讶，只表明我们对自然的理解存在偏差，我们需要新视角来解释我们所看到的景象。"

蒂姆·罗(TIM LOW),《新自然》(THE NEW NATURE)(2003)

构成多样性

风景园林师在设计时应该熟悉多种自然和文化元素。他们应该擅长整合、领导、统一并参与持有多种（通常是具体的）观点的多学科专家和顾问团队：生态学家可能专注于留存生态系统；人类学家专注于现场挖掘；文化地理学家专注于乡土元素；遗产建筑师专注于现有建筑形式；而开发商的关注点可能是利润最大化。风景园林师和规划师具有不同程度的项目和政治影响力，这取决于他们的个人职位（主管还是初级）和所在团队的角色（领导还是副顾问），项目的重要性（具有国家公共意义还是私人花园）及其个人经历，从属关系和业内社交关系。此外，还应向场地曾经的规划者或设计者展示新设计的敏感性。

保护机制不足

寻求敏感性设计方法的从业者经常面临各种挑战。常见的有标准施工做法建议或导致的对现场地质和土壤的干扰以及大量植被的移除。同样，规划程序经常允许对不适当区域的开发，如具有生态、历史、文化或景观价值的区域或洪泛平原和低洼区域。随着各地方、国家和国际立法，分区、保护和指导机制的不断变化，这些区域的保护级别也各不相同，从全面保护到完全没有保护措施都有。虽然改变直接结果不太可行，但后续可以通过游说、宣传、为专家评估小组代理，以及撰写报告和政策来改进项目本身，为改变法律和保护机制而努力。

变通的思想

景观敏感性和轻触式设计手法要求设计思路具有开放性和灵活性。"原始"环境和"荒野"在很大程度上已沦为传说，尽管这些迷人的概念为环境保护创造了重要的动力和成果（第一章和第二章）。相反，地球的大部分区域现在由混合自然和新的生态系统组成，具有新型复杂的物种关系。因此，敏感性设计不仅需要应用于具有更明显特征的场地（如残留的本土动植物群落或遗迹等），更需要应用于退化的场地和荒地，其中可能存在植物、动物以及具有保护价值，固有价值和可持续性价值的特征（见砖坑环项目）。

图 8.4a（改造前）
图 8.4b
图 8.4c
图 8.4d

安德伍德家庭索诺兰景观实验室（Underwood Family Sonoran Landscape Laboratory），谭艾柯风景园林事务所（Ten Eyck Landscape Architects），美国亚利桑那州图森（Tucson），2007

这个索诺兰沙漠（The Sonoran Desert）的项目反映了该地区已被破坏的天然景观特征。利用当地的材料、人力资源和植物，这块 0.5hm^2 的贫瘠停车场已经转化为平衡了文化和自然的作品。其闻名的水资源策略包括将大学砂滤水井 950 升 / 天的水资源重新引导到供给鱼类和植被的湿地池塘中（先前直接排入雨水管网系统）；在 5 年的建设期内，通过循环水提供 85% 的年灌溉量（280000 加仑，即 243000 加仑，由 84000 加仑雨水、95000 加仑 HVAC 冷凝水、45000 加仑井水排放，和 19000 加仑灰水组成）；在建设期后彻底避免纯净水的使用。

图 8.3

图 8.3

澳大利亚国家美术馆雕塑花园（National Gallery Australia Sculpture Garden），哈里·霍华德事务所（Harry Howard & Associates），堪培拉，澳大利亚，1978

澳大利亚国家美术馆的雕塑花园被认为是该国最重要的景观设计之一，代表了与议会三角区欧洲特色的分离。澳大利亚丛林特色被划分为四个季节性区域，确保全年有景可赏，并以国际雕塑作品为特色。

图 8.4a

图 8.4b

图 8.4c

图 8.4d

图 8.5

砖坑环（Brick Pit Ring），杜巴赫·布洛克·贾格斯建筑事务所（Durbach Block Jaggers Architects），悉尼奥林匹克公园（Sydney Olympic Park），悉尼，2004-2005

经过 100 年的运营（期间生产了 30 亿块砖），悉尼奥林匹克公园内的砖坑场于 1988 年关闭，濒临灭绝的绿金铃蛙（Litoria aureo）来到这里栖息繁殖。由于发现了它们的存在，组织者改变了在这里设置奥运会网球场地的初衷，转移了网球场地位置。随后的砖坑环项目耗资 650 万澳元，在场地上建立起 18.5m 高的空中步道和户外展示，但没有设置任何地面通道。场地中的 15 个淡水池塘里有巨石遮蔽，草地和芦苇，这里的青蛙数量逐渐增加到 700 只。

图 8.5

直接和间接

敏感性设计远远超出了设计场地的范围。由于全球化文化的巨大影响［生态足迹和内涵能量（第六章和第九章）等测量机制很好地阐述了这一点］，在项目、服务或材料的多个过程中表现出对某些资源的大量需求（如生产性土地，水，碳）。这些过程可能包括采购、提取、加工以及材料和项目团队成员的交通运输。

“最终，我们的社会将不仅由我们所创造的东西定义，而且还由我们拒绝摧毁的东西定义。”

约翰·萨威尔（JOHN SAWHILL），《自然保护》（THE NATURE CONSERVANCY）（1936-2000）

限制条件

限制条件来自对自然和文化现状、项目声明及社区需求的仔细考虑，以及对自身偏见和预想的设计理念的有意识反省。对敏感性和限制的把握是被低估的设计技能，经常被对设计的激情或狂热的设计意识所压制。有职业道德的设计师并不总是需要采取强势的设计手法或留下他们的“印记”。有些项目可能仅需要很少的设计干预，或者由于已经存在的自然或文化特征，只需要稍加强化就能使得场地天然的美或力量占据舞台中央[参见乌鲁鲁文化中心（Uluru Cultural Centre）]。这种轻触式设计仅在必要时进行设计，以最大限度地减少场地干扰和建设干预，与极简主义设计风格或趋势形成鲜明对比[参见国家公园项目（National Park Projects）]。

表观 VS 实际

无论是建筑、室内设计、产品设计、艺术或是风景园林领域，极简主义追求的美是人文主义的、几乎不可能达到的完美，并且在许多情况下，在实现这种美的过程中会造成大量的浪费。环境限制与美学限制全然不同。美学限制要求通常通过减少材料配色、简化空间形式和高度精细化施工等设计方法来达到。在景观中，极简主义设计可能需要高强度的持续维护才能实现这种外观，比如，简化或单一的植物配植（一种或两种植物）比多样化种植的方案更容易失败，并且缺乏韧性。虽然在现代主义景观设计（20 世纪中期）统治期间，极简化种植的方式更为常见，但这一时期的著名从业者的重大影响仍延续至今[如路易斯·巴拉甘（Luis Barragán）]。近来，从业者生态素养普遍有所提升，主流种植和设计方法正在从现代主义和美学限制转向鼓励生物多样性的复层设计（第二章），产生多重效益（第三、四章和第七章）并减少高强度的维护（第八章）。

“大约29年前，凯文和我同时在吉姆·西纳特拉（Jim Sinatra）的带领下研究景观设计。我们的第一次设计作业是重新设计墨尔本的维多利亚市场。记得我像班里的许多其他人一样设计，推倒市场的一部分，建起了一座酒店或办公大楼。我清楚地记得凯文和我们都不一样……他将维多利亚市场几乎以它本来的面目呈现出来。凯文问为什么要改变一个提供真实体验并且已经拥有灵魂的地方？真令人意想不到。”

佩里·莱瑟（PERRY LETHLEAN），致敬凯文·泰勒（A TRIBUTE TO KEVIN TAYLOR）（1953-2011）

传达价值观

如果一项设计策略不能呈现明显的实体或可见结果，客户可能无法意识到它的直接价值。在整个设计过程中，清晰的口头和图示语言交流以及强有力的项目自述，或许有助于使利益相关者相信场地现有和策略提出的价值［参见休斯敦植物园（Houston Arboretum）］。严谨的场地分析以可感知的图示语言呈现预先存在的场地价值的信息，是传达设计价值观强有力的助力。重要的是要证明这些信息如何与设计决策和提出的结果相关联。

图 8.6

场地分析

休斯敦植物园（Houston Arboretum）（第二章）的场地分析识别出了诸如干旱和气候变化引起的冠层死亡率等问题，研究了可能的相关场地状况（例如微地形，汇水线和排水不良的粉砂黏土壤土）。这促成了更具代表性的设计方案，设计区域涵盖了更大范围的草原和草地类型。

揭露根本原因：土壤+地貌原因

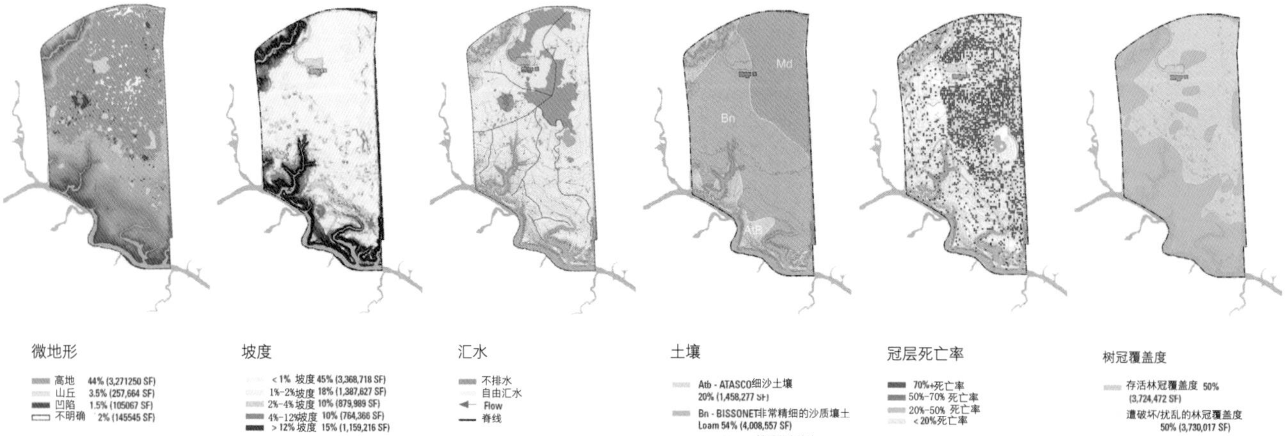

图 8.6

图 8.7a

图 8.7b

图 8.7c

图 8.7d

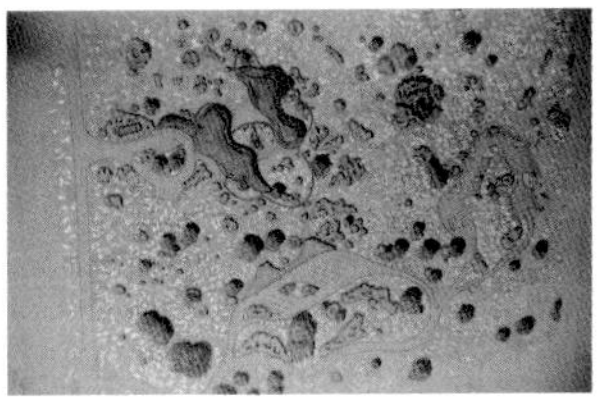

图 8.7e

图 8.7a
图 8.7b
图 8.7c
图 8.7d
图 8.7e

乌鲁鲁—卡塔丘塔原住民文化中心，TCL 事务所与格里高利 · 伯吉斯建筑事务所（Gregory Burgess Architects），澳大利亚北领地乌鲁鲁（Uluru），1995

乌鲁鲁—卡塔丘塔（Uluru-Kata Tjuta）对于传统的阿南古（Anangu）守护者们而言，其神圣的不仅仅是标志性的“岩石”，更延伸到岩石周围的景观。这个占地 9hm^2 的项目旨在通过几乎不可见的景观设计，最大限度地减少影响并最大限度地提高游客对沙漠之美和意义的沉浸体验。文化中心距离乌鲁鲁基座 1km，与沙漠交织在一起，其流动性象征着原住民和国家公园联合管理的相互让步以及文化的内外体验。阿南古人希望在游客中心周围建立一个景观“岛屿”，通过步行和体验景观使游客进入预备状态，然后再拜访乌鲁鲁。经过与游客和公园运营商一年的谈判，最终决定通过停车场外 300m 的区域切实实现两者的隔离。设计建设过程中没有树木被移除、地形变化或增加种植，以此确保场地保持其本身的完整性。通过精心的选址，敏感而内敛的设计，引发沙漠景观与游客之间的深刻关系，促进了对沙漠元素和品质的更广义的诠释。

"时间飞逝不复返。"

维吉尔（VIRGIL），《农事》（GEORGICS）（公元前 29 年）

"景观是最原始的栖息地；人类在植物和动物之间，在苍穹之下，在大地之上，在水边进化。我们每个人的身心都传承着这种记忆。"

安妮·惠斯顿·斯本（ANNE WHISTON SPIRN），《景观的语言》（THE LANGUAGE OF LANDSCAPE）（1998）

图 8.8

图 8.8

沼泽花园（Swamp Garden），West 8 景观事务所，美国南卡罗来纳州查尔斯顿（Charleston），1997

呼应斯波莱托艺术节（Spoleto Art Festival）的主题——"查尔斯顿（Charleston）以及低地国家的艺术和景观"，West 8 景观事务所在海洋、河口、河流和盐水沼泽的多样化区域景观环境中为柏树沼泽设计了一个花园。蜿蜒的栈道从坚实的地面通向由钢杆和钢丝隔开的僻静区域，这个户外空间四周悬挂着的超轻西班牙苔藓随风而动，形成起伏的围墙，增添了些许冥想空间的特质。

“一片垂死的森林。一个精心维护的花园。”

索尔·威廉姆斯（SAUL WILLIAMS），歌曲：释放第二部分（SONG：RELEASE PART 2）（2002）

环境管理与维护

设计可能会提出一系列维持景观的建议，但如果缺乏充足的管理和维护，环境系统（通常需要不断增加的养护强度）很可能会衰败。维护景观，将之培育成熟，最终实现设计愿景的过程是一项持久的挑战。一些项目可能在建设完成后或维护期缺失设计团队的意见，或者从总体规划或草图阶段到施工阶段可能由多个设计公司经手。在风景园林项目完工后设计者的参与（第九章）尤为重要。植物景观的建立和景观愿景的实现可能需要数十年的时间，这就使得维护措施成为长期景观可持续性的关键考虑因素。

园艺帝国主义式扩张

在许多发达国家，景观维护的传统起源于基于支配和控制的形式主义观赏园艺实践。殖民时代的旅行激发了人们新的对异国植物的兴趣，人们开始收集来自不同于当地气候和土壤条件地区的植物。这影响了主流景观美学的观念（见第二章访谈），美的概念（见第六章，第十章）脱离了地方、功能和传统的园艺根源（如草药、香草、水果和蔬菜花园）。可食用植物——我们食物的提供者——正在复兴（第五章），但它们在公共场所仍然不受关注。在那里，它们几乎没有存在感，仍被视为实用主义或缺乏吸引力（除了某些地区，如地中海部分地区）的植物材料。在不合适的自然、文化或历史环境中，采用考虑欠妥或人为强加的景观特征，会带来额外的环境成本（例如英国和西欧对草坪的使用——先是移植到殖民地，如今已经推广到世界范围——不顾它根本不适宜当地的风化土壤、更强烈的阳光及更高的蒸发蒸腾量等环境条件）。这种追求装饰性异国情调的传统，违反了种植的时间、地点和社会需求，是不环保不可持续的做法。

图 8.9a
图 8.9b
图 8.9c

克罗斯比植物园（Crosby Arboretum），小爱德华·L. 布莱克（Edward L. Blake，Jr），安拙博庚事务所（Andropogon Associates），美国密西西比州皮卡尤恩（Picayune），1979-

密西西比州立大学附属的克罗斯比植物园内有一座占地 26hm^2 的解说中心，其前身是松树种植园和废弃的农田；一片 283hm^2 的栖息地，囊括了七个自然区域的 300 多种本土植物。植物园致力于保护和保育本土植物，管理策略包括按计划引燃松树草原。

持续干预

主流园艺效果的维持在很大程度上取决于持续的人为干预，以避免设计和景观的崩坏；灌溉系统故障很可能导致植物遭殃；如果不经常修剪，可能无法正常呈现设计的空间效果；不再灌溉、施肥、喷洒杀虫剂和化学品，草坪也将无法呈现应有的视觉效果。控制技术或许可以实现理想的场地结果（例如通过杀死草皮甲虫或“杂草”），但却会污染土壤、排水沟和含水层，并且在人类和动物中产生生物积累（这种方法应用于工业化农业，见第五章）。维护的对立面是“野化”或几乎不维护，以期重建“自然的”生态系统（第二章）。不仅这一目标难以实现，野化可能会产生一系列问题，例如基于城市视觉安全的角度，木质或易燃植物材料的聚集构成火灾隐患，以及物种入侵陆地和水体导致生物多样性降低。尽管如此，这种手段被广泛认为比高强度的观赏园艺更具可持续性。

图 8.10

卢瑞花园（Lurie Garden），皮特·奥多夫与古斯塔夫森·格思里·尼科尔（Gustafson Guthrie Nichol）合作，美国芝加哥千禧公园，2001-2004

卢瑞花园是皮特·奥多夫设计的低耗水量、多年生、节水型种植的众多成功案例之一，采用当地植物种类通常有助于减少或消除补充灌溉用水。

社区维护

由于人力成本增加并且公共场所维护预算较低，许多西方城市景观高强度维护正在减少。在发达国家，景观维护已经高度机械化，通过依赖廉价化石燃料的车辆和机动设备来避开人力成本。这些高排放设备（如二冲程机械修剪机、鼓风机和割草机）既不健康又对环境有害。社区参与的维护项目和健康计划，可以帮助将公共绿地性质由被动转为主动，变静态为活跃，变装饰性为具有生产效益（第五章）。随着城市密度的增加，以及相应的，全球大部分地区缺乏私人绿地，公共空间需要以更成熟的方式为城市居民提供实际利益、鼓励参与的形式和生产效益。

图 8.9a

图 8.9b

图 8.9c

图 8.10

图 8.11a

图 8.11b

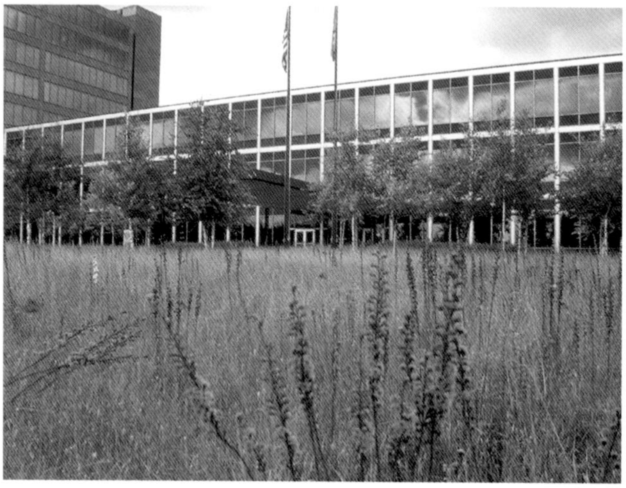

图 8.11c

图 8.11d

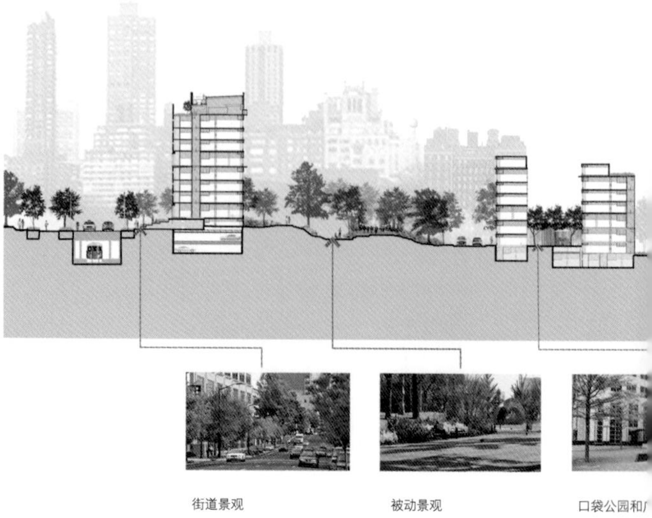

图 8.12a

图 8.11a
图 8.11b
图 8.11c
图 8.11d

通用磨坊公司雕塑园（General Mills Sculpture Garden），迈克尔·范·瓦肯伯格事务所（Michael Van Valkenburgh Associates），明尼阿波利斯（Minneapolis），1989–1991（花园于 2000 年被客户拆除）

斯基德莫尔（Skidmore），奥因斯（Owings）和梅里尔（Merrill）三位设计师为通用磨坊公司总部设计了入口景观以及在原生野花草甸间的雕塑通道，与 1957 年的建筑相呼应，实现了表现生态主义和现代极简主义的平衡。每年的景观维护措施包括引燃草地以促进草的更新。草在一年中随季节更替，其颜色和质地也不断变化。在景观维护和管理中，修剪、喷洒农药或其他嘈杂的和可能引发中毒的做法是常用的方法，但在城市环境采用燃烧的做法并不常见。

图 8.12b

图 8.12a
图 8.12b

《高绩效景观指南》：纽约 21 世纪公园，设计信托（Design Trust）和纽约市公园部（NYC Parks Department），纽约，美国，2008–2011

纽约市的公园对缓解城市热岛效应，清洁空气，滞留雨水，提供栖息地和应对气候变化至关重要。这个可在线下载的公园设计和施工指导手册，包含一系列案例研究和能够获得可持续成果的最优实践措施。

纽约市公园场地类型复合剖面

纽约市的城市景观包括开放空间组成的复杂的网络，分别以不同的场地条件、用途和周围环境为特征。《高绩效景观指南》定义了九种类型的开放空间，如下图的复合剖面中所示。从滨水景观到游乐场、活动休闲区到被动景观，这一剖面展示了每个设计、建造和维护这座城市 21 世纪的公园的人都应该理解的场地的突出特征，机遇和限制条件。

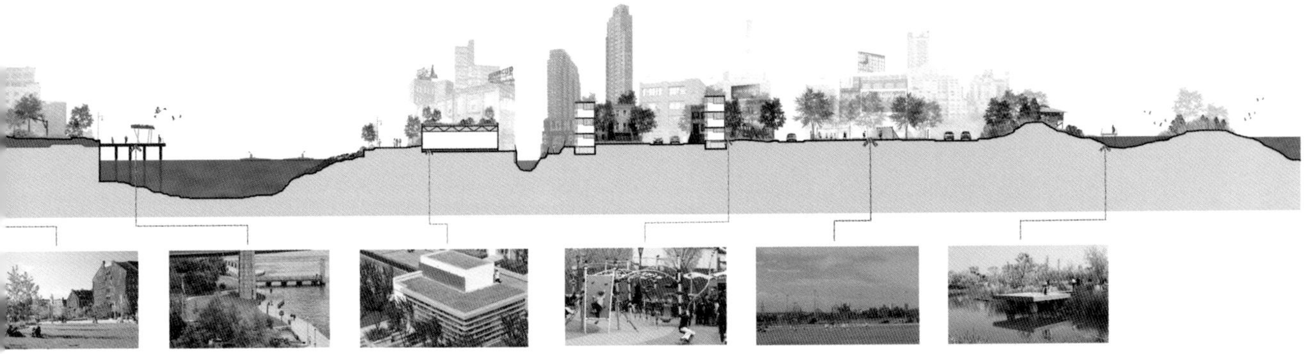

及修复场地　滨水景观　屋顶花园　游乐场　休闲活动区　再生场地

"事件……与场地相交，积累为历史层次、组织成序列，并存在于景观的各类材料和过程中。故事以各种方式'发生'。"

马修·波提格（MATTHEW POTTEIGER）和杰米·普林顿（JAMIE PURINTON），景观叙事（LANDSCAPE NARRATIVES）（1998）

图 8.13a
图 8.13b
亚威鲁文化管理计划（Yawuru Cultural Management Plan），UDLA 事务所与"这就是亚威鲁"运营公司（Nyamba Buru Yawuru），西澳大利亚布鲁姆（Broome），2010-2011

澳大利亚风景园林师协会国家奖（the Australian Institute of Landscape Architects national award）评委会这样评论亚威鲁文化管理计划（Yawuru Cultural Management Plan，YCMP）："这不仅仅是一次对话，不仅仅是一次意见听取和录音，也不仅仅是散步和参观这片土地；虽然上述这些都有，但最重要的不是这些，而是这片土地及生活在这里的人们。"

UDLA 独特地捕获了亚威鲁原住民土地管理经验的本质。这个长期管理计划受亚威鲁人委托制定，详细介绍了雅温尼保护区（Yawunj Conservation Estate）及其他地区的联合管理实践措施。该计划在"这就是亚威鲁"运营公司（Nyamba Buru Yawuru）的监理下完成，并由亚威鲁注册原住民产权持有人集团签署，概述了护林人和乡村管理团队、公园和野生动物部门、布鲁姆郡（Shire of Broome）、政府机构和研究人员相互合作的最佳实践措施。

交流与联系

发展积极的关系对于建立专业信任和持久的设计至关重要。大量教育性项目和先锋风景园林师已经认识到有效沟通、演讲、倾听、调解和领导技能以及文化敏感性的重要性。在提出创新理念或参与关注环境和文化项目的情况下尤其如此。这些项目的专注点超越了景观的范畴，可能跨越多个司法和文化管辖区［参见亚威鲁文化管理计划（Yawuru Cultural Management Plan）］。虽然数字通信已经极大地改变了商业和教育方式，但目前，景观设计实践中的大多数商业交易都是人与人之间形成的人际关系网络和面对面交流的结果。

竞争或互利?

大型项目跨越无数行政区并涉及无数相关组织团体［见默西河流域（Mersey Basin）］。孤立的个体可以相互争取独立议程，无论是地方 / 州政府、建筑师 / 风景园林师、工程师 / 设计师、设计师 / 承包商、设计师 / 维护人员、风景园林师 / 花园设计师，邻近社区等。然而，学科间的互相尊重和有效的领导是实现可持续成果和融洽工作关系的关键。

图 8.13a

图 8.13b

图 8.14a

图 8.14b

图 8.14a
图 8.14b

科林伍德儿童农场(Collingwood Children's Farm)，TCL 事务所，澳大利亚墨尔本阿伯茨福德(Abbotsford)，2001-

这个特别的非营利社区农场占地 $8hm^2$，距离市中心仅 4km，试图为处境危险的儿童和城市居民提供安全的避风港。敏感性总体规划与农场社区协商制定，设计了一系列设施，如动物围栏、围场、谷仓、咖啡馆、菜地和堆肥区，这些都可以从环绕农场的共享自行车 / 人行道上看到。农场经常举办社区活动，如农贸市场、篝火晚会、儿童生日派对、残疾人骑马以及挤奶体验等。

图 8.15a

图 8.15b

图 8.15a
图 8.15b

默西河流域运动（The Mersey Basin Campaign），英格兰西北部，英国，1985–2010

1985 年环境再生运动期间，世界上最脏的河流是默西河（Mersey），它流经 29 个地方行政区，其流域范围内有 500 万人。一个统一的机构把无数不同的组织和社区汇聚到一起，使大家认识到环境改善与经济复兴之间的关系。20 个“行动伙伴”组成同盟，目的在于促进公共、私营和志愿部门的各项改善项目的推进，协调志愿者、学校、企业、监管机构和地方当局的工作。

施工

从项目开始到施工后的维护和管理过程中都可能面临挑战。高度机械化、麻木的现代施工技术容易导致土地破坏、将场地夷为平地和土壤侵蚀等结果 [见半英里栈道（Half-Mile Line）]。设计团队在项目的各个阶段都需要带领、引导项目推进并时刻保持警觉。保护场地自然和文化资源的设计文件（以及设计意图）必须传达给场地承包商，并通过频繁的实地考察进行监控，以防止场地完整性或设计愿景因为妥协而受到损害（例如土壤或植被被移除）。建立牢固且默契良好的工作关系，从一开始就有助于这一过程。

包容性

20 世纪的建筑师或总设计师口授、要求和规范行业术语的模式，在当代景观实践中，正在向更具包容性和协作性的设计手法转化。多学科团队成员间互相尊重，工作氛围融洽，可以呈现更好的整体成果。如果项目负责人（理想情况下是风景园林师！）能像交响乐指挥一样，将每个学科的优势编排成一个有凝聚力的组合，这将有助于形成果决的领导作风，斡旋促成考虑充分的、具有敏感性的和呼应周围环境的设计。

图 8.16a

图 8.16a
图 8.16b

半英里栈道（Half-Mile Line），里德·希尔德布兰德设计事务所，美国马萨诸塞州西斯托克布里奇（West Stockbridge），2003-2012

该项目最初，业主仅仅委托里德·希尔德布兰德设计事务所协助管理覆盖 20hm^2 土地 70% 面积的森林。而事务所提出建议，将该场地与以前无法到达的，原始的伯克希尔湿地（Berkshires wetland）通过一条环路串联到一起。经过长达九个月的协同设计审批程序（其中包括保护生物学家），在航空摄影的辅助下，规划路径得以绕过树木、障碍物、丛林、海狸池塘、四季不断的溪流和野生动物廊道，最终成型。蜿蜒的栈道采用现场人工施工的方法：木工在水中组装木板（拖动材料并且使用浮板），使用撬棍将螺旋支撑桩打入底土，并用隔泥布和铲子打包垃圾。

当地加工的铁杉板由于其质朴、纹理凸起和易于切割的特质被选中作为栈道铺面，共 5000 块。这条多变且充满活力的半英里栈道串联起一系列对比鲜明的景观：私密的丛林，沼泽草原以及大面积的开放和流动水面。路径的终点是两个设在开阔水域的观景台，可以欣赏周围的森林和伯克希尔湿地。

图 8.16b

图 8.17a

图 8.17a
图 8.17b
图 8.17c
图 8.17d

克拉克艺术学院（Clark Art Institute），里德·希尔德布兰德设计事务所，安藤忠雄建筑研究所（Tadao Ando Associates），根斯勒（Gensler），安纳贝尔·塞尔多夫（Annabelle Selldorf，ARCADIS）事务所，美国马萨诸塞州威廉斯镇（Williamstown），2002–2014

这个艺术学院的校园占地 57hm^2，拥有森林、草地、溪流、池塘和草坪。其中有一座博物馆，专门收藏展示艺术家与自然关系的藏品。对该场地的改造提升将环境绩效与极简主义的美学相结合，以其占地 1 英亩的阶梯映、倒影池为例，它也是校园雨水管理系统的中心。

图 8.17b

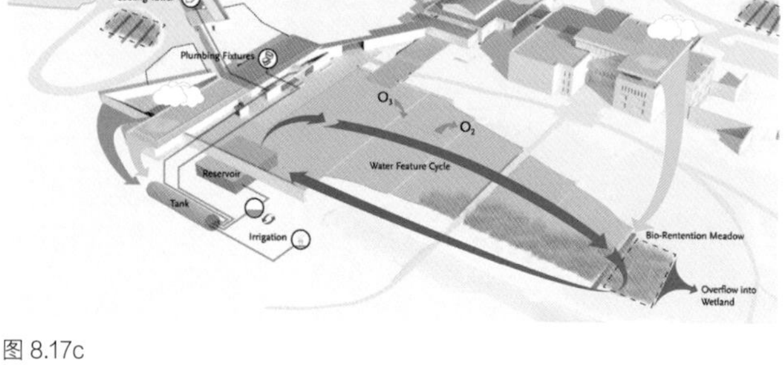

图 8.17c

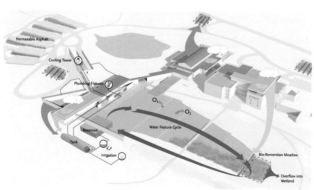

图 8.17d

敏感性是否是风景园林一个重要的属性？敏感性是否与敏锐的观察力有所区别？

你是如何看待“阅读”景观需求？练习“阅读”一处本土景观并聊聊你的发现。文化条件与基础是如何影响你的观察的？

与自然交流进而创造人类与环境之间的联系是否重要？

当残存和自然的生态系统已经被破坏，自然敏感性是否是一个重要的属性？

限制条件在环境设计中是否重要？你能列举一些例子么？

敏感的生态设计途径是否能够帮助重建我们与自然世界的联系？

“轻触式设计”和敏感设计是否会让我们日常喧嚣的世界发生变化？

Carter, P. (1996) *The lie of the land*, London: Faber and Faber.

Casey, E. (1993) *Getting back into place: toward a renewed understanding of the place-world*, Bloomington: Indiana University Press.

Hough, M. (1990) *Out of Place: Restoring identity to the regional landscape*, New Haven: Yale University Press.

Huggan, G. and Tiffin, H. (2015) *Postcolonial ecocriticism: literature, animals, environment*, Oxon, UK: Routledge.

Jackson, J. B. (1984) *Discovering the Vernacular Landscape*, New Haven: Yale University Press.

Johnston, R. (1991) *A question of place: exploring the practice of human geography*, Oxford, UK: Blackwell.

Kunstler, J. (1993) *The Geography of Nowhere: The Rise and Decline of America's Man-Made Landscape*, New York: Simon & Schuster.

LaGro, J. (2008) *Site analysis: a contextual approach to sustainable land planning and site design*, Hoboken, NJ: John Wiley & Sons.

Larice, M. and Macdonald, E. (2013) *The urban design reader*, London: Routledge. (See Part 3 and Norberg-Schulz, pp. 741–775).

Lippard, L. (1997) *The lure of the local: senses of place in a multicentered society*, New York: New Press.

Potteiger, M. and Purinton, J. (1998) *Landscape Narratives: design practices for telling stories*, New York: J. Wiley.

Seddon, G. (1998) *Landprints: reflections on place and landscape*, Cambridge UK: Cambridge University Press.

Spirn, A. (1998) *The Language of Landscape*, New Haven: Yale University Press.

Starke, B. and Simonds, J. (2013) *Landscape Architecture: A Manual of Site Planning and Design*, 5th Edition, London: McGraw-Hill.

Tuan, Yi-Fu. (1990) *Topophilia: A study of environmental perception, attitudes, and values*, New York: Columbia University Press.

附加案例

You might also like to look for further information on the following projects:

Columbus Park, Jens Jensen, Chicago, Illinois, USA, 1915–1920

Kaurna Seasonal Calendar, Scott Heyes, Adelaide Plains, 1999

West Point Foundry Preserve, Mathews Nielsen Landscape Architects, Cold Spring, New York, USA

Swaner Ecocenter, Park City, Utah, USA

Blue Hole Regional Park, Wimberley, Texas, USA

Horseshoe Farm Nature Preserve, Raleigh, North Carolina, USA

Hempstead Plains Interpretive Center, Garden City, New York, USA

Manor Fields Park, Sheffield, UK

访谈：道格拉斯·里德（Douglas Reed）和加里·希尔德布兰德（Gary Hilderbrand），里德·希尔德布兰德设计事务所

道格拉斯·里德是里德·希尔德布兰德设计事务所的合伙人和联合创始人，美国风景园林师协会会员（American Society of Landscape Architects Fellow）。2011年，他被邀请为罗马美国科学院院长（Resident of the American Academy in Rome）。他在各处演讲，并作为评委参与国内各设计院校的评图活动。他作为文化景观基金会（Cultural Landscape Foundation）的创始董事会成员和董事会联合主席已有13年，他始终致力于架构一个平台，提供有关遗产设计及其如何影响人们日常生活的知识。

加里·希尔德布兰德教授是里德·希尔德布兰德设计事务所的合伙人和联合创始人，也是哈佛大学设计研究生院（Harvard Graduate School of Design）的实习教授，自1990年以来一直在那里任教。他所获得的荣誉包括哈佛大学的查尔斯·艾略特旅行学术奖金（Charles Eliot Traveling Fellowship），罗马风景园林奖（the Rome Prize in Landscape Architecture），和道格拉斯·里德（Douglas Reed）一起获得建筑联盟的新兴声音奖（the Architectural League's Emerging Voices Award），以及2013年ASLA年度最佳企业奖（2013 ASLA Firm of the Year award）。希尔德布兰德教授的论文曾在景观设计（Landscape Architecture），托普斯（Topos），哈佛设计杂志（Harvard Design Magazine），波士顿建筑（Architecture Boston），克拉克艺术杂志（Clark Art Journal），阿诺迪亚（Arnoldia），新英格兰花园历史杂志（New England Journal of Garden History）和土地论坛（Land Forum）等杂志上发表。

敏感性为什么是（或不是）环境和景观设计的重要特质？

在大多数情况下，我们重视人类的敏感性。但是对景观敏感性而言，其本身并不一定有助于生成连贯而有意义的设计。我们通过共情的回应、敏锐的观察以及对决定场地特征的系统的客观认知来解读场地。这样，我们基于环境和文化意义明确形成项目理念的基础价值。我们的景观设计致力于展现这些价值观。

您认为哪些条件或因素有助于建立景观敏感性？

1. 您是否认为与自然的互动和融合会营造景观敏感性？

2. 如果是这样，我们是否应该为全球许多缺乏机会的城市区域以及“自然”基本被破坏的地区感到担忧？

正如刘易斯·芒福德（Lewis Mumford）在关于城市化的文章中所提到的那样，我们经常坚持认为“自然”是一个人类构想出来的概念。事实上在城市中与大自然深入接触，就像在乡间一样容易。自然可以被摧毁，也可以被重建。我们在纽约比肯市（Beacon）的长坞公园（Long Dock Park）项目（见第九章）的场地是哈得孙河边上的一个著名场所，曾经一直用作工业用途。我们将该场地重建为一个受欢迎的开放空间和工作环境。现在，它欣然接受并回应了哈得孙河此处破坏性浮冰和碎片的难题。当“自然”不存在或明显被破坏，我们看到的是一个设想新未来的机会。

但是，可以肯定的是，自然及其生命系统的经验对于人类福祉和找到个人在这世上的位置至关重要。在我们早期为儿童和青少年发展研究所（the Institute for Child and Adolescent Development）进行的设计，一个旨在帮助诊断和治疗情绪创伤的花园项目中（见第七章），我们清楚地认识到这一点。它也是当今儿童缺乏与自然界真实互动惊人的证据。

文化和环境敏感性之间有区别吗？例如，在您的“半英里栈道”（Half-Mile Line）项目（本章）中，您是否注意到允许访问与实现积极关系和管理之间正反冲突的存在？

我们“半英里栈道”项目的客户知道他们的场地拥有广布且重要的湿地网络。但是他们对这种资源潜在的空间体验知之甚少。我们的项目向他们揭示了这一点——在此过程中他们不断有新的发现。湿地的可达性使他们加强了对管理的投入。因此，环境和文化敏感性可以互补。你所观察到的矛盾——并非冲突——源于传统的规章制度和监管措施。在美国有些地区保护措施过于宽松；还有一些地区禁止人类踏足具有高生态价值的栖息地。里德·希尔德布兰德设计事务所和我们的许多同行都试图以负责任和适当的、同时保护资源和珍贵物种的方式树立创新的范例。

尽管每个场地都是独一无二的，是否存在哪些特质或属性是您优先考虑、想要揭示或突出显示的？即您的价值观或道德观是什么？您想要强调什么样的品质以及唤起什么样的回应？

我们喜欢这个问题，它涉及建立一套具有连贯价值和有识别性特质的工作体系的核心。每个场地都有历史、文化、生态、范式和哲学的价值。我们的工作像编辑一样，把其中某些价值作为重点，弱化或压制其他价值。这本质上是酌情确定的——我们做出的判断是我们工作的基础。我们认为，当景观设计在扩展一个场地上人们的故事的同时也加强了它的生态和生物物理交换，就可以被认为是成功的。此外，它还必须符合并吸引人类的感观——我们渴望美丽和具有表演性质的事物。

面对复杂的体验、历史、技术和环境因素，您实现条理清晰的设计成果的方法是什么？

我们始终致力于将场地的遗留、新用途和高技术需求融合为一个完整的体验。我们发现，要使场地条理清晰，就要先明确设计意图，并且在我们的工作过程中投入相应的严谨度。像克拉克艺术学院（Clark Art Institute）的项目（本章），一个传统上专注于田园风光画的博物馆，如今能够让游客参与有关该场地历史和生态发展的全面而连贯的叙事过程。这种转变扩展了博物馆的使命，也增加了克拉克自身和其在公众心目中的分量。

您使用哪些技术和方法来平衡您的设计目标与维护的实用性和挑战，以及如何使施工和维护人员理解、尊重并持续设法实现您的愿景和意图？

这个问题提醒我们，我们学科的明确特征可能是它的时间维度——我们的工作介质是动态的，有生命的。对于一个设计的景观来说，使它维持在最初设想的样子，需要来自管理者和设计师共同的巨大付出。从某种意义上说，设计本身必须唤起这种付出。当然还必须满足熟练工人和预算的限制。在项目“基本完成”之后，我们会尽力保持参与，在这种情况下，我们可以与项目的所有者和管理者一起顺畅地完成项目从设计到管理的过渡。每年我们都会去位于波士顿海滨的中央码头广场（Central Wharf Plaza）（见第四章），检验混栽橡树树种的状况。这些树木有精确的、特制的土壤，雨水管理和灌溉基础设施保护。我们持续关注这个场地，这些树木蓬勃生长，已经逐渐成为我们城市的标志性景观之一。

对于环境敏感性的理解，是适应性方法归根结底比控制性方法更有效，还是采用控制性方法是应用于人类聚居地的必然选择？

我们两点都赞成。作为设计师，我们希望控制一切，但我们认识到我们的工作必须具有适应性和弹性。这种矛盾正是这项工作有趣的地方：

我们在景观中创造特定的空间形式，以达到某些效果。但是，我们的工作对象自然系统是周期性的、熵性的、自发的，因而本质上具有不可预测性。然而，除此之外，景观中还有许多令我们惊讶和惊喜的现象。在休斯敦植物园和自然中心（Houston Arboretum and Nature Center）（见第二章），由于旱灾和飓风的影响造成了树冠的灾难性损失，需要利用该地区特有的历史生态区来全面重塑生态。我们的规划总体上鼓励适应性，而我们的维护 / 管理制度多年来一直是精确和严格的。即使我们的规划是确定的，我们也对规划的持续修订有所预期。

敏感性是否与对环境可持续性全面变革的需求相矛盾？您认为风景园林师需要更直率或自信吗？

再强调一次，两者都是。思想觉悟和敏感性与教育和知识有关。风景园林师有责任引导他们的客户和公众，推进扩大环境可持续性的议程。我们在这方面的贡献不是对辅助专业的问题贯彻行动主义，而是通过建成作品的卓越表现来实现。正如我们在各个项目中所描述的那样，我们致力于逐步实现长期进步，我们所做的一切都是为了这个目标。

SITES v2 Scorecard Summary

YES	?	NO			
0	0	0	**1: SITE CONTEXT**	**Possible Points:**	1
Y			**CONTEXT P1.1**	Limit development on farmland	
Y			**CONTEXT P1.2**	Protect floodplain functions	
Y			**CONTEXT P1.3**	Conserve aquatic ecosystems	
Y			**CONTEXT P1.4**	Conserve habitats for threatened and endangered species	
			CONTEXT C1.5	Redevelop degraded sites	3 t
			CONTEXT C1.6	Locate projects within existing developed areas	
			CONTEXT C1.7	Connect to multi-modal transit networks	2 t

YES	?	NO			
0	0	0	**2: PRE-DESIGN ASSESSMENT + PLANNING**	**Possible Points:**	
Y			**PRE-DESIGN P2.1**	Use an integrative design process	
Y			**PRE-DESIGN P2.2**	Conduct a pre-design site assessment	
Y			**PRE-DESIGN P2.3**	Designate and communicate VSPZs	
			PRE-DESIGN C2.4	Engage users and stakeholders	

YES	?	NO			
0	0	0	**3: SITE DESIGN - WATER**	**Possible Points:**	2
Y			**WATER P3.1**	Manage precipitation on site	
Y			**WATER P3.2**	Reduce water use for landscape irrigation	
			WATER C3.3	Manage precipitation beyond baseline	4 t
			WATER C3.4	Reduce outdoor water use	4 t
			WATER C3.5	Design functional stormwater features as amenities	4 t
			WATER C3.6	Restore aquatic ecosystems	4 t

YES	?	NO			
0	0	0	**4: SITE DESIGN - SOIL + VEGETATION**	**Possible Points:**	4
Y			**SOIL+VEG P4.1**	Create and communicate a soil management plan	
Y			**SOIL+VEG P4.2**	Control and manage invasive plants	
Y			**SOIL+VEG P4.3**	Use appropriate plants	
			SOIL+VEG C4.4	Conserve healthy soils and appropriate vegetation	4 t
			SOIL+VEG C4.5	Conserve special status vegetation	
			SOIL+VEG C4.6	Conserve and use native plants	3 t
			SOIL+VEG C4.7	Conserve and restore native plant communities	4 t
			SOIL+VEG C4.8	Optimize biomass	1 t
			SOIL+VEG C4.9	Reduce urban heat island effects	
			SOIL+VEG C4.10	Use vegetation to minimize building energy use	1 t
			SOIL+VEG C4.11	Reduce the risk of catastrophic wildfire	

YES	?	NO			
0	0	0	**5: SITE DESIGN - MATERIALS SELECTION**	**Possible Points:**	4
Y			**MATERIALS P5.1**	Eliminate the use of wood from threatened tree species	
			MATERIALS C5.2	Maintain on-site structures and paving	2 t
			MATERIALS C5.3	Design for adaptability and disassembly	3 t
			MATERIALS C5.4	Use salvaged materials and plants	3 t
			MATERIALS C5.5	Use recycled content materials	3 t
			MATERIALS C5.6	Use regional materials	3 t
			MATERIALS C5.7	Support responsible extraction of raw materials	1 t
			MATERIALS C5.8	Support transparency and safer chemistry	1 t
			MATERIALS C5.9	Support sustainability in materials manufacturing	

图 9.1

可持续场地倡议

SITES™是景观的首要评级工具，用来促进开发和项目往更可持续的方向发展。

?	NO			
0	0	**6: SITE DESIGN - HUMAN HEALTH + WELL-BEING**	**Possible Points:**	**30**
		HHWB C6.1	Protect and maintain cultural and historic places	**2 to 3**
		HHWB C6.2	Provide optimum site accessibility, safety, and wayfinding	**2**
		HHWB C6.3	Promote equitable site use	**2**
		HHWB C6.4	Support mental restoration	**2**
		HHWB C6.5	Support physical activity	**2**
		HHWB C6.6	Support social connection	**2**
		HHWB C6.7	Provide on-site food production	**3 to 4**
		HHWB C6.8	Reduce light pollution	**4**
		HHWB C6.9	Encourage fuel efficient and multi-modal transportation	**4**
		HHWB C6.10	Minimize exposure to environmental tobacco smoke	**1 to 2**
		HHWB C6.11	Support local economy	**3**
0	0	**7: CONSTRUCTION**	**Possible Points:**	**17**
		CONSTRUCTION P7.1	Communicate and verify sustainable construction practices	
		CONSTRUCTION P7.2	Control and retain construction pollutants	
		CONSTRUCTION P7.3	Restore soils disturbed during construction	
		CONSTRUCTION C7.4	Restore soils disturbed by previous development	**3 to 5**
		CONSTRUCTION C7.5	Divert construction and demolition materials from disposal	**3 to 4**
		CONSTRUCTION C7.6	Divert reusable vegetation, rocks, and soil from disposal	**3 to 4**
		CONSTRUCTION C7.7	Protect air quality during construction	**2 to 4**
0	0	**8. OPERATIONS + MAINTENANCE**	**Possible Points:**	**22**
		O+M P8.1	Plan for sustainable site maintenance	
		O+M P8.2	Provide for storage and collection of recyclables	
		O+M C8.3	Recycle organic matter	**3 to 5**
		O+M C8.4	Minimize pesticide and fertilizer use	**4 to 5**
		O+M C8.5	Reduce outdoor energy consumption	**2 to 4**
		O+M C8.6	Use renewable sources for landscape electricity needs	**3 to 4**
		O+M C8.7	Protect air quality during landscape maintenance	**2 to 4**

第九章 景观与绩效

景观设计的量化，评级工具评估与展示景观介质对生态系统服务的能力，证明景观的作用不仅仅在于最小化负面影响。这些评价机制正在稳步发展，特别是在美国，已经将SITES™评级工具作为行业标准，并且使用景观绩效系统分析和量化建设完成后的重要成果。这些工具提供了统一的量化和比较手段，有助于减少“漂绿”现象。选择、安排和考虑建筑材料未来的再利用，涉及诸如内涵能源、材料生命周期、可持续和道德的材料选择、废弃材料的回收再利用、升级回收、降级回收，以及材料组合等内容。这些因素都可以减轻人造环境材料循环对全球生态系统的巨大影响。

0	0	9. EDUCATION + PERFORMANCE MONITORING	Possible Points:	11
		EDUCATION C9.1	Promote sustainability awareness and education	3 to 4
		EDUCATION C9.2	Develop and communicate a case study	3
		EDUCATION C9.3	Plan to monitor and report site performance	4
0	0	10: INNOVATION OR EXEMPLARY PERFORMANCE	Bonus Points:	9
		INNOVATION C10.1	Innovation or exemplary performance	3 to 9
0				200

	SITES Certification levels	Points
Project confident points are achievable	CERTIFIED	70
Project striving to achieve points, not 100% confident	**SILVER**	85
Project is unable to achieve these credit points	**GOLD**	100

绩效与评估

环境领域强调减少消耗和能源密集的低效做法的需求。因此，为了更可持续的发展，对整个项目和个别材料的绩效进行仔细检查的需求逐渐增加。大多数城市都存在针对规划和城市设计过程的大量导则、草案、框架和其他文件。这些文件通常是综合的，不利于归纳出项目环境绩效评级的具体方法（尽管可以提供有用的参考和案例研究）。施工和设计规范及标准 [如 ISO / ASTM / ICC 及其他等效的地方标准：ANSI / ANS（美国）英国 / 澳大利亚 / 新西兰标准] 通常规定最低要求以符合国家 / 州 / 地方法律法规，并不以环境可持续为核心。近几十年来，人工环境可持续性绩效的评级工具越来越多（BREEAM 于 1990 年发布），虽然通常是项目自愿参与评级，但本质上是对项目可持续性的激励和改进，量化的结果让人一目了然。

现有工具

一个已建立的体系结构和以建筑为中心的绩效考核工具已经存在：BREEAM（英国），LEED，生态建筑挑战（Living Building Challenge），绿色地球（Green Globes），WELL 建筑标准（美国），绿星（Green Star），NABERS，BASIX，EER（澳大利亚），CASBEE（日本）和 Estidama（阿布扎比）等。在景观设计中，可持续性绩效评估机制的开发速度较慢。在 SITES 工具之前，各种尝试以景观为中心的绩效和评级工具的开发都失败了，未能成为行业评估和基准平台（USA，2009）。一些场地规划工具 [例如 LEED 社区（LEED Neighborhood），STAR 和 GBCA“社区”] 也是由其前身对景观方面的粗略考虑发展而来。

景观评级 VS 建筑评级

在景观设计和绩效中场地环境是一项至关重要因素。许多建筑评级工具关注建筑内部，将建筑物视为“场地中的物体”，将其剥离环境考虑（仅仅测量可量化的能源、水、废弃物、室内光和空气的质量等）。建筑物产生生态系统服务的能力，仅限于产生部分所需能源的需求，如收集水资源或在屋顶花园种植农产品。然而，景观可以通过自然过程来持续地提供生态系统服务 [如通过植物修复土壤和清除水中的毒

"如果大自然遵循人类的效率模式，那么樱花就少了，养分也少了。树木少了，氧气少了，干净的水也少了。会唱歌的鸟儿少了。多样性降低，创造性和快乐也少了。让自然更高效，非物质化，甚至不'乱扔垃圾'(想象自然零浪费或零排放！）的想法是荒谬的。高效系统的奇妙之处在于人们需要更多而不是更少这样的系统。"

威廉·麦克唐纳（WILLIAM MCDONOUGH）与迈克尔·布朗加特（MICHAEL BRAUNGART),《从摇篮到摇篮》(CRADLE TO CRADLE)(2002)

"艺术家的度量工具不在他的手里，而在他的眼睛里。"

米开朗琪罗（MICHELANGELO）(1475-1564)

"一座伟大的建筑必须……从无法量化中开始，必须经历可量化的设计过程，但最终必须再以无法量化结束……它必须唤起无法量化的品质。"

路易斯·康（LOUIS KAHN),《草图的价值和目的》(THE VALUE AND AIM IN SKETCHING)(1930)

"如果我今天是一个年轻的建筑师，看着所谓的生态建筑，我不会想做这些;它就是个笑话。当生态成为主要问题，建筑就成为了一个没有灵魂的、科学的盒子。我不能把诗意和理性分开，如果这两者没有交汇点，我们得到的是一件商品，而不是建筑。"

格伦·马库特（GLENN MURCUTT),《建筑：普利兹克奖》(ARCHITECTURE: PRITZKER PRIZE)(2002)

"在这个一切都在衰退的时代，人们可能会争辩说，通常被简化为核对表格和基于工程的技术的绿色建筑和绿色基础设施，已成为少数增长领域中的一部分……问题在于将生态敏感的规划和设计浓缩为一份核对表格和一系列易于理解的技术。这是对设计过程的过度简化。"

玛格丽特·布莱恩特（M. MARGARET BRYANT),《从阿科萨蒂开始》(AND IT BEGAN WITH ARCOSANTI)(2012)

素（第三章）]; 通过土壤和树木固碳; 清洁更大范围集水区的水资源并就地储存待再利用（第三章）; 通过种植植物净化空气; 生产食品和材料（第五章）; 提供栖息地（第二章），而且有益于身心健康（第七章）。据此，可量化的材料用量（如照明、水、铺装、骨料、混凝土、表土、肥料）可以由其较大的生成能力来抵消。在建设和种植完成后生成能力才能逐渐体现出来，此时数据的获取可能既困难又要求密集的采集（因而具有挑战性，并且可能由于当前评级系统的重点在设计阶段而导致结果不准确）。

评论

量化和评级工具的运用在设计领域可能引发争议。它们被认为是通过核对表格使设计过程模式化和流程化的工具。"大写的"设计纯粹主义者认为，这些工具会减少设计的感性元素，包括其艺术、诗意、审美和空间维度。评级工具也可以用于仅仅使开发的经济危害最小化。由于它们通常应用在施工前且基于预期结果做出评价，因此开发商可以利用项目预期的高评级作为增加利润（通过更高的售价或租金）的手段，最终却不达到预期的评级。研究人员、学者和组织量化的实际结果（参见景观绩效系列）对于衡量竣工后项目的实际绩效（如电力消耗 / 生产）至关重要。对这些工具的定期更新有助于缓解这些问题，不断推进当前的最优措施并改善结果。

图 9.2a
图 9.2b
可持续性场所倡议（The Sustainable Sites Initiative，SITES™），绿色商务认证公司（Green Business Certification Inc），由美国风景园林师协会（American Society of Landscape Architects），得克萨斯大学奥斯汀分校伯德·约翰逊野花中心（Lady Bird Johnson Wildflower Center at University of Texas at Austin）和美国植物园（United States Botanic Garden）开发，2009 年发布试行版，2014 年 6 月发布第二版

SITES 是目前用于景观开发项目而开发的完善的评级工具系统，供风景园林师、建筑师、工程师、开发商和政策制定者使用。它最初以美国绿色建筑委员会（US Green Building Council）的 LEED 评级系统为蓝本，经过对同行评审文献和案例的研究，由 70 多位人员（包括技术顾问，从业者和教育组织）跨学科合作开发。为期两年的试行计划包括 100 个项目，为现行的第二版提供支撑。评级系统涵盖了场地环境、设计前评估和规划、水、土壤和植被、材料选择、人类健康和福祉建设、运营和维护、教育和绩效建模，以及创新或示范绩效等章节。SITES 认证包括 18 个先决条件，例如在设计之前进行现场评估，为采用评估工具系统奖励 1-6 分。先决条件和 48 个得分项总计 200 分，据此得出认证级（70）、银级（80）、金级（100）和铂金级（135）四个认证级别。

图 9.2a

Sustainable
SITES
Initiative

图 9.2b

内在偏向

许多决策者需要“科学的”、基于数据的证据（经验，定量）来感知项目的有形价值和 / 或“可靠”证据。绩效评级的倡导者可以与那些了解这些决策者的人保持步调一致，通过科学和技术得到量化结果。虽然评级工具有实践依据，并以定量、公正的方式呈现，但重要的是要保持对任何内在偏向的有意识批判。他们是否假设所有建筑都是密封 / 安装有空调的？原生植物是否适合于项目环境？他们是否获得经济资助？由众多同行出力，经咨询、审查和反馈等流程开发了许多工具，偏见已大大减少。量化机制和评级工具的效用取决于使用它的人、测评范围的广度、量化的复杂性、用于量化的理论的严谨性以及个人激励和促进创新的先天能力。

优势

尽管存在缺陷，评级工具为设计提供了质量保证和严格的审核流程，有助于确保可持续理念在更大范围的考虑和应用。评级工具在客户、开发商和社区缺乏对景观价值理解的情况下非常有用。它们可以在某种程度上使设计过程去神秘化，或者至少使项目效益更加明确。此外，清晰和量化的（预期）成果总结为客户、开发商、市政当局、政府和媒体提供了保障和比较的基准。

图 9.3a
图 9.3b
图 9.3c

可持续景观中心（Center for Sustainable Landscapes），安拙博庚事务所（Andropogon Associates），菲普斯温室植物园（Phipps Conservatory and Botanical Gardens），宾夕法尼亚州匹兹堡（Pittsburgh），2012

这个占地 1.2hm^2，价值 1500 万美元的棕地，现在成为了 2262m^2 的教育和研究大楼以及 0.6hm^2 的绿地，包括热带森林温室和陆地生物群落，实现净能源零消耗和水资源零使用。它是世界上第一个获得 LEED 铂金级，SITES 四星级认证，赢得生态建筑挑战，并且在 SITES 试行阶段评级最高的项目。经过九个月当地社区参与的专家研讨会，这个多学科团队解决了土地退化、压实的污染土壤、渗漏的地下储罐和复杂的地下基础设施网络等问题。该设计能就地组织和处理场地内 100% 的雨水、废水和十年一遇暴雨的径流（84mm/24h）。所有灰水和黑水都使用被动系统和紫外线过滤器进行处理，用作冲厕水（被要求由 EPA 认证的实验室每季度进行一次测试）。由于雨水再利用不符合当地卫生法规的饮用水标准，该项目被迫使用市政水源（这方面是生态建筑挑战的特例）。温室屋顶面积为 1115m^2，每年能收集大约 50 万加仑的雨水径流，引入容量为 372m^2 的存蓄池，用于灌溉温室。该中心 100% 的建筑能源就地生成（99% 通过场地内的太阳能光伏发电板，1% 来自一台风力发电机）。地热井显著抵消了建筑的暖通空调（HVAC）能源需求。该项目采用负责任采购的材料，考虑材料与原产地的距离，并成功重新引入了 150 个本地植物物种。若干研究正在密切分析该项目的景观绩效。

“可持续性场所倡议（The Sustainable Sites Initiative）项目想传达的核心信息是，任何景观——无论是大型住宅用地，购物中心，公园，废弃铁路场地，甚至是我们的家——都有可能改善和重建生态系统未被开发状态下曾经提供的自然效益和服务……我们的人造景观可以紧随健康系统之后建立，从而不断增加它们在开发后提供的益处。”

可持续性场所倡议（SUSTAINABLE SITES INITIATIVE），导则和绩效基准（GUIDELINES AND PERFORMANCE BENCHMARKS）（2008）

“SITES 系统使我们能够更好地以量化的方式提出与景观相关的项目效益。”

克里斯汀·加百利（CHRISTIAN GABRIEL），客户决定项目（CLIENTS MAKE THE CASE）（2015）

“对于在构建或保护可持续景观方面经验很少或没有经验的组织，SITES 认证过程显得尤为重要。SITES 基础导则提供了一个综合完整的，可以依次照做的步骤。”

米歇尔·斯洛文斯基（MICHELLE SLOVENSKY），客户决定项目（CLIENTS MAKE THE CASE）（2015）

“SITES 提供的是一种符合逻辑的系统方法，可以与客户和社区共享，同时实现丰富多样的改进。项目与得分项标准越吻合，对公众或私人用户就越有益处。它使我们设计师能够更好地解释我们所做工作的复杂性，并且认证结果使得团队和客户得以共同庆祝一个优秀项目的诞生。”

亨特·贝克汉姆（HUNTER BECKHAM），《风景园林师决定项目》（LANDSCAPE ARCHITECTS MAKE THE CASE）（2015）

图 9.3a

图 9.3b

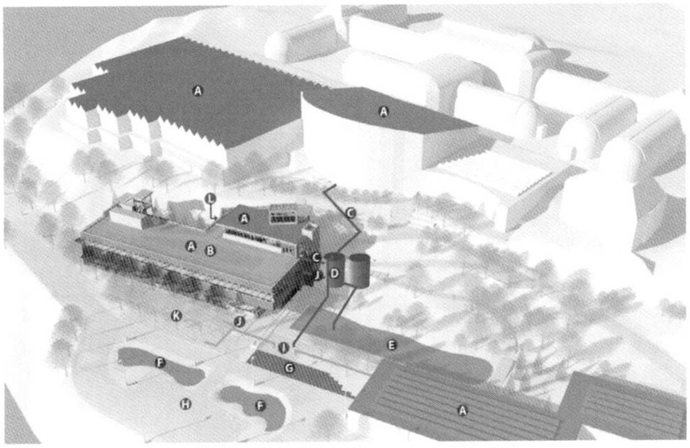

图 9.3c

图 9.4a（改造前）
图 9.4b
图 9.4c
图 9.4d
图 9.4e

长坞公园（Long Dock Park），里德 · 希尔德布兰德设计事务所，纽约州比肯市，美国，2004–2014

项目地处围海造陆形成的土地，原本为危险的铁路侧线垃圾倾倒场棕地。经改造，现在已经成为了一个占地 5.7hm^2 的公共河滨公园，拥有环境艺术品、娱乐和教育设施。在最初的 SITES 试点项目组中，该项目获得四颗星中的三颗星。公园恢复了通往河道的路径，修复了受污染的土壤，重建了退化的湿地，重新使用当地材料并增加了生态多样性。

图 9.4a

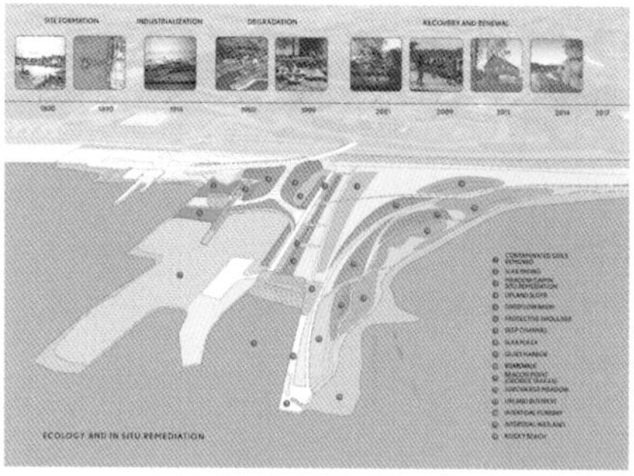

图 9.4b

图 9.4c

图 9.4d

图 9.4e

更广泛的测量范围

除了景观设计项目的量化和评级之外，城市［如阿卡迪斯和西门子指数（Arcadis and Siemens Indices）］以及国家［如城市人工环境效率综合评价体系（CASBEE for Cities）、阿卡迪斯和西门子指数（Arcadis and Siemens Indices）］也存在可持续性指数和“绿色”评级体系。量化指标需要经过仔细检查和审核：如迪拜（明显不以其可持续性闻名）在阿卡迪斯排行榜中排名第 33 位（2015），而经合组织（OECD）只对其成员国进行排名。“生态足迹”是一种衡量方法，可以根据地球维持这些足迹的能力（如全球足迹网络）有效地衡量个人或集体生活的消费模式。量化建立在总人口数和地球的生物承载力上（见生态足迹，第六章）。

"建设行业消耗全球40%的资源，12%的饮用水储备，55%的木材产品，40%的原材料，产生45%-65%的生产废弃物以及排放48%的有害温室气体，引发空气和水污染，造成自然资源枯竭和全球变暖的威胁。"

奥齐格·苏泽（OZGE SUZER），《环境问题优先比较回顾》（A COMPARATIVE REVIEW OF ENVIRONMENTAL CONCERN PRIORITIZATION）（2015）

"人工环境大量使用终端能源（62%），并且是温室气体排放的主要来源（55%）……工业领域，包括其他来源的材料的内在影响，消耗了27%的终端能源，排放了24%的温室气体。在工业领域，仅水泥和钢铁就分别占全球CO排放量的5%和6%-7%。因此，人工环境是全球能源消耗和温室气体排放的主要源头。"

约翰·安德森（JOHN ANDERSON），格布哈德·沃尔霍斯特（GEBHARD WULFHORST）和沃纳·朗（WERNER LANG），《建筑环境的能源分析》（ENERGY ANALYSIS OF THE BUILT ENVIRONMENT）（2015）

内涵能源和材料生命周期

材料或过程的内涵能源是生产相关商品或服务所需的所有能源的总和，表现为产品或服务本身中融入或"内涵"的能源。它可以包括自然资源的开采和提炼、加工、制造、运输，以及最终产品交付。内涵能源的大量存在导致生命周期评估也包括装配、安装、拆解、拆除以及人工和二次资源的因素。不同的方法论考虑了各种内涵过程的尺度和范围，如"隐含碳"专注于碳排放问题，并且可能不会考虑更多其他可量化因素。在审查有关人工环境和建设行业影响的全球统计证据时，对于项目和材料强制进行可持续性评级这一要求，是令人信服的（参见引用）。

交通

内涵能源的计算是针对特定地区的，因此计算时必须注意待评价项目的位置。使用化石燃料的交通方式意味着大量内涵能源消耗（尤其是飞行和陆路）。例如，在新西兰使用美国的数据计算项目的内涵能源，可能会忽略两个地点之间巨大的运输距离（美国西海岸到东海岸也是如此）。设计团队或公众有时可以获得施工过程中的测量数据（例如，从场地进出物料的数量和采购地点），可以据此进行环境绩效的分析、量化和交流。

图 9.5

德赤凯尔斯绿地水泥再利用（Dutch Kills Green concrete recycling）

共 803 吨的再利用混凝土被应用于场地中间"禁止通行"的位置作为屏障，减少 214 吨新混凝土的使用（节省了超过 135000 美元，同时减少了超过 30 吨的二氧化碳排放）。这些屏障把行人和骑自行车者引向新的人行横道线 / 自行车道系统，同时促进雨水渗透。

图 9.6

材料考虑因素

在经济、社会和环境各因素全方位的考虑中，材料的选择可能是其中一项特别重要的过程。虽然材料的内涵能源通常纳入人工环境考虑范围，但道德社会采购信息如"公平贸易"（用于食品）等认证的发展程度较低。较便宜的建筑材料通常从工作条件恶劣且不符合严格的道德和环境标准的国家进口。

能源之外的考虑因素

在选择材料时，如果要降低内涵能源和生命周期成本，设计师必须保持可持续性偏向的公正性：例如，项目位于澳大利亚，若在澳大利亚采石却在越南或中国加工，比起直接使用越南 / 中国的石材，运输消耗的内涵能源翻了两倍。除了内涵能源的消耗之外，"场所精神"（geniusloci）也是选择材料的重要考虑因素。在表达"场所感"的同时完整体现当地的地质和环境条件（见第八章）。此外，在材料选择过程中，工人的权益和人权，童工问题以及健康和安全条件并不总能得到保证。产品认证试图为材料提供质量、环境和 / 或道德保证（如某些木材）。这些认证标准各不相同，其中一些已经受到环境组织的质疑，因为它们实际上为一些来自可疑做法的产品提供认证，例如非法采伐和老龄木材采伐或切片。

图 9.5

图 9.6

“我们对不实用的美的期望正在减弱，而且理应如此。当今新世界里，人类的生存正面临着威胁。正因为不道德，浪费才格外具有吸引力。但是事实上在很多具有实用价值的东西上也有很多机会收获快乐。”

俞孔坚，《美丽的大脚——走向新美学》（2010）

负责的材料

“形成闭环”是在人工环境中频繁使用的概念，以促进从工业“输入一使用一废弃”的线性系统到“从摇篮到摇篮”和“零浪费”方法的必要转变。在工业革命和材料在全球范围内广泛运输之前，闭环系统更为常见（如在合成肥料出现之前就地利用动物粪便给农田施肥等做法）。近几十年来，许多形式的“废弃物”逐渐被视为资源和机遇，而不是待解决的问题。把“废弃物作为资源”为下列资源的再利用创造了机会：水资源（如废水和雨水，第三章）；能源（余热和废弃副产品，如煤渣，可用于做混凝土中的骨料，第四章）；垃圾填埋场（甲烷发电，第三章和第四章）；粪便（用于生物发酵，第五章）；和废弃材料[拆除建筑材料的加工再利用，见波将金（Potemkin），巴拉斯特角（Ballast Point）和布鲁克林大桥公园（Brooklyn Bridge Park）]。

复合材料

在过去的一个世纪里，与食品一样，建设行业已经从使用天然材料转变为使用高度加工的材料。许多现代材料是含有大量化学添加剂并经历复杂工艺制造而成的复合材料。虽然这些材料在其意向用途方面可能更耐用，但是一旦使用期满，它们就会引起问题。材料的选择、使用，其组成、持续管理和生命周期，为避免潜在的引起中毒的施工过程以及建成对健康有害的成果，需重点考虑。一些公司会提供污染成分和毒性含量的信息和认证材料，但并不是所有公司都会提供这些。

图 9.7

波将金——后工业冥想公园（Potemkin - Post Industrial Meditation Park），卡萨格兰（Casagrande）和林塔拉（Rintala），釜川河（Kamagawa River）旁的仓俣村（Kuramata），日本越后妻有（Echigo-Tsumari），2003

这个后工业“寺庙”鼓励我们思考与自然的联系。这个公园占地 1300m²，是 2003 年越后妻有当代艺术三年展的一部分，由现代废弃物拼贴而成。它建立在曾经的非法垃圾倾倒场上，位于古代稻田、一条河流和神道寺之间。回收的城市和工业废弃物包括混凝土、沥青、玻璃和陶器，它们和当地的钢铁、河床石块、白色砾石和橡木组合到一起。场地逐渐下沉的坡度反映了人工制品回归自然的理念。

图 9.7

回收和加工再利用的材料

拆除、施工和废弃材料可从处置中转移，用于回收和再利用，但在重复使用时也可能产生毒素。如果这些回收材料被压碎或机械加工，可能会在其生产和再利用过程中使用的化学元素、粘合剂，以及其他有害处理方式（如铅涂料、矿物染色处理和甲醛）引起毒性释放加剧。举例来说，经过杂酚油和其他防腐剂处理的再生铁路枕木，在欧盟（European Community）的某些场合（游乐场地，与人直接接触的野餐桌和室内装饰），由于存在毒素而被限制再利用。回收材料再利用存在潜在风险，如获取新材料可能发生的童工和工人剥削等问题、长距离运输的内涵能源消耗问题、缺乏与场地的联系以及复合材料的毒性等因素，这些都是应当加强对废弃材料的再利用的原因。同时这些问题也说明应当更多使用天然和无毒的材料。

图 9.8

布鲁克林大桥公园（Brooklyn Bridge Park），迈克尔·范·瓦肯伯格事务所（Michael Van Valkenburgh Associates），美国纽约布鲁克林（Brooklyn），2003-

布鲁克林的后工业滨水区保留并改造了场地的原始元素和原有结构，并利用了来自现场和非现场的回收材料，如海洋中的木材、石材和铺装、照明设备和填充物等。材料加工再利用包含大量的工作，包括采购、盘存和评估、设计合作，以及雇用额外的建设工人。

图 9.8

图 9.9a
图 9.9b
图 9.9c
图 9.9d
图 9.9e
图 9.9f

岬角公园（Ballast Point Park）的再生材料和加工再利用结构

这个新公园的设计严格遵循环境保护理念，力求公园建设不会导致其他场地的退化。在这一理念的指导下，制定了使用回收和加工再利用材料的重要策略，保留了现有结构或对其进行适应性加工再利用。该图表量化了本项目的环境保护措施（例如石笼墙系统中使用了1450吨回收碎石，阐释了储油罐曾经存在的历史）。

图 9.9a

图 9.9b

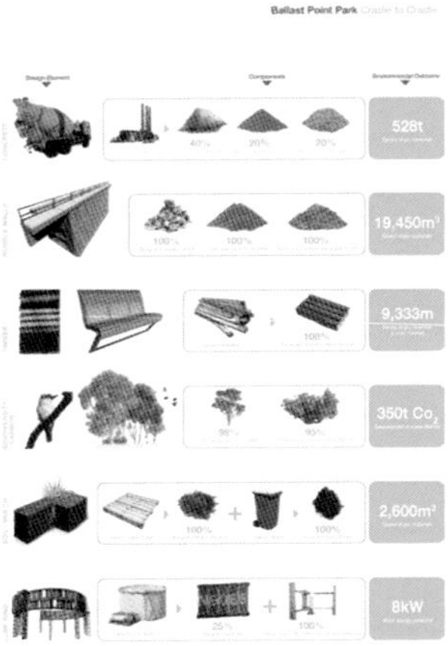

图 9.9c

图 9.9d

图 9.9e

图 9.9f

"一些报告显示，在美国，超过90%用以制造耐用品的材料几乎立即被废弃。"

威廉·麦克唐纳（WILLIAM MCDONOUGH）与迈克尔·布朗加特（MICHAEL BRAUNGART），《从摇篮到摇篮》（CRADLE TO CRADLE）（2002）

废弃材料面临的挑战

景观项目正越来越频繁地将废弃材料纳入其精心设计的美的构成中，逐渐扭转人们认为废弃物丑陋或不可取的印象。对废弃材料进行精心加工再利用并表达其特性和品质的做法，逐渐受到青睐，使用进口或全新的材料被认为是不必要的、不道德的或不可持续的举措。然而，废弃物（和特殊废弃物）的规格和再利用对设计师而言是两项挑战。许多回收和加工再利用的材料不是标准尺寸、长度和体积，因此需要将它们结合到详细的设计和规范中，这项工作复杂且繁琐，若非如此，那么施工文件中指定的材料或许不再可用。另一方面，完全遵循建筑规范和标准可能会限制或禁止回收材料的使用。这些材料通常无法获得证明其强度和耐久性的数据，测试可能过于昂贵，或者工程师可能不希望冒险给予它们结构批准。挑战同样来自通过数字化图纸指导施工的机制，以及偏好标准化和规则几何形状的基于CAD的软件。

图9.10

为拆解而设计

在设计初始阶段，材料的组合和排列应考虑未来拆解、重置和再利用的可能性，例如，金属部件间是必须通过焊接连接还是可以用螺栓固定?

图9.11

绿色交换项目（Cambio Verde），巴西库里提巴（Curitiba）

库里提巴的绿色交换项目允许公民用已分类的可回收材料换取当地农场的新鲜食品（第七章）。墨西哥城的地区联邦政府环境局（Mexico City's District Federal Government Environment Agency）以此为基础自2012年起设立了易货市场（Mercado de Trueque）。

图9.10

图9.11

图 9.12

水网公司尿液再利用项目（Waternet Green Urine），阿姆斯特丹，荷兰

尿液具有制作肥料所需的理想 NPK 比（氮 / 磷 / 钾）。水务公司世界水网（World Waternet）发起的“为更生态的阿姆斯特丹捐赠尿液”活动，将公共小便池设置在阿姆斯特丹的一个中心广场 Het Beursplein 上收集尿液，从中提取磷制成肥料供给一公顷的城市屋顶绿化。阿姆斯特丹的公用事业公司将水循环管理与废物能源转换工厂（第四章）相结合以提高资源使用效率，例如用水处理废弃产物生成电力、燃气和热能。

升级回收，降级回收和零浪费

许多当代建设材料和产品都是“畸形混合物”（Monstrous hybrids），这是由迈克尔・布朗加特（Michael Braungart）和威廉・麦克唐纳创造的术语，用于形容不易拆分，因此不适合回收和再利用的产品、组件和材料。这与“为拆解而设计”的概念和设计使其可以以原始状态重复使用的产品有关（升级回收）。

升级回收（Upcycling）是一种生产理想，即对废弃物体或材料的再利用可以产生比原产品更高质量或更有价值的产品。

降级回收（Downcycling）主要涉及将材料和产品转化为品质更低的材料，常见的例子是将硬质材料（砖块，混凝土等）压碎作为骨料重新使用。

“零浪费”（第四章）的概念反映了一切都有用的理想。把这一概念应用于景观设计时，重要的是要超出材料的预期用途限制来考虑其生命周期。它们可以很容易地被拆解和运输，还是需要像经过切割或破碎这样的高强度工艺才能被重复使用？虽然一些可持续发展倡导者呼吁在产品生产过程中增加生产者的责任，但大多数现有的制造和社会体系并不要求“摇篮到摇篮”和生命周期问责制。生产者和用户责任也适用于景观，例如公司理应负责净化被它污染的场地。强制执行和鼓励行业义务，将大大有助于减少对环境和社会有负面影响的项目。

图 9.12

“当老人们知道自己将不能坐在自己所种树木的树荫下，但仍然选择种植时，说明社会发展得很好。”

希腊谚语

竣工后评价

规划和设计通常只能预测项目的实际结果，因为设计团队通常很少参与项目竣工后的各项工作。这不仅会影响设计的完整性，而且会影响项目长期的环境绩效。项目的持续维护通常会在未与首席设计师沟通的情况下改变其原始设计意图。项目竣工后的审查工作包括反思、研究和记录项目成果（持续时间可能超出维护期，通常为期六个月至两年，有时为五年）。尽管对项目的持续参与并非总是可行，但是这通常伴随着项目最有价值的经验逐渐凸显。例如，WELL 建筑标准（WELLBuildingStandard®）聚焦于建筑使用期间人们的居住和健康状况，表明相较于预期结果，人们对实际结果愈发重视了。树木生长以及植被和生态系统的重新建立都十分缓慢，景观需要相当长的时间才能成形、成熟和发展。复杂的大型项目可能需要数十年时间才能完成各个阶段及其建设［参见弗莱士河公园（Fresh Kills），第三章］，设计愿景可能需要几代人的努力才能实现。

坦诚的自我评价

如果要认真解决环境和社会可持续性问题，对失败需要更专业的关注和分析。对已完成和已建成的项目进行诚实、坦诚的审查和（或）对失败项目进行访问的研究，目前并不常见（景观绩效系列是一个值得注意的例外）。这表明了对持续管理费用的宣传普遍不足（第八章），以及认可和分享建设性的言论并从错误中吸取教训的必要性。

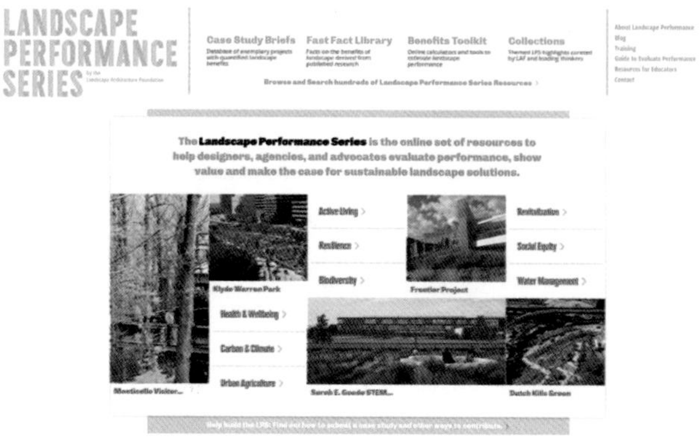

图 9.13

图 9.13

风景园林基金会（Landscape Architecture Foundation）：景观绩效系列（Landscape Performance Series），2010-

景观绩效系列量化项目实际成果，并在其门户网站（LandscapePerformance.org）上分享这些信息和其他可持续性资源。它包括来自行业和学术界的创新研究、100 多个案例研究、120 个“快速阅读”（fast facts），和各种“效益工具包”计算器。一系列实例表明了可持续景观解决方案，以及量化项目环境，社会和经济成果的指标和方法的价值。网站上的教学材料有助于将景观绩效纳入设计课程。

景观设计项目应该进行量化评级吗？在什么情况下应该或者不应该？为什么？

通过核对表格衡量项目可持续性的优缺点是什么？

在景观设计中，艺术性的影响力是否低于科学性？

科学性和艺术性是相对立的吗？为什么？请举例说明。

公共项目的典型生命周期是什么？这是由其耐久性还是大趋势决定的？举例并讨论。

材料选择是否应优先考虑当地材料和“场所感”等因素而不是技术因素？为什么 / 为什么不？

在景观中是否有任何升级回收的例子？

在景观 / 城市项目中，您是否有最喜欢的加工再利用 / 废弃 / 再生材料再利用的项目？

Addis, W. (2007) *Building with reclaimed components and materials: A design handbook for reuse and recycling*, London: Earthscan.

Calkins, M. (2009) *Materials for sustainable sites: a complete guide to the evaluation, selection, and use of sustainable construction materials*, Hoboken, NJ: Wiley.

Calkins, M. (2011) *The sustainable sites handbook*, Hoboken, NJ: Wiley.

Klanten, R. (2008) *Data flow: visualising information in graphic design*, Berlin: Gestalten.

McDonough, W. and Braungart, M. (2002) *Cradle to Cradle*, NY: North Point Press.

Thompson, W. and Sorvig, K. (2008) *Sustainable Landscape Construction*, Washington: Island Press.

Tufte, E. (1992) *The visual display of quantitative information*, Cheshire (Connecticut): Graphics Press.

Ware, C., Culbertson, K., Squadrito, P. and Urban, J. (2016) *Landscape architecture documentation standards: principles, guidelines, and best practices*, New Jersey: John Wiley & Sons.

Windhager S., Simmons M., Steiner F. and Heymann D. (2010) 'Toward ecosystem services as a basis for design', *Landscape Journal* (29): 107–123.

Zimmermann, A. (2009) *Constructing landscape: materials, techniques, structural components*, Basel: Birkhäuser.

附加案例

You might also like to look for further information on the following projects:

Hunts Point Landing, Bronx, New York, USA

Washington Canal Park, Washington DC, USA

George 'Doc' Cavalliere Park, Scottsdale, Arizona, USA

Burbank Water and Power – Ecocampus, Burbank, California, USA

The Woodland Discovery Playground at Shelby Farms, Memphis, Tennessee, USA

Grand Valley State University (GVSU) Student Recreation Fields, Allendale, Michigan, USA

Tonsley, Oxigen, Adelaide, Australia

访谈：史蒂夫·温德哈格（Steve Windhager）

史蒂夫·温德哈格博士是可持续性场所倡议（the Sustainable Sites Initiative）（SITES）的第一任主管。温德哈格博士拥有哲学和环境科学两个博士学位，研究方向为恢复生态学。他曾参与多个设计和工程项目，重建受损的生态系统。作为圣巴巴拉植物园（Santa Barbara Botanic Garden）的执行董事，温德哈格博士继续扩展他的理论和技术专长，运用本土植物解决设计景观中的问题。

景观量化工具的核心目的是什么？它们的主要优点是什么？

量化工具的核心意图是使人们认识到，与减少人工环境中的资源使用相比，我们可以做的还有很多。我们必须转变设计过程，利用人造环境来加强或重建景观为生态系统提供服务的能力，如净化空气和水，为植物授粉，营建野生动物栖息地，固碳，缓解热岛效应等。如果以此为目标进行设计，景观可以提供所有这些服务。不幸的是，当该目标导向并不明确，特别是当它们将增加建设或设计成本时，这些目标就被遗忘或忽略了。通过参与LEED或SITES等评级系统，设计团队和客户不得不赶超现行的监管最低标准，转而达到实际的绩效标准。

景观能够量化吗？还是存在某些无法衡量的重要特质？

景观中的大多数生态系统服务可以量化，但通常只能在项目建设完成并运营一段时间后才能开始监测和记录，而且需要大量的财务投入。与建筑不同，建筑通常在最初建成时运营最高效，而生命系统需要时间发展成熟，然后才能达到其最佳状态。由于这种时间上的滞后，监测的高花费，以及在项目“开放”时就获得认证的愿望，SITES的技术委员会已经开发出了一系列方法，基于在设计过程中可以进行的计算得出项目评分，以确定其认证等级。我们希望这些替代方法能够以较低成本计算出项目的景观绩效，但我们只有在经过对一系列建成项目的评估，与其实际绩效进行比对后，才能确定这些方法的有效性。我确信随着时间的推移，就像LEED一样，SITES将会进一步改良，提高其有效性。

与建筑相比，量化生物介质时面临的主要挑战是什么？

机器和建筑通常在完工后不久就能达到其最佳运行性能。这与生命系统相反，生命系统在达到性能峰值水平之前需要一段时间来发育成熟。也就是说，对项目初始景观绩效的量化可能并不能代表其未来的绩效——我们希望改善这一点。如果没有经过精心设计，或是如果设计的系统无法按照预期发展，场地的未来环境实际上可能会进一步恶化。

这些量化工具在多大程度上适用于：

- **为决策者提供获得“确凿证据”的方法，以支持其议题；**
- **防止景观设计被排除在越来越倾向于量化和证明的人工环境文化之外；**
- **减少或消除漂绿现象？**

评级系统确实能够解决这三个问题，尽管它们没有一个是SITES项目的主要目标（至少在我看来）。我们确实希望能够展示景观提供产品和服务的潜力，景观不仅仅能美化环境，而且能够真正为我们的社区提供价值。决策者激励将生态系统服务加入设计目标中的议题，需要实际数据的支持。尽管目前的SITES评级系统只能提供有限的确凿证据来证明景观的潜力，但我认为未来对这些和其他景观的研究将提供这些数据。这些标准是衡量建设绩效的第一步，但仅凭这些标准并不能对景观绩效进行全面的评估。然而，它们依然是迄今为止最好的评估系统，也是朝着正确方向迈出的一大步。我相信它们有助于减少无心的漂绿行为。在人造环境的设计中，有许多常见的做法似乎应该提供环境价值，但最终消耗的资源却多于它们生成的资源。屋顶绿化就是一个很好的例子。在世界各地的许多地方，屋顶绿化可以成为设计项目的一个有价值的加分项，能够减缓雨水径流，提供野生动植物栖息地，缓解热岛效应并成为城市中心的绿色空间。但在其他地方或设计不佳的情况下，屋顶绿化可能需要消耗大量的饮用水，并且需要高水平的维护资源（在人工维护和修正设计两方面），甚至实际上降低了雨水质量。但是公众无法分辨这些屋顶绿化的类型，因此甚至可能会认为设计不良的屋顶绿化是适合任何建筑的可持续元素。量化工具检查维护这些系统所需的资源，从而发现并阻止这些可持续的做法以不可持续的方式应用的行为。

随着时间的推移，量化工具是否有可能使设计过程沦落为过于务实地履行预先确定的程序而不是富有想象力的创造性过程？

完全没有风险。伟大的艺术意味着克服限制和障碍，以不同的方式看待事物。伟大的景观设计将始终以创新和创造性的方式满足特定的项目需求（客户需求，为健康、安全和福祉提供保护，以及提供生态系统服务）。也就是说，许多建筑和景观，无论是否经过评级系统认证，都是缺乏想象力的设计的例子。造成这一现象是设计师的缺陷和局限性，而不是评级系统的。

为什么景观量化工具的开发时间比建筑长？

建筑评级系统（如LEED），起步较早，因为建筑在能源使用方面的绩效更容易量化且资源保护的收益更加明显。实际上，SITES在开发景观量化工具时使用了 LEED 模型，并花费了相当的时间才完成当前的开放注册工具。

评级工具是否能在项目完成后进行回顾性的评价（例如过滤 / 储存 / 重复使用的水量和生产的产品总量），还是该工具仅适用于新开发项目？

与 LEED 一样，其初版工具仅适用于新建工程，SITES 最适合应用于新建景观的设计和建造。我预计未来版本的 SITES 将被开发用于优化现有景观中的景观绩效（类似于 LEED 工具“现有建筑的运营和管理”），但该工具尚未被开发。

为什么像食物一样的材料会被高度加工？为什么我们不使用“天然”“健康”和“纯净”的材料？

这很难简单回答，但景观的建设特别依赖天然材料。在城市项目中，我们越来越多地看到工程材料的使用，用来满足特殊条件下的项目设计需求（例如保证人行道下植物根系，水和空气的渗透，同时满足特定的设计负荷）。这些不是自然条件，开发一种工程介质可以提供可复制的结果。在某些情况下，这些设计的介质完全由“天然”材料组成，依据研究出来的配方组合而成，能够提供持续稳定的性能。在其他情况下，这些介质可以是合成或“天然”材料的混合物，但目标是相同的。

景观项目作为生态系统服务和生产力的生成者 / 提供者的能力是否可以纳入评级工具（不仅仅是表现其保护和减少的能力）？

那当然了。我们找到越来越多的以更合理的花费评估生态系统服务产量的方法。随着我们提高监测能力或理解与生态系统服务生产中的景观表现相关的替代措施，这些因素都将被纳入评级系统。但与 LEED 一样，我们不想让 SITES 的初始版本因为过于复杂而变得难以参与，因为我们无法让市场主动考虑到景观辅助实现其可持续发展目标的潜力。随着评级工具被公认为是设计过程中的一部分，我预计请求评级认证的申请也会增加。

图 10.1

都市乌托邦：编织而成的城市

卢克·史奇顿（Luc Schuiten）的“建筑树”（archiborescence）仿生建筑概念城市展现了一幅无花果根系编织成网的景象。这些无花果住宅坚固耐用，外墙由可与蚕茧或蜘蛛网相媲美的半透明生物纤维编织而成，能够收集太阳能供暖供电。人行栈道架空在未曾开垦的平原上，自然过程得以不受干扰地继续进行。产生的有机废物分解后成为养料滋养和灌溉树木。

第十章　情景、挑战和复耕土地（景观）

最后一章提出了问题并论述了学科未来在可持续性方面的关注点，主要集中在生产性风景园林及其管理上。通过前文重点介绍的项目所展示的多维创新方法，景观设计这一相对年轻的学科可以为社会和环境所遇挑战提供思虑周全、可持续的解决方案。

“我们不能把人类世看作是一场危机，而是作为一个以人为中心的设计理念终于成熟的新地质纪元的开始。”

厄尔·埃利斯（ERLE ELLIS），《走向不归路的星球》（THE PLANET OF NO RETURN）（2012）

“需要修复的不仅仅是‘环境’，而是人类自身——环境危机是人类生态功能失调的产物（或者如果你喜欢的话，人类进化的巨大成功）。”

威廉·里斯（WILLIAM REES），《自然》（NATURE）（2003.2.27）

“环境问题似乎来势汹汹，无法克服。但风景园林师提供的解决方案可以改善我们的屋顶、街区、社区、附近的水道甚至整个城市。如果这听起来很傲慢，这不是我的本意。由于缺乏强有力的联邦性环境行动（更不用说全球性）来应对我们面临的各种挑战，这些干预措施仍具有重要的，即使是零碎的重要性。”

艾伦·布莱克（ALAN G. BRAKE），《景观的崛起》（LANDSCAPE ARCHITECTURE’S ASCENDANCE）（2012）

新途径

丢失景观还是重获领土？

大规模城市化引发了对城市作为景观实践中心地位重要性的过度强调，然而我们这是在“罗马城着火时演奏小提琴”——大难临头却只关心些细节问题。虽然城市可能是我们大多数人居住的地方，但它不应该占据我们关注的核心焦点。城市是更大的有机体的一部分，供养它的是由不可再生资源的密集消耗所维持的广阔领土系统。传统的城市 / 乡村二元分化忽视了当前庞大的城市足迹和由消费模式塑造的农村发展现状，20 世纪对视觉导向问题的关注已经过时。在人类世（生存时代）中，为了让城市繁荣，更为了让维持城市的更大景观生存，城郊和农村环境必须通过空间和社会战略重新调整。

保持洞察力

与大都市相比，小型城市景观潜力较小，无法为可持续发展模式做出有意义的贡献，除非它们能够从根本上扩大规模，以指数方式复制并快速建造。这并不是说我们应该忽视它们。作为一门小型专业学科，更需要保持洞察力，聚焦最需要关注和优化的挑战（第七章访谈）。当城郊和乡村开放空间闲置、退化、逐渐被侵蚀和盐碱化，需要激进的恢复策略时，绿色屋顶和绿墙这类私人、不可进入且不连通的小区域是否值得关注？我们如何能够自适应地重新利用和改造我们的城市，在交通压力的不断冲击下恢复街道空间，以确保行人和自行车的安全通行；利用绿色空间种植更多食物；生产可再生能源；收集，过滤和再利用水资源，以及动员并给本地社区赋权？

"在这世界上，我们必须成为我们想要看到的变化。"

圣雄甘地（MAHATMA GANDHI）（1869-1948）

"我们淹没在信息中，同时渴望智慧。今后的世界将由综合者管理，就是那些能够在正确的时间汇集正确的信息，批判性地思考它，并明智地做出重要选择的人。"

爱德华·奥斯本·威尔森（E. O. WILSON），《结构：知识的统一性》（CONSILIENCE: THE UNITY OF KNOWLEDGE）（1998）

图 10.2

索尔兹伯里湿地：索尔兹伯里市（Salisbury Wetlands: City of Salisbury）

图 10.2

图 10.3

德赤凯尔斯绿地（Dutch Kills Green），WRT 景观事务所，玛吉·鲁迪克景观事务所（Margie Ruddick Landscape），马皮勒罗·波拉克建筑事务所（Marpillero Pollak Architects），迈克尔·辛格事务所（Michael Singer Studio）

图 10.3

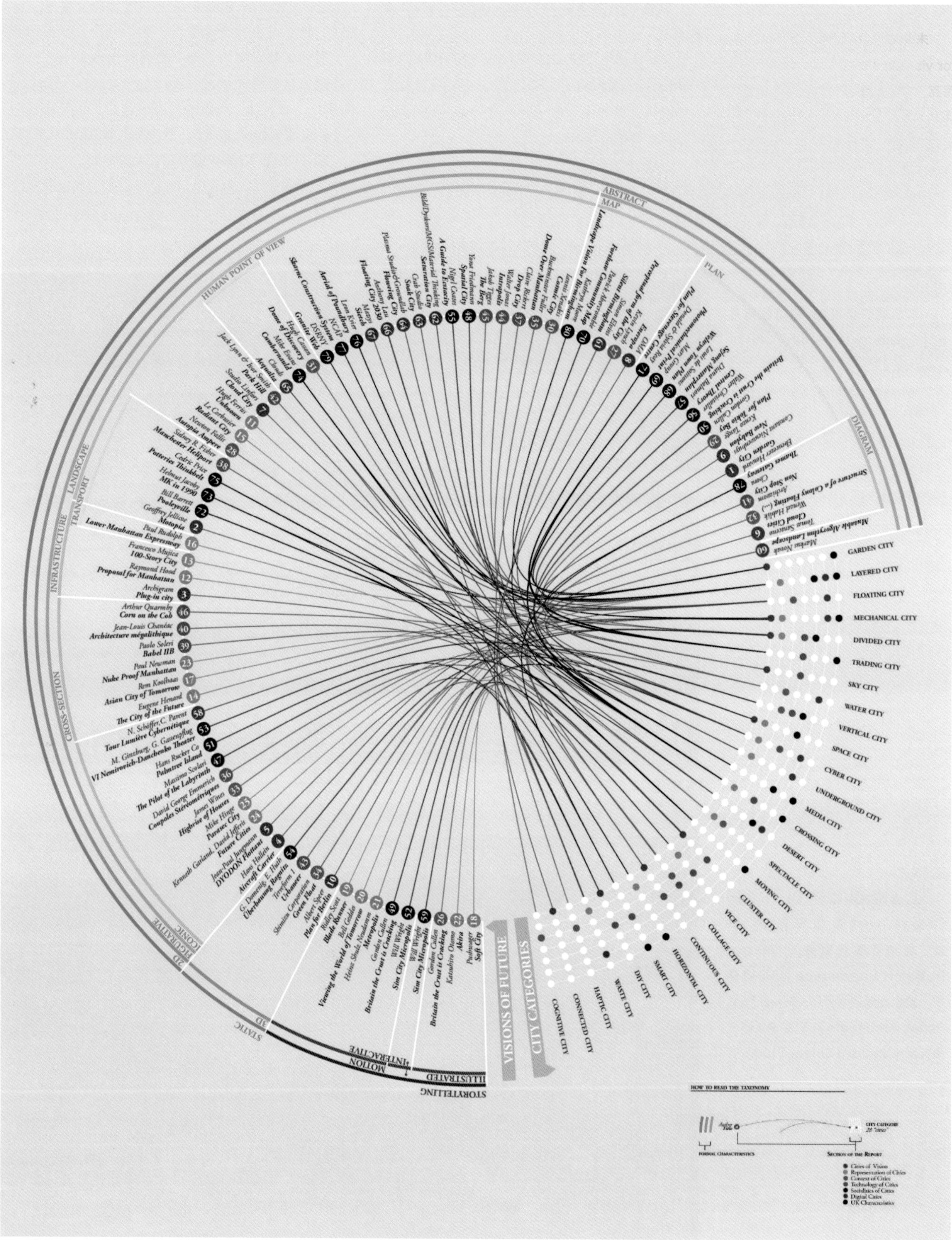
ABSTRACT
MAP
PLAN
DIAGRAM
HUMAN POINT OF VIEW
LANDSCAPE
TRANSPORT
INFRASTRUCTURE
CROSS-SECTION
ICONIC
FIGURATIVE
STATIC
MOTION
INTERACTIVE
ILLUSTRATED
STORYTELLING
VISIONS OF FUTURE
CITY CATEGORIES
GARDEN CITY
LAYERED CITY
FLOATING CITY
MECHANICAL CITY
DIVIDED CITY
TRADING CITY
SKY CITY
WATER CITY
VERTICAL CITY
SPACE CITY
CYBER CITY
UNDERGROUND CITY
MEDIA CITY
CROSSING CITY
DESERT CITY
SPECTACLE CITY
MOVING CITY
CLUSTER CITY
VICE CITY
COLLAGE CITY
CONTINUOUS CITY
HORIZONTAL CITY
SMART CITY
DIY CITY
WASTE CITY
HAPTIC CITY
CONNECTED CITY
COGNITIVE CITY
HOW TO READ THE TAXONOMY
FORMAL CHARACTERISTICS
CITY CATEGORY
SECTION OF THE REPORT
Cities of Vision
Representation of Cities
Context of Cities
Technology of Cities
Socialities of Cities
Digital Cities
UK Characteristics

图 10.4

图 10.4

未来城市可视化分类（Taxonomy for visualisation of future cities），尼克·邓恩教授（Prof. Nick Dunn），保罗·库顿博士（Dr. Paul Cureton）与塞雷娜·波拉斯特里（Serena Pollastri），2014

“未来历史可视化”（A Visual History of the Future）收集、分析并展示了来自多位设计师和艺术家的 90 多幅展望未来的图像作品。最后的分类图表通过识别作品的主题模式和表现模式（景观、基础设施、交通、叙事、静态、抽象）来传达其关系的复杂性。

“换句话说，城市形态不是什么自主的有机增长，也不是由不可避免的经济法则决定的。它实际上是一种工艺品——一种奇特的工艺品，由既定事件和随机事件组成，不能被完全控制。如果说城市形态与生理学有关，那相比于其他任何东西，它更像是梦。”

约瑟夫·里克沃特（JOSEPH RYKWERT），《场所的诱惑》（SEDUCTION OF PLACE）（2000）

“没有人对改变我们现在的行为感兴趣。”

詹姆斯·昆斯勒（JAMES KUNSTLER），《我们在哪里》（WHERE WE'RE AT）（2008）

“当人人都想得差不多，那么大家都想得不多。”

沃尔特·李普曼（WALTER LIPPMANN），《外交政策》（STAKES OF DIPLOMACY）（1915）

“危机（Crisis）一词在汉语里由两个字符组成，其中一个表示危险，另一个表示机会。”

特德·诺德豪斯（TED NORDHAUS）和麦克·谢伦伯格（MICHAEL SHELLENBERGER），《环保主义的消亡》（THE DEATH OF ENVIRONMENTALISM）（2004）

从大处着眼

除了少数例外，我们已经表现出不情愿放弃“在单一星球生活”所需的资源密集型生活方式的态度。人口过剩成了“房间里的白象”，是大家视而不见的重大危机，也是景观设计需要克服的巨大障碍。全球都需要解决人口过剩问题的战略和激励措施。我们如何能够脱离资本主义经济增长，但仍然依靠多产的功能性活动维持有价值、有尊严地生活？社会如何变得更加公平？这些都是只能通过大局观来解决的大问题。

图 10.5

未来的情景

永续农业（Permaculture）联合创始人戴维·洪葛兰（David Holmgren）介绍了石油和气候变化高峰挑战到来时的四种可能的未来情景（技术奇幻场景，绿色技术稳定，全球管理和彻底崩溃）（2009）。如果“一切照旧”，戴维·洪葛兰预测会出现“崩溃”或“亚特兰蒂斯”情景。

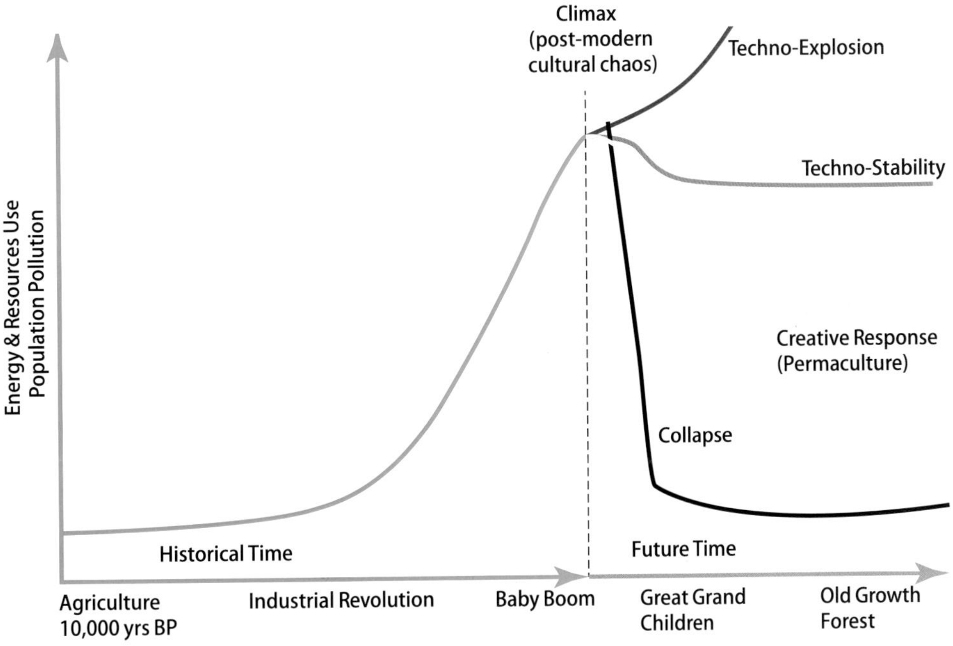

图 10.5

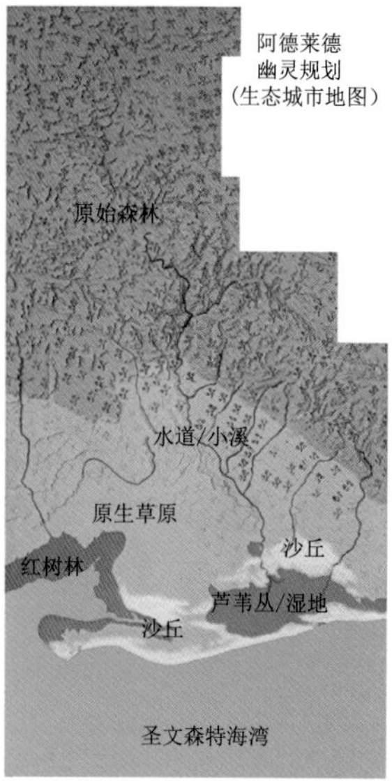

图 10.6a

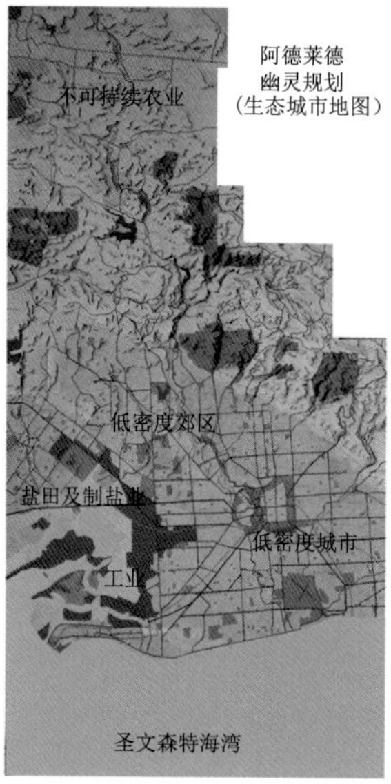

图 10.6b

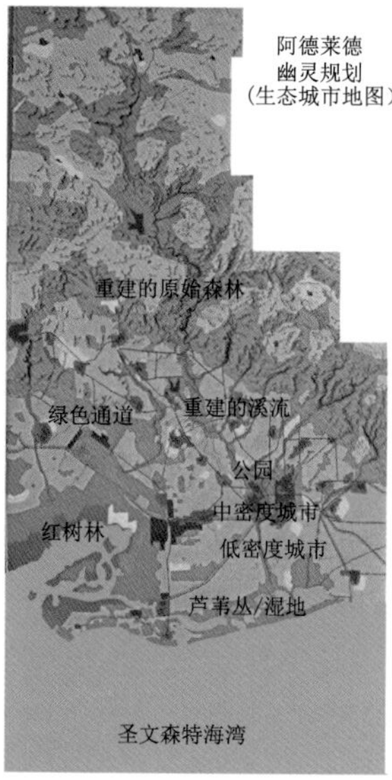

图 10.6c

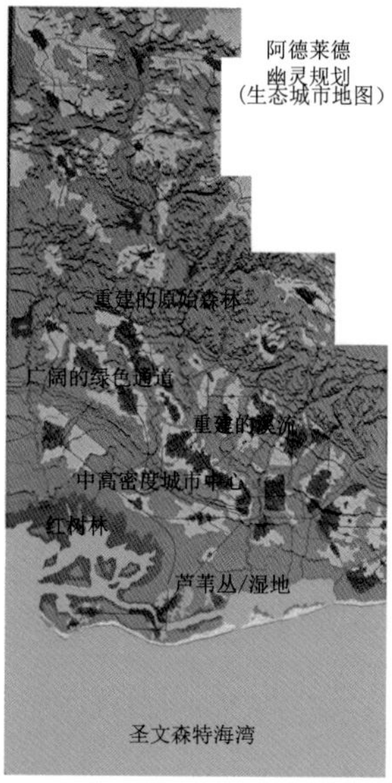

图 10.6d

图 10.7a

图 10.7b

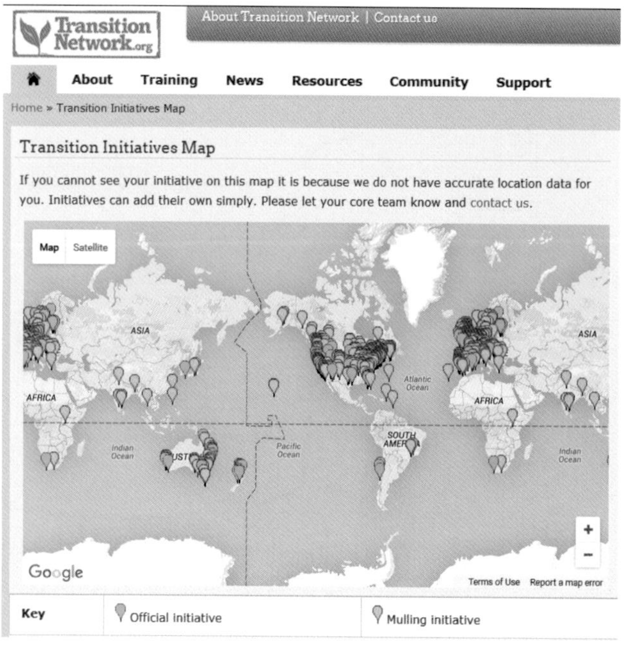

图 10.7c

图 10.6a

图 10.6b

图 10.6c

图 10.6d

幽灵规划（Shadow Plans）保罗·唐顿博士（Dr. Paul Downton）@南澳大利亚大学（University of South Australia），澳大利亚阿德莱德，1996 年

大学工作室“有机城市”（City as an Organism）采用理查德·瑞吉斯特（Richard Register，美国城市生态学创始人，1975 年）的幽灵规划过程向学生们提出挑战：在塔达亚生物区域（Tandanya bioregion）内重新设想阿德莱德市的未来。像其他无数城市一样（但用时比大多数城市都要短），阿德莱德市已经清除了原生植被、平整了沙丘、给湿地排水、用水泥硬化了水文系统并将其埋入地下，并且用低密度住房覆盖了农业用地。规划显示该城市 1836 年成为欧洲定居点，然后是 150 年后的 1986 年的景象（红色调代表建筑物和道路的硬质表面），最后停留在 2136 年，展现出城市改造后的愿景。未来规划建议建设更大密度的卫星定居点，由可持续公共交通系统连接。河流、小溪和海洋环境得到恢复以适应海平面上升所带来的变化，在土地上重新栽植植被和建立栖息地，恢复本土动物和鸟类种群数量，并且食物种植得离城市更近了。不幸的是，这种超大尺度的规划很少进行——即使在学术界也是如此，更不用说政府和规划部门了。

图 10.7a

图 10.7b

图 10.7c

城镇变革和网络变革（Transition Towns and Transition Network）

罗伯·霍普金斯（Rob Hopkins）于 2005 年在爱尔兰金塞尔（Kinsale）发起城镇变革行动，以“支持社区主导的应对石油和气候变化峰值的方案，建立具有弹性和幸福感的社区”。随后成立的慈善机构“网络变革”旨在激励，鼓励，联系，支持和培训社区。像永续农业一样，他们专注于帮助社区自我组织以应对石油峰值和气候变化。网络变革作为 2015 年巴黎气候变化会议制作的“第 21 届联合国气候变化大会（COP21）的 21 个故事”，以激动人心的成果和社区主导的行动为特色，如今在全球范围广泛传播。

图 10.8a
图 10.8b

生态城市工作室（Biocity Studio）：大学工作室，麦克格雷戈·考克斯（McGregor Coxall）（R&D arm 事务所）

2007 年至 2010 年期间，生态城市工作室的四个大学课程要求在当前或未来的石油峰值和气候变化危机情境下研究城市区域的“系统”，生成相互关联的整体解决方案。城市系统包括生物多样性、建造形式、文化 / 教育、经济、污染 / 化学物质、能源、食物、管理、人类健康、交通，以及废物和水。学生们在短时间内制定的对复杂问题的横向解决方案得到了陪审团的积极支持，其中包括著名的政治家、科学家、开发商、策划者、风景园林师和工程师。

The Sydney Morning Herald

Tuesday November 15, 2005 First published 1831 No. 52,469 $1.20

FOOD WAR ESCALATES IN EUROPE

2035: The Sartor Famine

Level 1 food rations in place

Economic depression not seen since 1929 depression and the 1980s stockmarket crash

It all started when Frank Sartor's 2005 Metro Strategy for Sydney failed to recognise or secure the food source for city's own population. Over the next 10 years, Sydney's vegetable crisper was swallowed up to make way for 1.2 million new residents in the north-west and south west sectors.

While this growth was happening, the government, in their infinite wisdom, forgot to secure agricultural land to feed the exploded population. Meanwhile, New South Wales' agriculturally unproductive centre, where it is four times less efficient as its Sydney Basin counterpart, was given the responsibility of trying to produce enough food for the city.

As droughts hit with accelerating severity and frequency, food prices soared, exacerbated by rapidly diminishing oil supplies. The economy suffered, as our major exports of beef and wheat were culled to preserve our own oil reserves. As the farmer's producing our food gradually went belly-up under economic pressure, Sydney found itself in the grips of a debilitating food crises.

The Government has stepped, by instating food rations to stabilise food prices, but once again, their short sightedness has resulted in a band-aid solution that does not solve the scarcity of food for Sydneysiders.

Sent ad te doluptat nulluptat amcor sisl ut nonsequis at. Nit utat. Tet, qui ea commolendre magnim iriusti ncilisci tisit. conse digna feuisl ullandre diat, quis eugait ut lobor aci bla conullummy nullan hent nim il er sed deliquis nim vent utet lore et loreet iure tat vent la augait volum ipit, conum in vel in heniat verit delit aute molor sum nullummy nis nim do odiam nonsequat. Oluptatie magna feuipis do del utate dunt lore dolor susto con etummy nibh ex ex eugiatis deliquate vel ut iurem vulla feum quat. Ut alisim at auguer am inim alit ullummy nosto enisi ex et ipsum zzrit loreetum iurem veliquis alismolore doluptat irit aut dolore del do odiat lobortio odiam iriliquis nit dolorerat. Ut nulla feugue etum vel utpat irilis essit velesent iure tate magna facil incillute velisim alit aut utpat dolor iliquis cidunt wismodDo, quon sum si ingul vilicer ratusa denatr. Internum peciptis ca; etin si sil cles es re est quidicae faciondaci strum aperce nirtesilica nocumus consul habeffreo ublincusa nulatifecrum praris venam occid idica; in de defenam tabusat quodicies num. Dem publis simus; etiampe ropubli in Itammcerfir labulii sessolum tem noste hora? Natusci enimantra et paris; nostrae furo in sena verei ia? Simant.

Bonfiris. Valer ant andi sensu quod con sum publica perfecest pra? Pala reditis? Na. pris coriam furoris addactum conon sid sis audem, nonvert eritia aperi issupio, dii pri simum id mandius, qua L. At publiam res condicaed ini fachum P. Et pulost es cam hachuiu intem tilin Itam in vagil tastrum et; nimover ibustem at.

Catiem dictus egilinihin abenam patioris crenimenam inclut nihil verum atqua consunt, sus? Tum dienate, sedena, quam poendi publin venihi, porbis hocta publin Itat, vertimu ntilicae a octor quam, corsus. Nam oc, prorum is An dum nequam acionem ad reciver ibemus; est videsi ineque nocchilin dmmus, non virmandius ad Catiaro tam aure iam etres perbem. Graret, ignonsil viderfitem linguloccio ac moludam ora conculos confent erissenari publium cont. Ifentrae nox senatum host dem pertem or hos ortam ala inte fac terum, sena, omnim escis. Idii in horae ancid nis. Casdam. Catarni cioraela omnorum hoc, cludees ina, tudetorben publiss essenterem egitastrit; hos hostrum, cierficut creviri prius et aucienam. dit, dnumniquod Casdam.

Orebatora? P. Istiam vidium fuit L. Dectod inatnus, qui issente, caestronum connit iam te desseret vidi publiconnat

图 10.8a

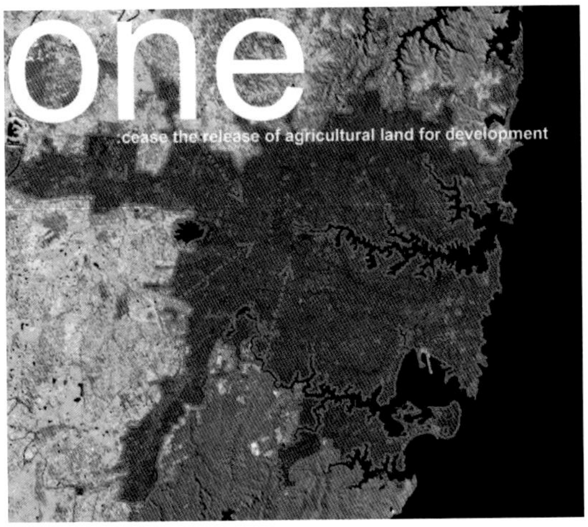

one
:cease the release of agricultural land for development

图 10.8b

变化

景观、环境规划和设计通常需要经历很长的时间跨度（几年甚至几十年）以实现设计愿景和策略。这与较短的政治周期和我们超速运行世界的不稳定性相矛盾。风景园林师预测未来政治、经济、社会和环境各方面的情景，并据此给项目分阶段和排序。僵化的设计和静态的总体规划越来越过时。气候变化及海平面上升的相关影响，基址选择及其对长期定居点和基础设施的威胁增加了设计过程的复杂性，强调了与科学家合作的必要性以及对持续适应性管理维护的需求。项目要求多维度思考，从各种观点出发解决各种问题，做出超越政治议程和商业限制的探索，协同多门学科以消除孤立的思维方式，同时确保方案能够切实快速地实施。

图 10.9

休斯敦植物园和自然中心（Houston Arboretum and Nature Center），里德 · 希尔德布兰德

该演化实施策略包括持续适应气候变化，养分循环，志愿场地恢复项目，长期管理和社区教育。

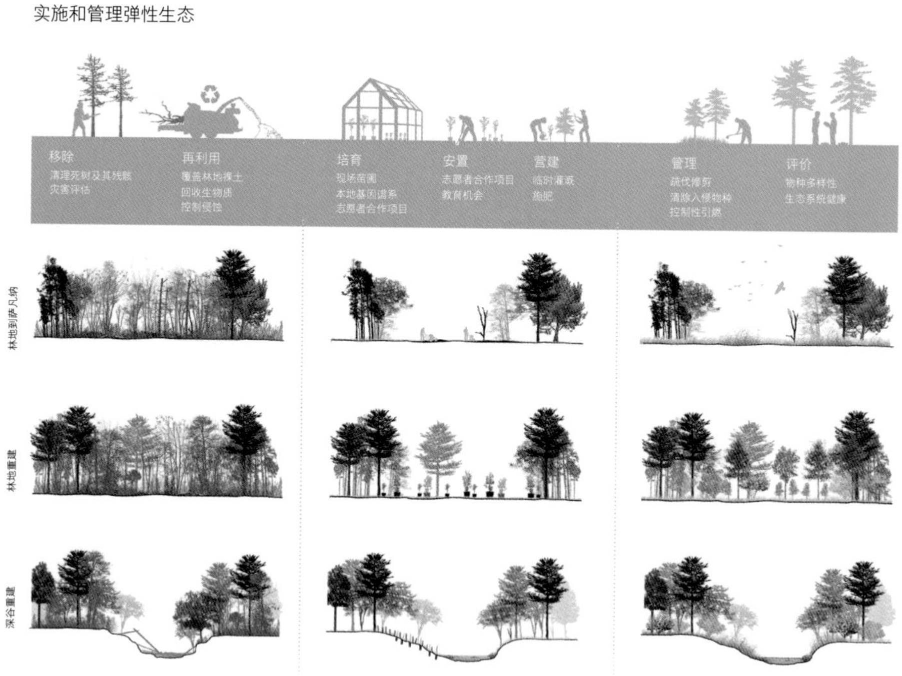

图 10.9

为什么要进行设计？

景观设计的全局视角，结合民主和包容的设计过程，无形中将科学、艺术与技术结合在一起。设计思维和设计过程鼓励通过非常规的方法，创造性地横向解决问题，可以绕过限制，有条不紊地制定有效的流程，得出解决方案和结果。由此制定的策略和干预措施（第二、八章）提高了文化和社会可持续性（第六、七章），并通过优化和管理环境系统来维持（第三、四、五、八和九章）。

地球作为景观

由于全球自然和文化环境之间相互联系，相互依存和相互作用，地球本身可被视为景观，需要我们持续的关怀和管理。这种管理的必要性超越国界、信仰和文化背景。贯穿景观语言的关键概念在某种程度上仍然被人为地分为诸如“自然景观”（生态学和环境学的学科经常出现）和“文化景观”（历史，考古学和社会科学领域）等类别。

图 10.10

沈阳建筑大学校园：北京土人城市规划设计股份有限公司（Turenscape）

图 10.11

新西兰奥龙戈区域总体保护规划（Orongo Station Conservation Masterplan）：纳尔逊 · 伯德 · 沃尔特克斯设计事务所（Nelson Bird Woltx）

“任何聪明的傻瓜都可以让事情变得更大、更复杂、更暴力。只有拥有一点点天分——并且有很大的勇气，才敢于反向前进。”

舒马赫（E. F. SCHUMACHER），《激进的人道主义者》（THE RADICAL HUMANIST）（1973）

“我们是景观的孩子；它在我们应对它的过程中决定了我们的行为，甚至思想。”

劳伦斯·达雷尔（LAWRENCE DURRELL），贾斯汀（JUSTINE）（1957）

“21 世纪最重要的问题将是全球环境状况。”

伊恩·麦克哈格（1920-2001）

“我们面临的最大挑战是改变人类观念，而不是拯救地球。地球不需要被拯救，我们需要。”

修特茨卡特·马丁内斯（XIUHTEZCATL ROSKE-MARTINEZ）（2015）

图 10.10

图 10.11

图 10.12

“景观”（scape）的演变

图 10.12

六盘水明湖湿地公园（Minghu Wetland Park）：北京土人城市规划设计股份有限公司（Turenscape）

景观设计是否渐渐超出它（或重新发现其过去）名义的范畴，因为它涉及的内容进一步超越了主要的视觉设计问题？“风景园林设计”艺术和潮流源于技艺娴熟的风景园林设计行业（特别是在英国，风景园林设计得到了充分的发展和实践）。另一方面，土地规划（land planning）和大地设计（land architecture）超越了表面的装饰化处理，得以解决更深层次的和更迫切的当代问题。这种以生存为关注点的实践与富有成效的大地伦理相融合，旨在实现对系统和过程的结构性影响——无论是对环境、社会、政治或更有可能是它们间的相互组合。奥姆斯特德式和麦克哈格式的设计传统为行业提供了基础、目标和灵感支柱，但如今的行业发展趋势是这些传统的发展吗？

大地设计？

大地设计作为生命系统的恢复者、土地生产力的控制者、退化场地的治疗师及道德管理的榜样，具有独特的定位，由灵活、创造性和严谨的设计过程控制，摆脱了目光短浅的，对创造物体、工艺品或纪念碑的痴迷。大地设计在不造成破坏的情况下具有生成性，在改善人类与地球进行中的积极关系和对地球的依赖方面发挥至关重要的作用。

什么系统？

设计能否（并且确实应该）在重新配置日益官僚化、市场驱动、风险不利、改

"……有人认为……景观往往受到建筑师和规划师的限制，或者只是用于构成和增强城市形态的首要地位。在这里，景观被用作资产阶级审美或自然化的掩饰。"

詹姆斯·科纳（JAMES CORNER），《土地激浪派》（TERRA FLUXUS）（2006）

"为我们的子孙后代建立一个可持续发展的社会——这是我们时代的巨大挑战——我们需要从根本上重新设计许多技术和社会机构，以在人类设计与生态可持续自然系统之间的巨大鸿沟间架起一座桥梁。"

弗里乔夫·卡普拉（FRITJOF CAPRA），《隐形连接》（THE HIDDEN CONNECTIONS）（2002）

"一种政治经济学方法提供了对权力和结构的解释，这种解释在关于转型和绿色转型的大多数传统理论中都不存在……更明确的政治和历史分析使我们能够超越关于'绿色增长'和'双赢解决方案'的肤浅说法，经由经济的彻底重组和决定路线方针的权力关系的暗示，揭露其中的冲突、权衡和妥协。现状行动者和既有利益'必须履行的'制度受益于对化石燃料经济的持续依赖……不会轻易放弃自己的立场。"

彼得·纽厄尔（PETER NEWELL），《资本主义的绿色转型》（GREEN TRANSFORMATIONS IN CAPITALISM）（2015）

变怀疑论的政府和体制方面发挥作用？我们是否需要对已失效的系统重新进行全面设计？或者是否可以并且应该抢救或调整当前的范式？社会生存可以采取什么样的应对措施（第七章）？正如世界需要将经济增长与环境退化脱钩一样，设计是否可以脱离破坏性发展？

设计的关键思路

如果环境建设行业要成熟，扩大其影响力和影响范围至关重要。作为设计师，我们必须要问设计七个如何：

- 如何绕过新自由主义和持续的经济增长模式或与之相协调？因为该模式将少数人的财务增长置于支持整个人口的环境容量之上；
- 如何重新制定、重组和调整设计，以克服对仅关注经济发展的客户的依赖；
- 如何用设计可以产生的多重利益说服潜在的和新的客户，证明项目委托的合理性；
- 如何确保道德组织的委托和资金；
- 如何通过公共利益和景观自身产生经济回报，并维持生计；
- 如何为公共利益行事，但避免不利风险，采用惯用措施；
- 如何帮助建立以道德为导向的社会，更多地为集体利益考虑而不是个人利益，实践问责制和透明化。

图 10.13

包格鲁本（Baugruppen）

图 10.13

图 10.14

长青砖厂(Evergreen Brick Works),克劳德·科米尔设计事务所(Claude Cormier + associés)

图 10.15

北杜伊斯堡景观公园(Duisburg-Nord Landscape Park):拉茨及其合伙人(Latz & Partner)

图 10.16a(改造前)

图 10.16b

十字架海角地中海俱乐部(Club Med)景观修复(Restauració del Paratge de Tudela-Culip(Club Med Restoration)):马蒂·弗兰奇工作室(EMF-Estudi Martí Franch)

本书并不打算通过总结本文所述设计师令人印象深刻的创新作品和想法来结束。虽然景观设计的成就值得庆祝(并且这对于我们自己的灵感和指导以及行业的广泛认可和影响都是必不可少的),我们作为一门学科必须保持洞察力,利用这些作品来激发、阐述、进一步向前——不断扩大和改进当前的最优实践措施。这一相对前卫,经常被误解的行业不仅不能满足于现状,而是应该迅速扩大其影响范围,以指数方式增加其产生的结果并站到屋顶上大声宣告其益处。

图 10.14

“在你生活中走过的所有道路中，确保其中一些是土路。”

佚名

“时间不断前进，因为能量本身总是从可用状态转变为不可用状态。我们的意识不断记录着我们周围世界的熵变。我们看着朋友衰老死去。我们坐在火堆旁边看着它炽热的火焰慢慢转变成冷白色的灰烬。我们的世界总是在我们周围变化，这种体会是第二定律的展开。它是世界上不可逆转的能量消散过程。为什么说‘世界已经没有时间了’？简单地说，事件接连发生，我们从中体会到时间的流逝。在这个世界的任何地方，每当一个事件发生，能量都会消耗，整体熵就会增加。说世界已经没有时间了，是说世界已经没有可用的能源了。用亚瑟·爱丁顿（SIR ARTHUR EDDINGTON）的话来说，‘熵是时间的箭头’。”

杰里米·里夫金（JEREMY RIFKIN），《熵》（ENTROPY）（1980）

图 10.15

图 10.16a

图 10.16b

访谈：俞孔坚

俞孔坚教授是生态规划和设计领域的著名世界领导者。他是北京土人城市规划设计股份有限公司（Turenscape）的创始人，北京大学建筑与景观设计学院创始人兼院长，哈佛大学景观建筑与城市规划设计客座教授。曾获奖项包括：8个全美景观设计和规划奖，5个中国人居环境范例奖，2个世界建筑节全球最佳景观奖，3个世界城市滨水设计奖，国际建筑奖，ULI全球杰出奖，2个美国建筑奖，以及中国美展金奖。俞教授出版了25本著作，250多篇论文，是《景观中国》的主编。他是风景园林最具启发性和影响力的思想者和实践者之一。

***请注意这是一个采访摘录——完整的采访可以在本网址获取：www.bloomsbury.com/zeunert-landscape-architecture**

您谈到生产性、工作性和日常（农村）景观中的美，然而在市区，我们通常偏爱观赏性和消费性景观，以及简单的“减少病态”的方法。景观设计与观赏性、高端文化、“大写的”设计密切相关，与寻求快乐相联系，在很大程度上未能解决可持续性和生存的紧迫问题（如水，能源，食品，生产系统和社会公正）。该行业（或其中的一个分支）是否应该脱离这一历史遗留，将我们的注意力转移到这些问题上？

是的，我坚信景观设计需要重新定向，革命性地重新定义。人们倾向于将景观设计看作是园艺和观赏园艺的演变，因为这是所有历史书籍追溯我们的专业和世界上最有影响力的景观设计项目历史的源头。然而，这带有很大的偏见，因为上述景观设计主要为知识象牙塔内的高文化阶层的兴趣。中国文化有两个阶级。这种高级文化属于文人和贵族阶级，他们更多地在审美和视觉效果层面思考景观设计，而不是生产和减少工作量的层面，从而导致了浪费行为。面对当今紧迫的环境和社会问题的挑战，如果我们继续沿着这条道路前进注定要失败。我们需要促进由生存发展而来的平民文化的智慧。这种革命性的思考景观设计的方式是将其重新定义为一种生存艺术，一种工作和运作的艺术。它是源于平民文化的艺术，但是在洪涝和干旱环境下进行农田耕作、灌溉、农业规划；为城市选择避免自然灾害的场所；选择场地并排列房屋以使人们充分利用自然条件；这些正是我们今天所面临挑战所需要的智慧和技能。如果我们可以追随这条道路，使景观富有成效，使我们的城市具有弹性，建筑物处于正确的位置，让我们自己感受到与土地、社区和过去的联系，景观就会被认为是安全、健康、有效和美丽的。我们要提倡生存的艺术，活的乡土文化，而不是死去的皇家、贵族和文人文化。观赏和消费景观的遗留应该只被认为“世界遗产”，今天的风景园林师在处理生存问题方面发挥着更为重要的作用。

我们是否需要在城市和区域规划中发挥更大的影响力？

重要的是要认识到，基于人口预测，灰色基础设施和构筑物的传统城市发展规划方法无法满足生态和可持续城市形态的挑战和需求。我们提倡的另一种城市化是最好布局在城市和区域发展规划之前规划和设计生态基础设施系统。生态基础设施（EI）是可持续景观的必要结构。可持续景观意味着商品和服务的持续产出，并且系统向后代提供相同商品和服务的能力不会受到损害。系统所提供的四类服务是：供应，与食品和清洁水生产有关的服务；调节，涉及气候和疾病的控制，以及洪水和干旱的调节；支持，与养分循环有关，为野生动植物提供栖息地；文化，与精神和娱乐的好处相关。为了生态服务和土地的文化完整性，生态基础设施需要在多个尺度上得到保障，景观需要被视为整体，景观设计需要对土地整体系统做出规划、设计和管理，并且排列地面上的元素，包括建筑、河流和城市等。我向市长强调的是“反规划”，首先划分EI的大型“非建设区”，或者不进行城市化的区域，以消除开发和建设中出现重大错误的可能性。在过去的18年里，土人设计和北京大学在中国200多个城市以多种规模推广这些创意。“反规划”是麦克哈格“设计结合自然”，以及帕特里克·盖迪斯（Patrick Geddes）理念的进阶版本，试图解决中国当代问题——快速城市化、脆弱和不受控制的环境，但这也具有普遍意义。

您曾表示，脱离功能的美的主导欲望正在减弱。即使您已经建成的景观表明生产和美丽并不是相互排斥的，为什么生产和美学的结合（比如您在沈阳建筑大学校园的项目）并没有更普遍？

简而言之，在当前普遍的美学价值体系下，生产性景观往往无法满足公众的视觉期望。在西方，人们已经内化了一种观念，即受控制的、常维护的和清洁的环境是美丽的先决条件。同样，中国当代城市普遍偏好中国传统园林或高成本和高维护的观赏园艺景观。无用，休闲和装饰美学取代芦苇、庄稼、梯田和其他特征，已经成为中国急切地想要展现的现代和成熟的一部分。这些本土日常场景都与平民文化有关，因而被主流美学所忽视。

这些主流美学背后的原因包括我们的专业教育和公共价值观的定位。我们的景观设计教育对增进学生的美学素养几乎没有什么作用，实际上也没有提到景观塑造对人类生存的实践和智慧。因此，面对强大的“美丽城市运动”，城市规划或设计专业人员似乎很无力，甚至无法为这场大火添柴加薪。由于缺乏国际经验，他们的理论和实践水平也受到很大限制。

其次，现代农业和工业实践都以开发自然资源和通过技术进步控制自然过程为文明，认为那些适应自然力量的实践是原始的。所有这些都对公众的审美产生了影响。在后现代时代，我们需要呼唤一种符合当代环境伦理和可持续性原则的新美学。设计师、决策者和公众都必须适应这种新的审美观。我称之为“大脚革命”。

我们如何让客户和风景园林师参与农业、能源、水和原材料的生产性景观？

首先，我们必须将决策者的想法转向生产性和功能性景观。正如我所提到的，在中国实际上决定城市规划的是市长，因此我们寻求通过交流来改变决策者的价值观和审美观。我已经向1000多位书记和市长宣讲，还分发了《城市景观之路：与市长们交流》一书（发行量超过2万本）。在此过程中，他们了解到西方城市化的破坏性后果和教训，中国美丽城市运动的起因，新的审美观和建立生态基础设施的道路——这是我们明确的解决方案。另外，环境保护部赞助了我们的国家生态安全模式研究，这具有重大的战略意义。此外，我们发起和推广了十多年的“海绵城市”概念，目前已推广为全国性运动。

其次，我们需要重新制定教育计划，使年轻一代为生存的挑战做好充分准备。作为北京大学建筑与景观学院院长，我们景观设计教育的定位是培养了解当代环境伦理，掌握现代科学技术，并能敏锐把握人与自然关系的设计师。我对他们在解决重大环境和生存问题方面发挥主导作用的能力持乐观态度。

最后，传统媒体和新媒体都能对大众产生强大的影响。它们可以在引起人们对紧迫的社会和环境问题以及生产性和功能性景观关注的过程中发挥重要作用。

此外，我们成功建成的项目对于增加市长和媒体的信心至关重要，因为应用可持续性、生态性和功能性原则的景观相对较新。同时，公园和河岸等公共空间对文化价值的形成产生了不可估量的影响。土人设计的场所对民众来说充满了教育意义。逐渐地，公众可以将美内化，能够做出自己的解释，然后教育他人。

您是否认为可持续性一词已被滥用，生存等术语更合适？

首先，我不反对“可持续性”的概念，但我认为可持续性和生存是双重概念。前者是“像国王一样思考”；后者是“像农民一样行事”。当然两者我们都需要！

在行动层面，我认为生存是能更准确描述我们所处的情况的词，也是引导行动时更有力和实用的词。首先，可持续性的定义是：满足当代人的需求，同时又不损害满足后代需求的能力。但是，在当代人的生存受到威胁时，我们还谈何可持续性呢？例如，在中国，70%的地表水和超过一半的城市地下水被认为受到污染，1000万hm^2的耕地受到重金属和农药残留的污染，超过20%的淡水湿地和50%沿海湿地在过去的50年里消失，数百种动植物受到威胁。在全球范围内，气候变化带来了额外的洪水、风暴、干旱和疾病。“可持续性”是一个理想的愿景，但不知何故空洞而模糊不清。我们天生就有浪费的倾向，不关心存蓄。另一方面，“生存”给人一种迫切的感觉，通过他们熟悉的历史、故事和图像唤起人们的直觉，至少对如何行动产生了粗略的想法。人们倾向于将可持续性视为主要依赖于政府或专业人员的战略计划，但生存将帮助他们意识到可持续其实取决于每个人的努力。简而言之，它更有可能引起个人的注意并激发行动。

此外，在世界各地，我们不同文明的祖先积累了生存经验和智慧来分享，包括在各种情况下处理洪水、干旱、土壤侵蚀、田间耕作和粮食生产等问题。它们是人类生存和发展所必需的能源。这些经验智慧组成全球性的智库，储存让我们在面对当代挑战时可以利用的经验教训和最优实践措施。当这些经验与智慧被积极地评估、分享和实践时，他们最终可能会带领我们实现可持续发展的目标。

您会鼓励和分享哪些关键策略和教训？

（1）影响有影响力的人。在中国，有影响力的人指政治领导人。在每个具体案例中，应努力分析和识别有影响力的人，并寻求有效的方式来传达你的理念。

（2）按你的意思实践。你需要完成一些实例来支持你的理论和倡议。在此过程中，完善将生态学原理应用于实际项目的技术至关重要。

（3）使你的生产性景观招人喜爱：为了将新的审美观传达到传统美的概念中，我们应该把生产性景观变得美丽，这样人们就会被他们的感官体验所感动，然后重视、渴望和养育它。

（4）坚持不懈。这将是一条充满挑战的道路，但我们必须坚持下去。在2002年的中山岐江公园项目中，我提出的关于保留生锈码头和机械遗存以及种植观赏草的建议，被100名专家小组中的99人拒绝。是我们的坚持不懈最终使得项目得以建成。还有许多与之相类似的痛苦的谈判过程，例如，说服水资源部门停止通过拉直河道并修建水泥渠道疏导河流，转而用河岸湿地系统或自然河岸取代（我们的策略部分违反法律规定的工程规范）。

但是，我们相信政府，风景园林师和公众必须适应这种新的审美观和价值观。几十年来，决策者和“专家”多次拒绝了我提出的“海绵城市”理念，直到被领导认可。现在，我们正顺应潮流并收获回报。这就是进步。

专业术语汇编

Adaptive Reuse **适应性再利用**：重新利用现存的结构或构筑物，与其最初设计或建造的功能相异的过程。

Agrobiodiversity **农业生物多样性**：农业生物物种的多样性，农业的多样性。

AMD，Acid Mine Drainage **酸性矿山排水**：从矿山中排出的酸性废水。

Anthropocene **人类世**：一个地质年代，这一时期人类活动重塑了地球的生态系统。而其他地质时期则是自然进程或非人类活动呈现地球变化的结果。

Anthropocentric **人类中心的**：以人类为中心。这种思想认为人类是整个宇宙中最为重要的，与其他生命形式和环境相区别，且更为优越。

Anthropogenic **人为的**：由人类活动导致或影响，经常用于反映环境或气候变化。

ASR，Aquifer Storage Recover **蓄水层储存和回采**：也被称为有管理的蓄水层补给，这一技术是将水注入含水层以用于修复和再利用。

Biodiversity **生物多样性**：生物的多样性，生命形式的多样性。

Biomimicry **仿生学**：基于对生物实体和过程的模仿而进行的材料、结构和系统的设计和生产。在设计中，仿生学可以应用于表面，例如在视觉方面；也可以通过对生物过程的模仿被应用于内在，例如营养循环和闭合循环链。

BMP，Best Management Practice **最佳管理实践**：一个在美国和加拿大应用的评估体系，用于评估水污染控制技术。例如对工业废水、城市污水和雨水的管控和湿地管理。

Brownfield **棕地**：被污染（或看起来被污染）的工业或商业用地。

CAFO，Concentrated Animal Feeding Operation **集中动物饲养作业**：一个动物养殖产业生产方式，使用大型集中型的管理和利用相关设施饲养动物（例如饲料投喂、温控和粪便管理等）而不仅利用土地和人力进行养殖生产。

Carrying Capacity **承载力**：也被称作生态极限（ecological limits）。一个种群在环境或地球中可以无限期维持获得食物、栖息地、水和其他环境中获取的资源的最大种群数量的规模。

Circulation **循环**：人或交通工具穿过或围绕场地的运动。

Corridor **廊道**：一条连接了两个地域的区域或线性景观。

Cradle to Cradle **从摇篮到摇篮**：一种产品和系统的设计过程。将人类工业模仿自然过程，把材料看成循环在健康安全的新陈代谢中的营养物质。详情见“仿生学”。

Cultural Landscape **文化景观**：一类特殊的景观形式，将人与自然融合的创作。

Design Thinking **设计思维**：一种感知活动，特指设计过程，与科学思维相异。

Ecological Footprint **生态足迹**：承载人口或独立消费个体所需的生存能量或消解废物所占有的生产性用地或水系统的面积。通常用英亩、公顷或“地球”数量来衡量。

Ecosystem Services **生态系统服务**：生态系统服务是生态系统提供的有益产出和环境创造出的为人所用的资源，例如干净的空气、水、食物和材料。分为四个类别：包括供给服务、调节服务、支持服务和文化服务。

EIA，Environment Impact Assessment **环境影响评估**：先期预测评估项目预计结果，决定是否推进实施的过程。也指一项先期规划、政策或程序，也被称为评估环境影响的“策略”。度量可能（或不可能）避免或发生的最小不利影响。但是，环境影响评估的结果并不具对有一个项目的否决权。

GAIA **盖亚**：将地球视为一个整体和一个生命体。是希腊神话中最原始的代表地球的女神，希腊语的含义为“自然母亲”和“大地母亲”。

Geopolitics **地缘政治学**：人类和自然地理在国际政治和国际种族之间产生的影响。

Green Infrastructure **绿色基础设施**：绿色开放空间形成的一张内在联系的网络。提供多样的生态系统服务和效益，帮助改善城市和气候状态，并抵御气候挑战。

Green Revolution **绿色革命**：20 世纪 40-60 年代间发生的农业实践巨变。通过人工合成化肥、杀虫剂、高产作物品种和大规模机械化的投入使用，使得发展中国家农作物产量大幅提高。

Greenwash **漂绿**：使用未经证实的或使人误解的材料意图说明产品、设计、服务、技术或项目是环境可持续或对环境有益的。

Land Management **土地管理**：因多种目的（如农业、林业、水源管理和生态旅游）对城市和郊区的土地资源的进行管理使用和开发。

Landscape Character **景观特色**：一个地区因独特的地貌和环境而展现出的综合的、明显的属性。

Landscape Urbanism **景观都市主义**：一种将景观学科和景观载体而非建筑学科及建筑载体作为城市区域设计的基础的理论和运动。

LCA，Life Cycle Assessment/Analysis **生命周期评估分析**：一项评估产品全阶段或服务全周期对环境影响的系统性评价技术。

（LVIA Landscape and Visual Impact Assessment）or（Visual Impact Assessment，VIA）**景观视觉影响评估**：使用透视图或其他平面制图工具，对提议造成的视觉影响和对风景景观或视觉质量的改变等级进行评估。

Meanwhile Space **“暂时”空间**：在被重新购买做经济用途之前，暂时用于社会或经济收益使用的空地（或建筑）。

Natural Capital **自然资本**：一种人本论的经济学概念。用生态系统可能的产出或服务来衡量自然生态系统的资本存量，将环境资本观念延伸到环境的产出与服务。

Neoliberalism **新自由主义**：一个开始于 20 世纪 70-80 年代的资本主义的、不干涉主义经济进程。其支持广义的经济自由、自由贸易、私有化、开放市场、放松管制和减少政府及公共部门开销、活动和干预，以增加私人和企业在经济中扮演的角色。

Neolithic Revolution **新石器时期革命**：也被成为“农业革命”。这场革命是人类文明从游猎和采集向农业和定居的转变，使得人类获得了维持逐渐增长的人口生存所需的能力。

New Urbanism **新都市主义**：一场城市设计运动。这场运动基于欧洲城市的复兴，其原则为促进多样化、步行尺度、本土化和基于场所的邻里，包含大量的居住、土地性质和工作类型。

Peak Oil **石油峰值**：当全球石油开采和产量到达最高点的时刻，在此之后石油的生产将进入衰退期。

Permaculture **永续农业**：永久的农业。这个概念的设计体系和实践发展由澳大利亚人比尔·莫里森(Bill Mollison)和戴维·洪葛兰于20世纪70年代提出。永续农业是生态设计、生态技术、环境设计、结构和综合水资源管理的一个分支，在自然生态系统和本土实践中建立了一个可持续、再生的和自我维护的农业和生命系统模型。

Plant Community **植物群落**：特定地理区域的植物种类集合，建立了相对独特和可识别的斑块，且能够从邻近其他种类的斑块识别出来。也被称为"vegetation"和"plant associations"。

Public Realm **公共场所**：在城市语境下，任何能够被人们免费接近和使用的空间。

Resilient **韧性**：承受艰苦状态和灾难或从中快速恢复的能力。

Social Justice **社会公正**：社会范围内财富、机会和特权的分配上的正义。

Sustainability **可持续**：满足现在的需求，并不侵害未来子孙满足需求的能力。可持续的实践活动应确保设计、结构和对土地的占有在环境、社会、文化和经济影响语境下处于平衡状态。提供平衡与持久性的可能性。

Tabula Rasa **白板**：拉丁语。在设计语境中表示一块白板或空白的状态。也表示为了达到这一状态而扫清和全部清除的过程。

TOD，Transit-oriented Development **以公共交通为导向的开发**：通常在功能复合、中高密度居住区和商业区中，最大限度设计步行可达和高质量的公共交通系统。

Triple Bottom Line **三重底线**：由经济底线、社会底线和环境底线（或生态底线）三部分组成的商业和开发框架。这一概念也被用来指代"3-P"（three P's）：人（people）、星球（planet）和利润（profit）。

Urbanism **都市主义**：聚焦于塑造城市空间和活动的多方向的设计与研究。

WSUD，Water Sensitive Urban Design **水敏性城市设计**：一种土地规划、净化和工程设计方法。将水循环和城市水基础设施（例如暴雨、地下水和给排水）整合进城市设计中，缓解环境恶化，改善水质，并使其具有优美舒适的视觉感受。

Xeriscape **节水型园艺**：一种景观设计方法，要求对植物进行少量或不进行人工灌溉和最低限度的其他养护。在干旱地区较为常见。

注：1 英里 = 1.6093 公里
1 英尺 = 0.3048 米
1 英寸 = 2.54 厘米